普通高等教育“十一五”国家级规划教材

工业设计专业系列教材

产品结构设计

Structural design of product

（第二版）

S

刘宝顺　编著

中国建筑工业出版社

图书在版编目(CIP)数据

产品结构设计/刘宝顺编著.—2版.—北京：中国建筑工业出版社，2009（2023.5重印）
普通高等教育“十一五”国家级规划教材.工业设计专业系列教材
ISBN 978-7-112-11310-1

Ⅰ.产… Ⅱ.刘… Ⅲ.工业产品-结构设计-高等学校-教材 Ⅳ.TB472

中国版本图书馆CIP数据核字(2009)第169188号

责任编辑：李东禧
责任设计：赵明霞
责任校对：兰曼利 刘 钰

普通高等教育“十一五”国家级规划教材
工业设计专业系列教材
产品结构设计(第二版)
刘宝顺 编著
*
中国建筑工业出版社出版、发行(北京西郊百万庄)
各地新华书店、建筑书店经销
北京天成排版公司制版
天津翔远印刷有限公司印刷
*
开本：787×1092毫米 1/16 印张：10½ 字数：286千字
2009年11月第二版 2023年5月第十九次印刷
定价：38.00元
ISBN 978-7-112-11310-1
(18559)

工业设计专业系列教材　编委会

序

工业设计学科自20世纪70年代引入中国后，由于国内缺乏使其真正生存的客观土壤，其发展一直比较缓慢，甚至是停滞不前。这在一定程度上决定了我国本就不多的高校所开设的工业设计成为冷中之冷的专业。师资少、学生少、毕业生就业对口难更是造成长时期专业低调的氛围，严重阻碍了专业前进的步伐。这也正是直到今天，工业设计仍然被称为“新兴学科”的缘故。

工业设计具有非常实在的专业性质，较之其他设计门类实用特色更突出，这就意味此专业更要紧密地与实际相联系。而以往，作为主要模仿西方模式的工业设计教学，其实是站在追随者的位置，被前行者挡住了视线，忽视了“目的”，而走向“形式”路线。

无疑，中国加入世界贸易组织，把中国的企业推到国际市场竞争的前沿。这给国内的工业设计发展带来了前所未有的挑战和机遇，使国人越发认识到了工业设计是抢占商机的有力武器，是树立品牌的重要保证。中国急需自己的工业设计，中国急需自己的工业设计人才，中国急需发展自己的工业设计教育的呼声也越响越高！

局面的改观，使得我国工业设计教育事业飞速前进。据不完全统计，全国现已有几百所高校正式设立了工业设计专业。就天津而言，近几年，设有工业设计专业方向的院校已有十余所，其中包括艺术类和工科类，招生规模也在逐年增加，且毕业生就业形势看好。

为了适应时代的信息化、科技化要求，加强院校间的横向交流，进一步全面提升工业设计专业意识并不断调整专业发展动向，我们在2005年推出了《工业设计专业系列教材》一套丛书，受到业内各界人士的关注，也有更多的有志者纷纷加入本系列教材的再版编写的工作中。其中《人机工程学》和《产品结构设计》被评为普通高等教育“十一五”国家级规划教材。

经过几年的市场检验与各院校采用的实际反馈，我们对第二次8册教材的修订和编撰，作了部分调整和完善。针对工业设计专业的实际应用和课程设置，我们新增了《产品设计快速表现诀要》、《中英双语工业设计》、《图解思考》三本教材。《工业设计专业系列教材》的修订在保持第一版优势的基础上，注重突出学科特色，紧密结合学科的发展，体现学科发展的多元性与合理化。

本套教材的修订与新增内容均是由编委会集体推敲而定，编写按照编写者各自特长分别撰写或合写而成。在这里，我们要感谢参与此套教材修订和编写工作的老师、专家的支持和帮助，感谢中国建筑工业出版社对本套教材出版的支持。希望书中的观点和内容能够引起后续的讨论和发展，并能给学习和热爱工业设计专业的人士一些帮助和提示。

2009年8月于天津

目　录

第1章 | 壳体、箱体结构设计

各种工业产品的构成材料、结构、外观造型等可能千差万别，但在结构构成上均少不了外壳。外壳暴露在外，内部装置有产品的功能构成零、部件。外壳是产品的重要结构零部件，也是产品的外观表现主体，因此外壳设计是产品结构设计和造型设计关注的重要内容。在此，根据工业产品(如仪器仪表、家电、工具及设备或产品构成部件等)外壳的结构特征，将其称为壳体或箱体。

1.1 概述

1.1.1 壳体、箱体功能与作用

壳体与箱体没有本质上严格的区别，壳体是从产品构造和结构特点上习惯的称谓，具有包容内部组成部件且厚度较薄的特征，如电视机壳、手机壳等；箱体更多地是从零部件功能和结构特征方面的定义，具有包容、支撑等结构功能且相对封闭的特点，如汽车变速箱、计算机主机箱等。

尽管各种产品的功能、用途及构成产品外壳的壳体、箱体的构造、材料不尽相同，但产品外壳的主要功能与作用大致类似。以照相机为例，如图1-1所示，一般产品壳体、箱体的主要功能可归纳如下：

(1) 容纳、包容：将产品构成的功能零部件容纳于内。

(2) 定位、支撑：支撑、确定产品构成各零部件的位置和相互关系。

(3) 防护、保护：防止构成产品的零部件受环境等的影响、破坏或其对使用与操作者造成危险与侵害。

(4) 装饰、美化：产品的外观表现，这也是工业造型设计主要关注的问题。

(5) 其他：依产品的功能和使用目的不同而定，如装甲车的壳体要提供强有力防军事打击强度、汽车的车厢需考虑安全和舒适、音响系统的音箱应保证音响性能等。

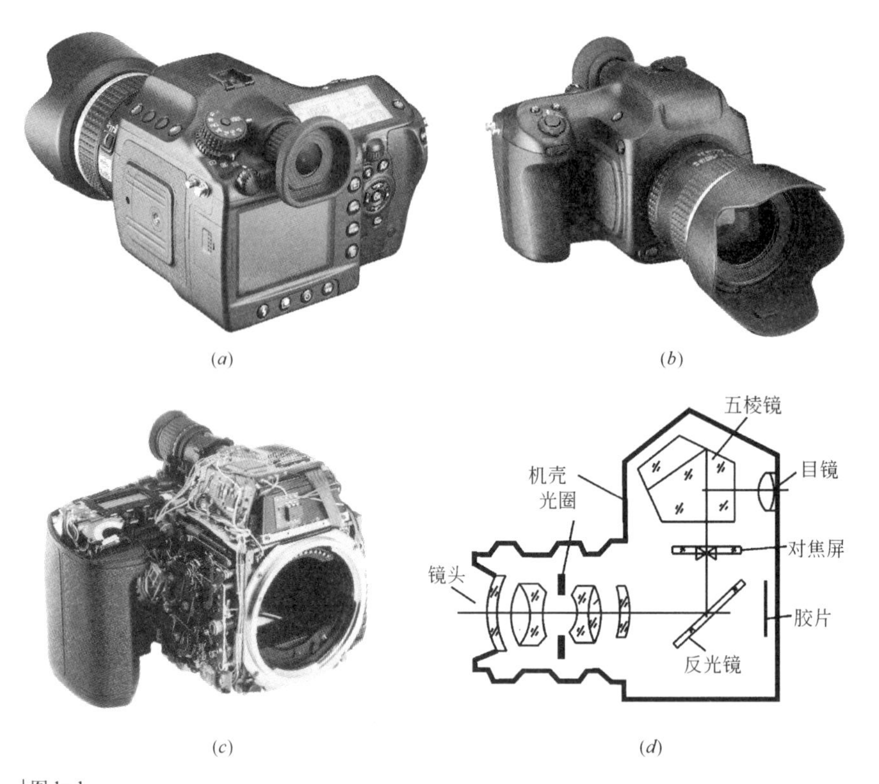

图1－1
照相机外壳与内部结构布置
(a)照相机外观；(b)照相机外观；(c)去除部分外壳的照相机；(d)照相机外壳与内部结构布置

1.1.2 壳体、箱体的结构特点与设计要求

作为产品或其部件外壳的壳体或箱体，在满足强度、刚度等设计要求的基础上，通常采用薄壁结构，并设置有容纳、固定其他零部件的结构和方便安装、拆卸等结构。在具体结构设计上，除考虑其主要功能、作用外，通常还应考虑以下几个要素：

(1) 定位零部件。固定的零部件和运动的零部件在结构上需有不同的考虑，如图1－2所示，照相机的镜头，结构上要保证各透镜固定得准确、稳定、可靠，还要实现焦距调节(通过镜头伸缩移动实现)得精确、方便、可靠。

(2) 便于拆、装。考虑产品的组装、拆卸和维修、维护，壳体、箱体多设计成分体结构，各部分通过螺钉、锁扣等进行组合连接。对于长久使用或可能多次拆卸的产品，需考虑采用便于拆卸、耐用的结构，如在塑料壳上内嵌金属螺纹件；对经常拆卸、分合、启闭等的产品，需考虑采用便于快速拆卸、组装的结构。如图1－3所示，为一款带防护盖(防止充电时电池意外爆炸)的电池充电器，透明塑料盖与下壳体采用弹性锁扣启闭；如图1－4所示，为一款时尚打火机，其外壳上盖与下壳体采用合叶连接、弹簧片锁扣锁闭，为方便灌注燃料油及更换火石，机芯与外壳内壁配合，可轻便地插入、拔出。值得指出，某些产品设计上只考虑产品出厂时的组装，不需考虑使用过程的拆装问题，如一次性产品和极少考虑拆卸维修的产品，如图1–5所示的手机电池、电源插头和一些小电子产品等。

(*a*)

(*b*)

图 1–2
照相机镜头结构
(*a*)镜头外观；(*b*)镜头结构

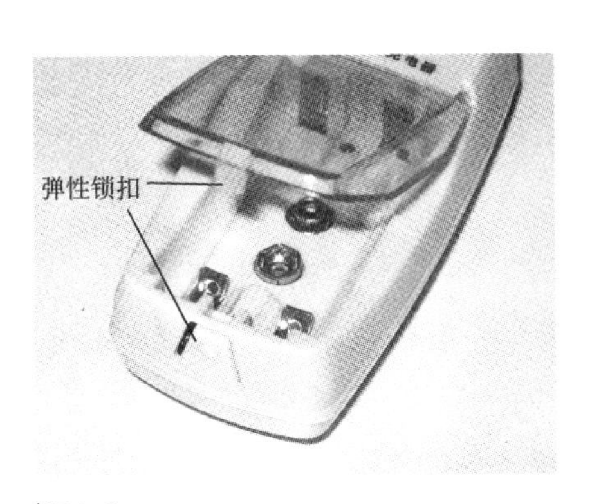

图 1–3
充电器的塑料弹性锁扣

图 1–4
方便拆装的打火机

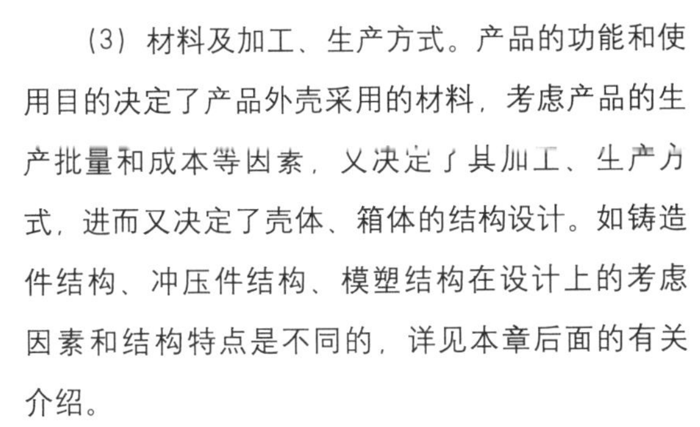

（3）材料及加工、生产方式。产品的功能和使用目的决定了产品外壳采用的材料，考虑产品的生产批量和成本等因素，又决定了其加工、生产方式，进而又决定了壳体、箱体的结构设计。如铸造件结构、冲压件结构、模塑结构在设计上的考虑因素和结构特点是不同的，详见本章后面的有关介绍。

图 1–5
不考虑拆装的产品

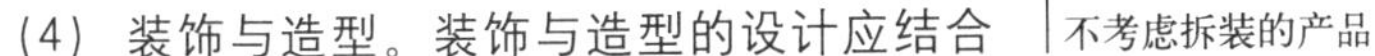

（4）装饰与造型。装饰与造型的设计应结合

产品的功能及构件的材料及加工、生产方式进行。如照相机镜头调焦环表面的纹饰和机身上的皮质贴面，既起到了装饰、美化作用，又在功能上起到防滑作用。材料与加工方式反过来又影响外观造型，如模塑壳体比冲压壳体的造型变化能力要丰富得多。值得指出的是，现代科学技术的发展为很多产品的功能实现提供了充分的技术保障，使得产品的外观形态设计可在一定程度摆脱产品结构、功能的制约，产品外壳的设计以考虑外观设计表达的需要为主要服务目的。

1.1.3 壳体、箱体的设计准则与程序

壳体、箱体的结构设计主要应保证刚度、强度、稳定性及加工性，在需要时进行相应的理论计算和实验。对于工业设计师而言，这方面的工作通常需要结构工程师配合，故在此不作详细的介绍。

(1) 刚度。简单地说，刚度指结构零部件在给定载荷或外力作用下产生变形的程度。对于承受较大载荷及作为支撑和其他零部件定位的壳体和箱体，刚度是主要设计准则。如齿轮减速器、变速箱，箱体的刚度决定了齿轮的啮合情况和工作性能；打印机的壳体及机架刚度直接影响运动部件的运动精度，进而影响打印质量和精度；很多产品的外壳刚度则以保护产品内部结构不易因挤压、意外磕碰受损为主要考虑因素，如手机壳、照相机壳等。

(2) 强度。强度是考虑壳体、箱体的防护和保护性能进行设计的基本准则。一般情况下，需考虑搬运过程及意外冲击载荷造成的外壳强度破坏。如家用电器电视机、洗衣机等的外壳设计考虑。

强度和刚度都需要从静态和动态两方面来考虑。动刚度是衡量抗振能力的主要指标，特别是对于内部有高速运动部件的产品，如汽车、空调器等。

(3) 稳定性。受压及受压弯结构都存在失稳问题，特别是薄壁腹部还存在局部失稳问题，必须校核。

(4) 加工性。铸造、注塑构件应考虑液体的流动性、填充性和脱模，冲压件应考虑材料延展性和拉伸能力，并作相应的计算。

壳体、箱体的通常设计步骤与程序如下：

(1) 初步确定形状、主要结构和尺寸。考虑安装在内部与外部的零部件形状、尺寸、配置及安装与拆卸等要求，综合加工工艺、所承受的载荷、运动等情况，利用经验公式或参考同类产品，初步拟定。

(2) 常规计算。利用材料力学、弹性力学等固体力学理论和计算公式，进行强度、刚度和稳定性等方面的校核，修改设计以满足设计要求。

(3) 静动态分析、模型或实物试验及优化设计。通常，对于复杂和要求高的产品进行此步骤，并据此对设计进行修改和优化。

(4) 制造工艺性和经济性分析。

(5) 详细结构设计。

值得指出，由于现代计算机技术及相应设计工具的普及应用，上述设计程序与内容已呈一体化和交叉进行的趋势，即在造型与结构设计的同时，交叉进行有关计算、校核、分析与优化。

1.2　铸造壳体、箱体

铸造在此主要指金属材料的铸造，是将熔融金属浇注、压射或吸入铸型型腔，冷却凝固后获得一定形状和性能的零件或毛坯的金属成形工艺。金属铸造成形的原理和方法，已被广泛借鉴、应用于高分子材料、陶瓷及复合材料的成型。铸造外壳构件常用于对刚度、强度有较高要求及造型与内部结构比较复杂的产品。

1.2.1　铸造壳体、箱体的特点

与其他成形制造方式相比，铸造壳体、箱体具有以下特点：

(1) 有较高的刚度、强度。铸造构件一般壁厚较大，适合于对刚度、强度要求较高的产品外壳，如机床、汽车的变速箱、齿轮减速器等；除作为外壳，可在铸件上制作部分其他结构部件，如汽车、摩托车发动机将活塞缸体直接制作在壳体上，液压泵壳体也是泵的封闭构件；可以作为整个产品的底座或支架。

(2) 造型适应性强。可制作比较复杂和变化不规则的外形，在生产难度和成本上增加不大，如带有散热片的铸造散热器，带有散热结构的摩托车缸体(图1–6)，涡轮发动机叶轮等(图1–7)；适于内腔形状复杂或不规则、不便机加工的产品结构，如水龙头、水暖件等，如图1–8所示。

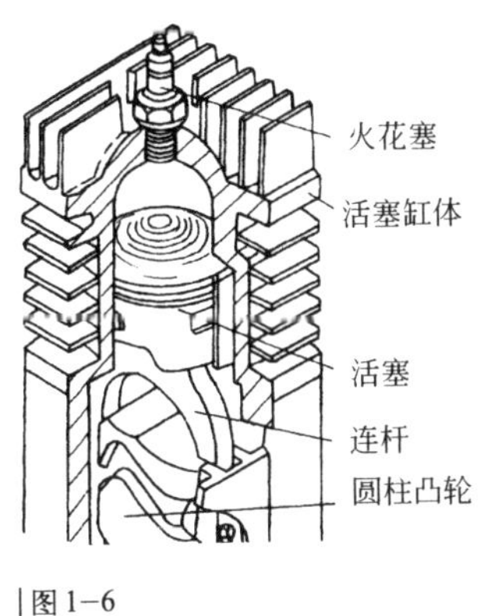

图1–6
摩托车发动机局部

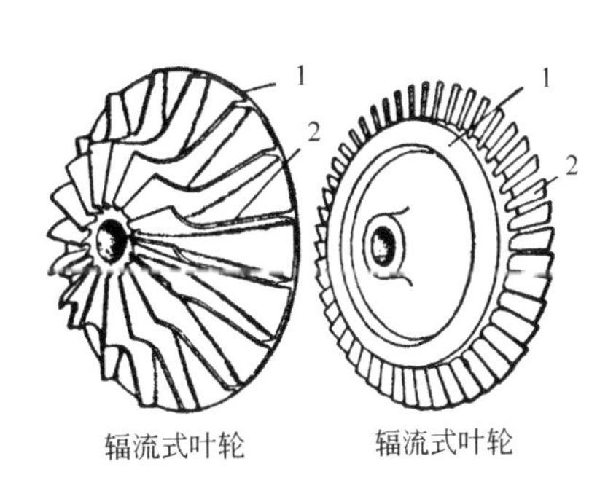

图1–7
涡轮发电机叶轮
1—轮盘；2—叶片

（3）封闭性好。广泛用于气体、液体传输和密闭产品构件，如发动机缸体、压缩机壳体及自来水水表等，如图1－9所示。

图1－8
铸造水暖件

图1－9
铸造自来水水表

（4）表面粗糙、尺寸精度低。一般在铸件的一些关键部位、局部需采用机加工保证精度。现代铸造随着技术和工艺的进步，也已能够达到较高的制造精度，如图1－10所示，为前例照相机的内机架，机械工艺结构上属于典型的箱体零件，材料为铝合金，采用压铸法成型，机加工部位只限于镜头安装止口和螺纹孔。

图1－10
铸铝照相机内机架

（5）工艺灵活性大、成本低。各种成分、尺寸、形状和重量的铸件几乎都能适应，特别是在机器制造业中应用极其广泛。

（6）其他。铸铁材料具有减振、抗振性能和耐磨、润滑性能。作为高速运动部件的壳体能起到一定的减振、降噪作用，如发动机、压缩机；作为运动部件的支撑，能起到减少摩擦、磨损作用，如机床的导轨。

铸造成型的主要缺点有：铸造组织的晶粒比较粗大，且内部常有缩孔、缩松、气孔、砂眼等缺陷，力学性能一般不如锻件；铸造生产工序繁多，工艺过程较难控制，废品率较高；工作条件较差，劳动强度比较大。

1.2.2　铸造壳体、箱体常用材料

1. 铸铁

铸铁流动性好，体收缩和线收缩小，容易获得形状复杂的铸件，在铸造时加入少量合金元素可提高耐磨性能。此外，铸铁的内摩擦大、阻尼作用强，故动态刚性好；铸铁内存在游离态

石墨，故具有良好的减磨性和切削加工性，且价格便宜、易于大量生产。但铸件的壁厚超过临界值时，力学性能明显下降。故不宜设计成很厚大的铸件。常用铸铁又分为以下几种：

（1）灰铸铁。铸造性能优良、价格低廉，便于制出薄而复杂的铸件，是最常用的机器结构铸件材料。

（2）球墨铸铁。球墨铸铁含碳量高，石墨呈球状，力学性能优于灰铸铁，接近于碳钢，但铸造工艺性能比钢好得多。用于制造各种受力复杂、强度、韧性和耐磨性能要求较高的零件。

（3）蠕墨铸铁。是一种高强度铸铁，石墨呈蠕虫状。蠕墨铸铁保留了灰铸铁工艺性能优良和球墨铸铁力学性能优良的特点，其力学性能介于相同基体组织的灰铸铁与球墨铸铁之间，具有良好的导热率和耐热性，热裂倾向小，有一定的塑性，不易产生冷裂纹。蠕墨铸铁可浇注复杂铸件及薄壁铸件。

（4）可锻铸铁。碳、硅含量低，凝固时没有石墨析出，凝固收缩大，熔点比灰铸铁高，流动性差。易产生浇不足、冷隔、缩孔、缩松、裂纹等缺陷。主要用于制造形状复杂、承受冲击载荷的薄壁小铸件。

2. 铸造碳钢

铸钢熔点高、流动性差、收缩率大，吸振性低于铸铁、弹性模量较大。铸钢的综合力学性能高于各类铸铁，不仅强度高，且具有优良的塑性和韧性。此外，铸钢的焊接性好，可实现铸焊联合，制造重型零件。

铸钢件晶粒粗大、组织不均，且常存在残余内应力，致使铸件的强度，特别是塑性和韧性不够高。因此，铸件必须进行热处理，一般采用正火或退火。

铸钢主要用于一些形状复杂，用其他方法难以制造，且又要求有较高力学性能的零件，如高压阀门壳体、水压机缸体、轧钢机的机架等。

3. 铝合金

纯铝强度低、硬度小，因此，制造产品壳体常采用铝合金材料。铝与一些元素形成的铸铝合金密度小，而且大多数可从通过热处理强化，使其具有足够高的强度，较好的塑性、良好的低温韧性和耐热性、良好的机加工性能，非常适合制作各种产品外壳体，如汽车发动机、计算机硬盘壳体等。常用铸造铝合金有：

（1）铝硅合金。具有良好的力学性能、耐蚀性和铸造性能，是应用最广泛的铸造铝合金。适于制造形状复杂、承受中等负荷的零件。如仪器零件、水泵壳、发动机的缸体、油泵壳体、汽化器等。

（2）铝铜合金。具有较高的强度和耐热性，但相对密度大，铸造性能差，有热裂和疏松倾向，耐蚀性也较差。用于要求在较高强度和较高温度下工作的零件。适于形状简单、中等负荷，要求切削加工性能良好的零件，如曲轴箱支架等。

（3）铝镁合金。强度高、相对密度小、耐蚀性好，但铸造性能不好，耐热性低。主要用于制造能承受冲击载荷、可在腐蚀介质中工作、外形不太复杂、便于铸造的零件。

（4）铝锌合金。价格便宜、铸造性能优良，经变质处理和时效处理后强度较高。但耐蚀性差，热裂倾向大，常用于制造汽车、拖拉机的发动机零件、仪器仪表零件及日用品等。

1.2.3 铸造工艺流程

1．砂型铸造

砂型铸造是应用最广泛的铸造方法，其生产过程如下。

如图1－11所示，首先根据零件图设计、制作出模型及其他工装设备，用模型、砂箱、型砂等制作砂型，然后把熔炼好的金属液体浇入型腔。金属液凝固冷却后，可以把砂型破坏、取出铸件。经清理、检验，即获得所需要的铸件。

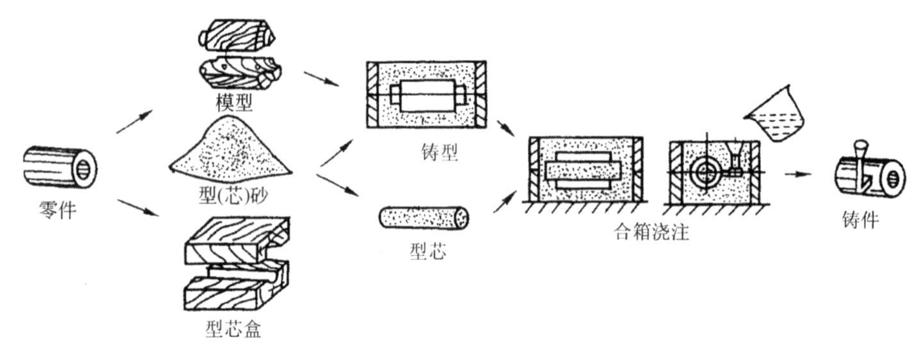

图1－11
砂型铸造工艺流程

单件、小批量铸造车间，通常采用机械化砂处理及输送系统，手工造型、机器造型或手工结合机器造型。铸型、金属液及铸件的搬运、浇注则采用起吊设备完成，生产效率较低。

大批量生产的机械化铸造车间，生产过程在流水线上连续进行，型砂处理及输送、造型、合箱、浇注、落砂及砂箱、金属液和铸件输送等绝大部分工作都由机器自动化完成。

砂型的结构组成如图1－12所示，出气孔、冒口是为了使浇注液体充满型腔，并保证液体冷凝收缩时补充金属液体，避免形成缩孔等缺陷。

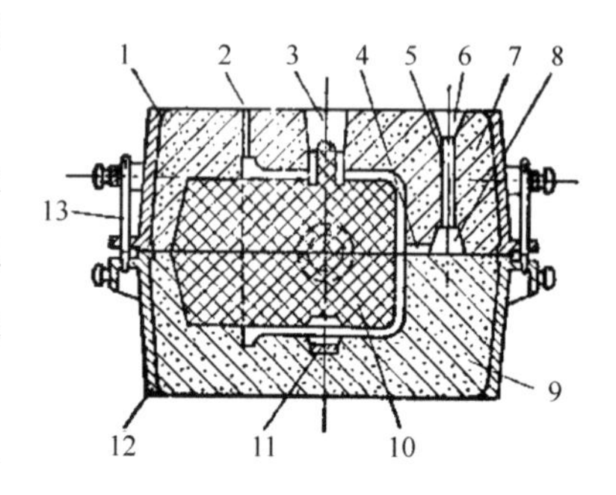

图1－12
砂型结构
1—上砂箱；2—出气孔；3—冒口；4—内浇口；5—直浇口；6—浇口杯；7—上砂型；8—横浇口；9—下砂型；10—型芯；11—内冷铁；12—下砂箱；13—定位销

砂型铸造具有适应性强、生产条件要求比较简单等优点，广泛用于制造业。但砂型铸造生产的铸件尺寸精度较低、表面粗糙、内在质量较差，且生产过程较复杂。

壳体零件由于壁薄，采用普通砂型铸造技术很难达到工艺要求，现广泛使用覆膜砂型铸造工艺。覆膜砂是将硅砂、锆砂、铬铁矿砂等原砂通过冷法或热法在其表面覆上一层酚醛树脂膜的树脂粘结剂砂，用覆膜砂可铸造几毫米的壳型或壳芯，也可以制造实体砂芯，可满足汽车、拖拉机、柴油机、机床、离心铸造、液压件及泵类等行业各种材料、各种生产条件复杂精密铸件的生产要求。图1-13为两个典型的覆膜砂型及其铸件。

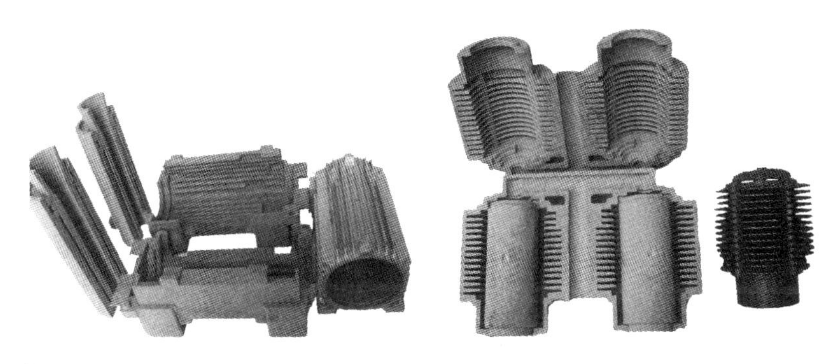

图1-13
覆膜砂型及铸件

2. 熔模铸造

熔模铸造又称为失蜡模、消失模、实模铸造，是用石蜡或泡沫材料制成模型，然后在蜡模表面涂覆耐火材料，硬化干燥后，将蜡模熔去，从而得到与蜡模相应的型腔壳，然后进行浇注获得铸件的方法。

熔模铸造的工艺流程如图1-14所示。

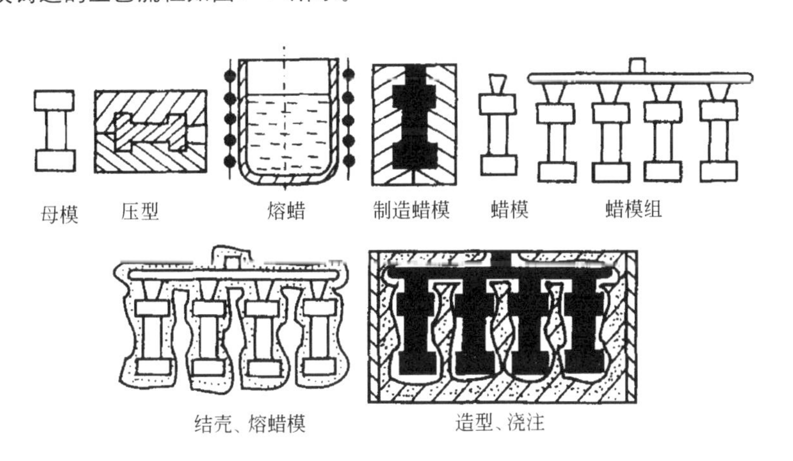

图1-14
熔模铸造工艺流程示意图

与砂型铸造比较，熔模铸造有如下几个特点：

(1) 铸件的精度及表面质量高，可大大减小机械加工余量或不进行机械加工。

(2) 能够铸造各种合金铸件。从铜、铝等有色合金到各种合金钢均可铸造，尤其适合高熔点及难切削加工合金的铸造。

(3) 生产批量不受限制，从单件、小批量到大量生产均可。

(4) 熔模铸件的形状可以比较复杂，可铸出0.5mm的孔，铸件的最小壁厚可达0.3mm。可将几个零件组合而成的部件，整体铸出。

(5) 铸件的质量不宜太大，一般不超过25kg。

熔模铸造工艺过程较复杂，且不易控制，使用和消耗的材料较贵，适用生产形状复杂、精度要求较高或难以进行机械加工的小型零件。

3. 金属型铸造

用金属制成的铸型型腔，进行浇注获得铸件的铸造方法，如图1-15所示。金属型可反复多次使用。铸型常用铸铁制成，也可采用钢材或铜材制作。

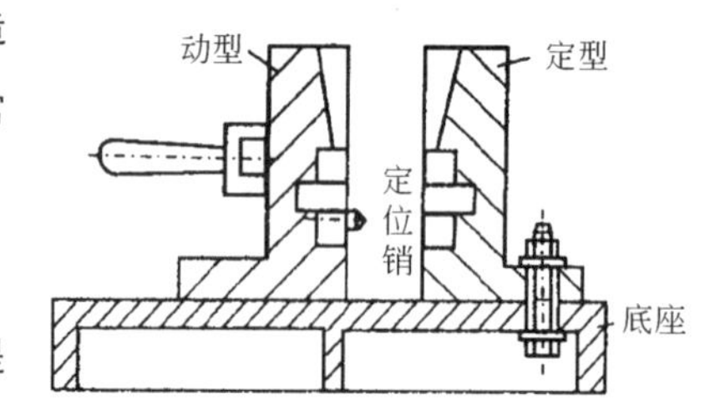

图1-15
金属型铸造

与砂型铸造比较，金属型铸造有以下特点：

(1) 实现了“一型多铸”，节约造型时间和材料，提高了生产率。

(2) 铸件的力学性能提高。金属型铸件冷却速度较快，组织比较致密。

(3) 精度及表面质量高，加工量小。

(4) 金属型的制造成本高、周期长；铸型透气性差、无退让性，易产生冷隔、浇不足、裂纹等铸造缺陷。

金属型铸造主要适用于大批量生产有色合金铸件，如飞机、汽车、拖拉机、内燃机、摩托车等的气缸体、缸盖、油泵壳体等。

4. 压力铸造

如图1-16所示，在高压下，使液态或半液态金属以较高的速度填充铸型的型腔，并在压力作用下凝固而获得铸件的方法。

压力铸造在压铸机上进行。压铸的铸型称为压铸模，用耐热钢制成。压型一半固定在压铸机上，称为定型，另一半可水平移动，称为动型。

图1-17、图1-18为一压铸模(动模部分)及压铸工艺制造的铝合金零件。

与砂型铸造相比较，压力铸造有如下优点：

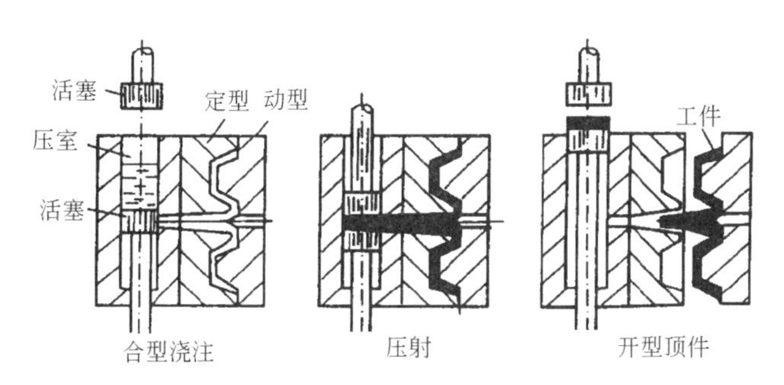

图1-16
压力铸造流程示意图

图1-17
压铸模及零件

图1-18
压铸铝合金发动机缸体

(1) 铸件尺寸精度、表面质量高，可不经机械加工直接使用。

(2) 铸件的强度和表面硬度高。液态金属在压力下快速结晶，组织致密、晶粒较细，抗拉强度较砂型铸件提高25%～30%。

(3) 可铸造形状复杂的薄壁铸件。如铝合金压铸件最小壁厚可达0.5mm，最小孔径可达0.7mm。

(4) 生产效率高，是所有铸造方法中生产率最高的。

压力铸造的主要缺点有：

(1) 设备投资大，制作压型的成本高。

(2) 压铸高熔点合金时，压型的寿命低。

压力铸造是目前应用较广泛的一种铸造方法，主要适用于中小型、低熔点的锌、铝、镁、铜等有色合金铸件的大批量生产，如发动机汽缸体、汽缸盖、变速箱体、发动机罩、仪表和照相机壳体等。

5. 离心铸造

如图1—19所示，将液态合金浇入高速旋转的铸型中，使金属在离心力的作用下填充铸型并凝固成形。

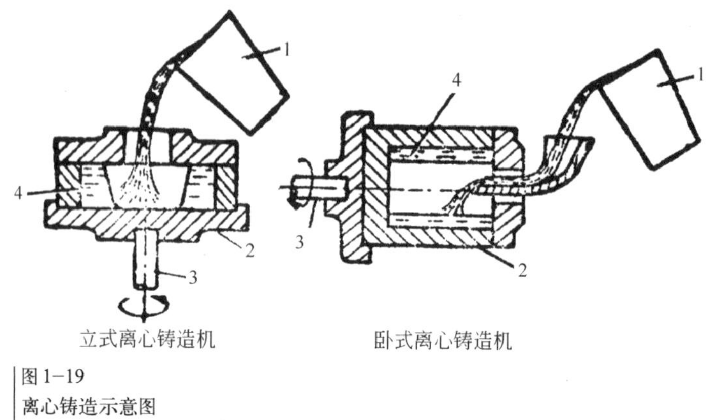

图1—19
离心铸造示意图
1—浇包；2—铸型；3—转轴；4—铸件

离心铸造的铸型有金属型和砂型两种，目前广泛应用的是金属型离心铸造。离心铸造在离心铸造机上进行，有立式和卧式离心铸造机两类。

与砂型铸造相比较，离心铸造有如下特点：

(1) 工艺过程简单，铸造中空筒类、管类零件时，省去了型芯、浇注系统和冒口，节约金属和其他原材料。

(2) 离心铸造使液态金属在离心力作用下充型并凝固，铸件组织致密，无缩孔、气孔、夹渣等缺陷，力学性能较好。

(3) 离心铸造中，铸造合金的种类几乎不受限制。

(4) 离心铸造的不足之处是，铸件的内表面质量差，孔的尺寸不易控制。

离心铸造已广泛用于大批量生产铸铁管、缸套等中空件。

离心铸造中空零件壁部材料质地紧密，并可制造不同材料嵌套的零件，图1—20为用离心铸造工艺制造的典型零件，图1—20(*b*)零件的外壁为铸钢，内壁嵌套黄铜材料。

1.2.4 铸造壳体、箱体结构设计

在设计铸造壳体、箱体结构时，除考虑壳体设计的总体要求与准则(参见1.1.2壳体、箱体的结构特点与设计要求)外，还应重点结合铸造生产的工艺特点，考虑相关的工艺性。多数设计缺陷均出现在工艺性方面。在此，结合一些典型设计实例进行有关的讨论。

尽管现代铸造技术有很多方法可实现薄壁壳体铸造，但大型箱体仍以砂型铸造为主，应尽可能避免设计成大面积的封闭薄壁，特别是铸造时处于水平位置，易造成气孔和夹渣，如图1—21所示。

尽量减少凹凸部分，简化制造工艺，如图1−22所示。

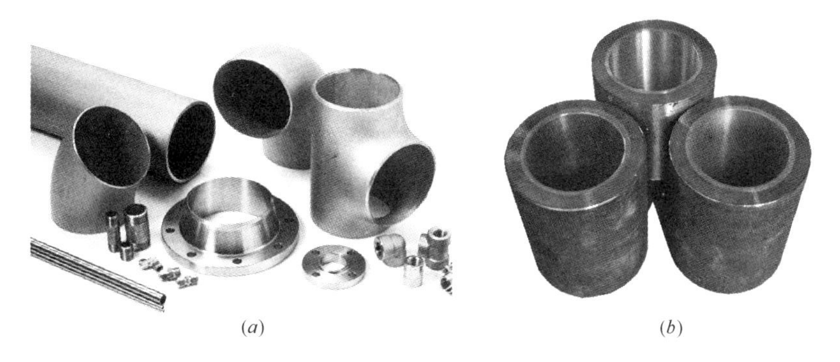

图 1−20
离心铸造典型零件

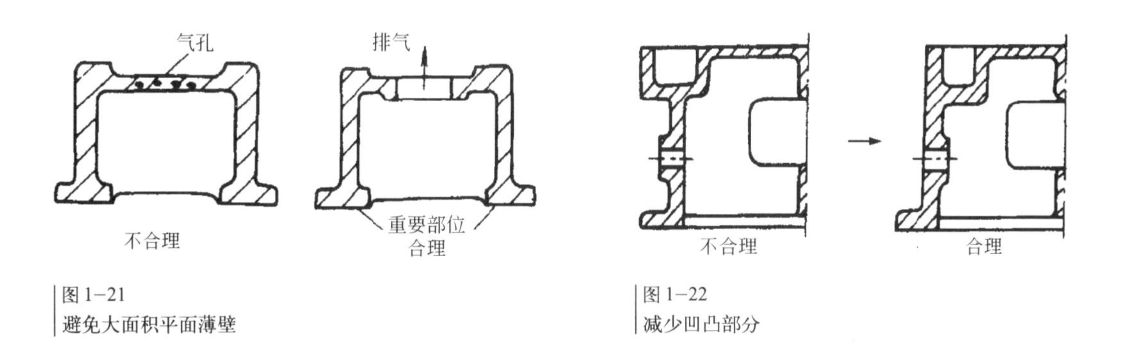

图 1−21
避免大面积平面薄壁

图 1−22
减少凹凸部分

考虑出模工艺，应在结构上设计拔模斜度，包括内腔结构，如图1−23所示。为便于取模，尽量避免造成出模困难的死角和内凹。

对于砂型铸造，尽量减少活块部分，多块连成一片，简化制造工艺，如图1−24所示；在凸台距离分型面较近时，为避免使用活块，可将凸台延长，延长至分型面，或考虑加工方便，取消凸台，采用锪平加工措施，如图1−25所示。

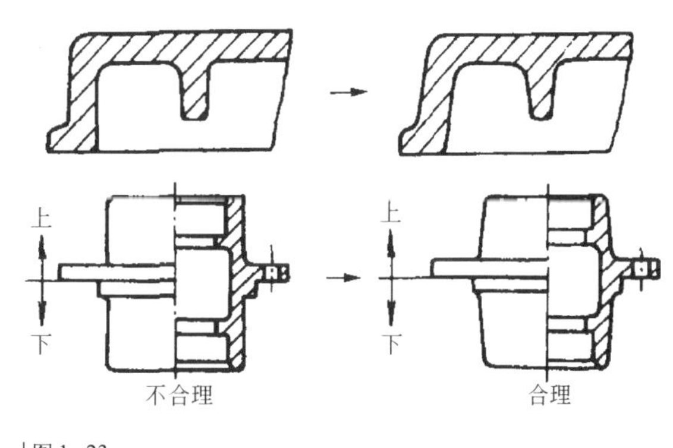

图 1−23
设置结构斜度

对于砂型铸造，铸件结构上应考虑使砂型牢固，必要时修改一些局部结构，易保证砂型牢固。如图1−26所示，将上法兰改为内法兰，下法兰厚度加大，以增加砂型强度；如图1−27～图1−31所示，均是通过修改不合理的凸台结构，达到保护砂型进而保证铸件质量的目的。

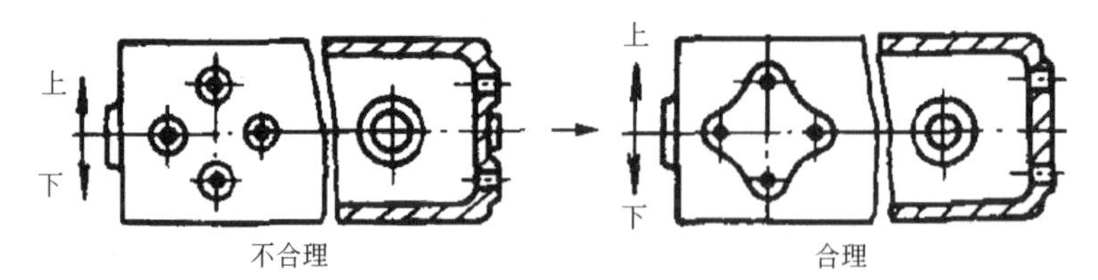

图 1-24
减少凸台数量

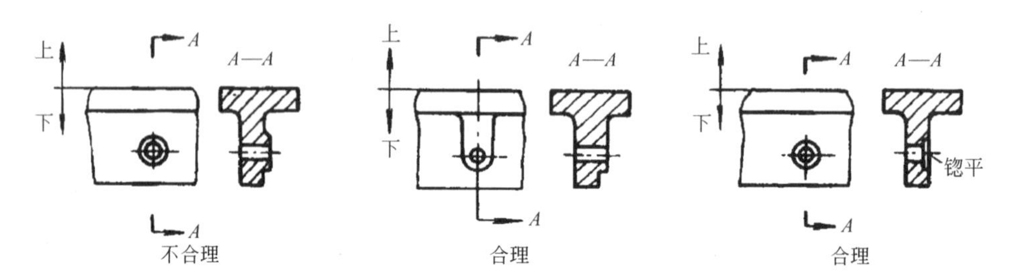

图 1-25
减少或取消活块

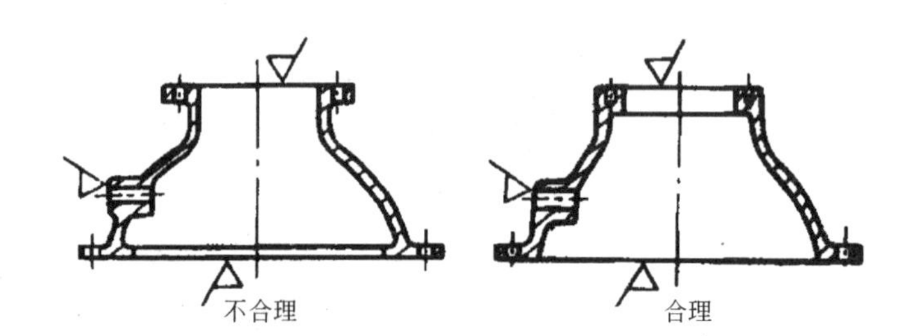

图 1-26
修改法兰结构

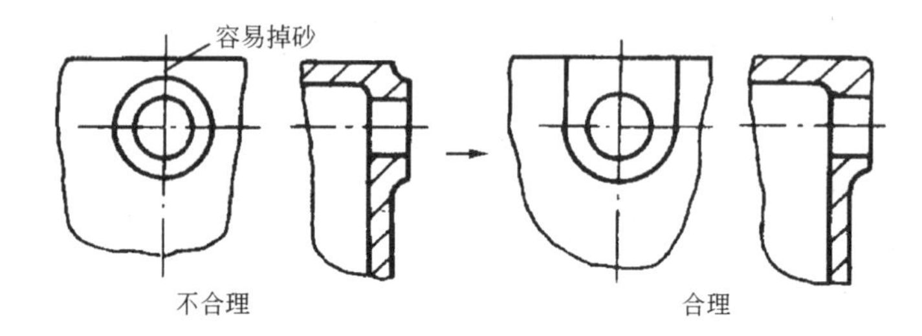

图 1-27
修改凸台结构(1)

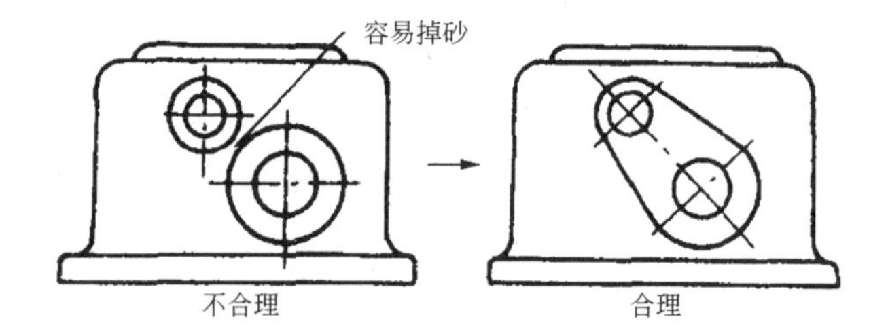

图 1-28
修改凸台结构(2)

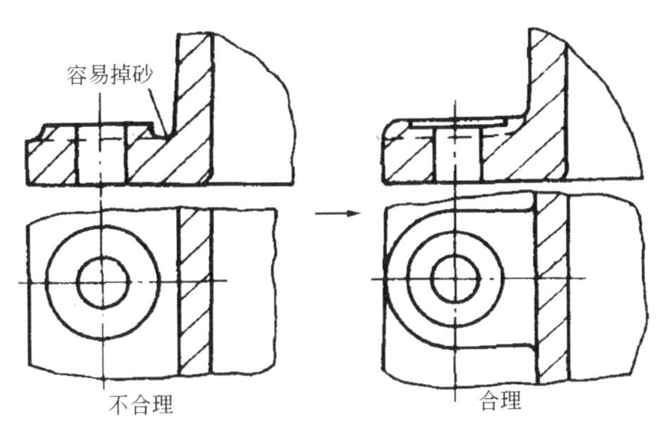

图1–29
修改凸台结构(3)

使用型芯会增加砂型的复杂性和工艺难度，在可能的情况下，应通过修改结构避免使用型芯或减少型芯数量。如图1–30所示，通过将内腔改为开式，铸造时不用型芯；如图1–31所示，在结构允许的条件下，采用对称结构，可减少制模、制芯的工作量。

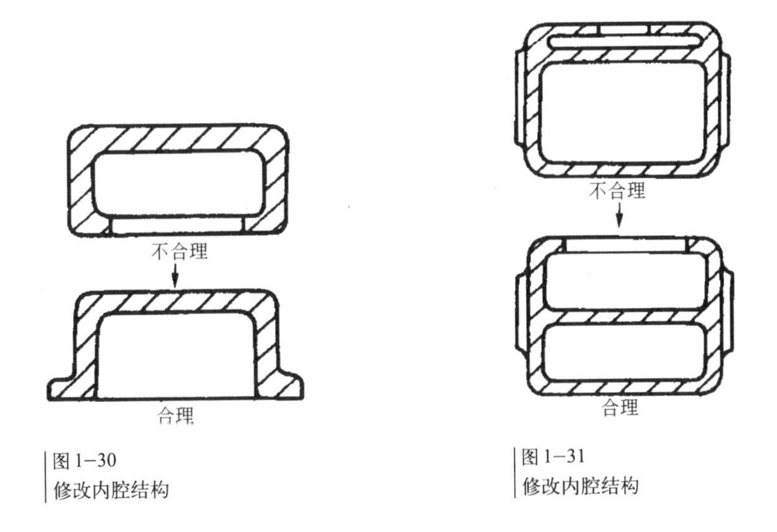

图1–30
修改内腔结构

图1–31
修改内腔结构

铸造件在冷凝时会产生收缩，如各部分冷却速度不一致，后冷凝的部分易产生缩孔、缩松等缺陷。铸件厚度较大的局部，冷却速度慢，因此，在结构设计上，应尽可能使铸件各处厚度接近。

1.2.5 铸造零件的处理与加工

铸造零件一般存在一定的内应力，经过一段时间，内应力逐渐消除，同时零件产生一定的变形。这种变形是随时间推移逐渐发生、发展的，可能持续一年以上。铸件的变形会影响其几何精度和使用性能，尺寸越大的铸件，影响也越大。一般铸件在机加工前，需经过一定的处理。

铸铁铸件采用时效处理消除内应力，最简单的是采用自然时效处理，即在粗加工后将铸件放置在室外一段时间(一般一年以上)，使内应力自然松弛或消除；也可采用热处理方法配合短时间自然时效处理，称为人工时效处理。热处理做法是，将铸件缓慢加热到500～600℃，保温一段时间，然后缓慢冷却至常温。采用机械振动法消除内应力最节省时间，具体做法是，将激振器卡在铸件上使其产生共振，通过在铸件内部产生微观塑性变形消除内应力，对于结构复杂的铸件，处理时间只需几十分钟。

铸钢件一般都需要热处理，目的是消除铸造内应力和改善铸件的力学性能。结构比较复杂、力学性能要求比较高的铸件一般用正火加回火，结构简单的铸件采用退火处理。

壳体、箱体铸件的关键部位一般需精加工。在铸造时，考虑后期的精加工，需留有足够的余量；精加工前先做粗加工，重要的是确定加工基准。壳体、箱体铸件需加工的主要部位包括：壳体、箱体分离部分之间的连接部位；壳体、箱体与内部零部件的定位与连接部位；壳体、箱体与外部其他零部件的连接部位及地脚部位。

1.3 焊接壳体、箱体

焊接也是制造产品外壳的一种主要方法，广泛用于金属薄板外壳的生产。焊接壳体、箱体一般采用机加工或压力加工预制好的备件经焊接组装成型，壁厚较大的产品壳体、箱体多采用机加工预制件，薄壁预制件常用压力加工方法成型。焊接方法主要用于金属钢板外壳，也适于有色金属及其合金外壳。

1.3.1 焊接壳体、箱体的特点

与其他成型方法比较，焊接壳体、箱体有以下特点：

(1) 适用范围广。适于不同材料、尺寸、形状、厚度及生产批量的产品，如船体、汽车外壳、计算机主机箱及家用电器机壳等。

(2) 使用灵活。焊接方法多样，适于不同用途，可单独使用，也可与其他成型方法结合或作为其他成型方法的补充及最终组合成型。如汽车外壳、车门主要是采用压力加工方法成型，通过焊接进行组装，而油箱等密闭容器利用焊接方法进行密封。

(3) 生产周期短。焊接需要的工装比较简单，焊接组件也常采用现成的板材、型材等预制件。

(4) 强度高。通常认为，焊接组合的连接部位易出现开焊、开裂等现象，事实上，焊接部位的强度要比组件本体强度高。

焊接的主要缺点是：造型能力较差，需借助组件的造型；加工精度较低，需借助一定的工

装设备保证或在焊接后进行机加工；焊接部位表面质量通常较差，需进行后处理；焊接产生一定的内应力，造成成品变形。

1.3.2 焊接的方法与适用场合

焊接的方法很多，各具特点，分别适于不同的生产目的与场合。适于制造产品壳体、箱体的常用焊接方法主要有如下几种：

1．电弧焊

利用电弧作为热源的熔焊方法，称为电弧焊。

（1）手工电弧焊

手工电弧焊是利用电弧热局部熔化焊件，并用手工操纵焊条进行焊接，是目前应用较为广泛的焊接方法之一。焊接时，焊条与工件间产生电弧，电弧高温将焊件与焊条局部熔化形成共同熔池，然后迅速冷却、凝固，形成焊缝，使分离的焊件连接成整体。

型钢(角钢、方钢、槽钢、工字钢、管材)焊接性良好、易于获得，工程应用中，常利用型钢和板材焊接成支架、框架，广泛用于建筑、轻工、食品机械设备作为支架、底座等结构件，生产成本低、加工周期短期。图1—32所示，为一采用槽钢手工电弧焊焊接制造的轻工设备底座结构。

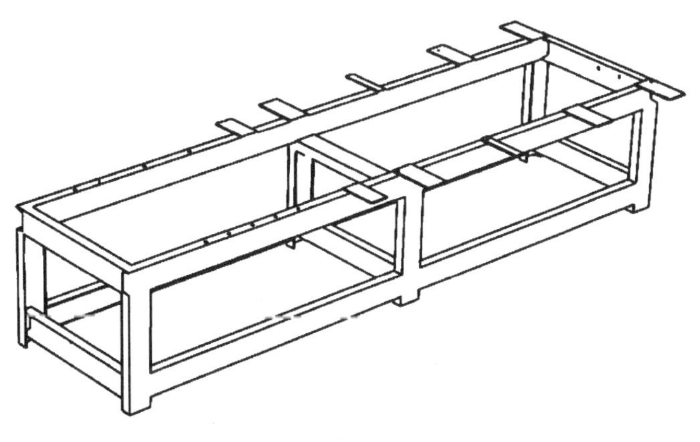

图 1—32
手工电弧焊焊接的轻工设备底座

手工电弧焊的主要优点有：设备简单，使用灵活、方便、通用，但对操作人员的技能要求较高。不适宜焊接活泼金属、难熔和低熔点金属。

（2）埋弧自动焊

埋弧自动焊是利用连续送进的焊丝在焊剂层下产生电弧而自动进行焊接的方法，如图1—33，图1—34所示。

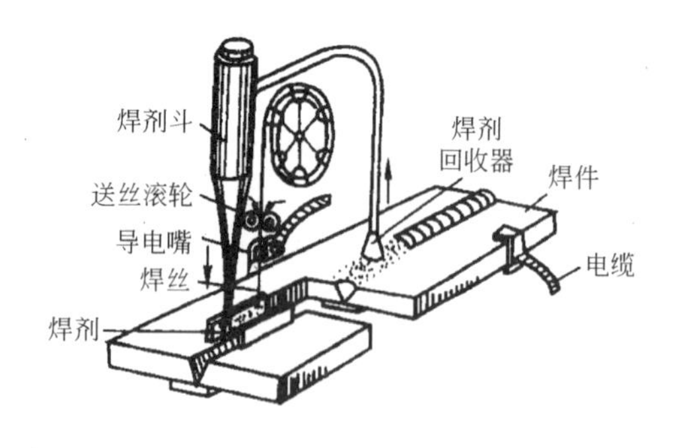

图1−33
埋弧自动焊焊接过程

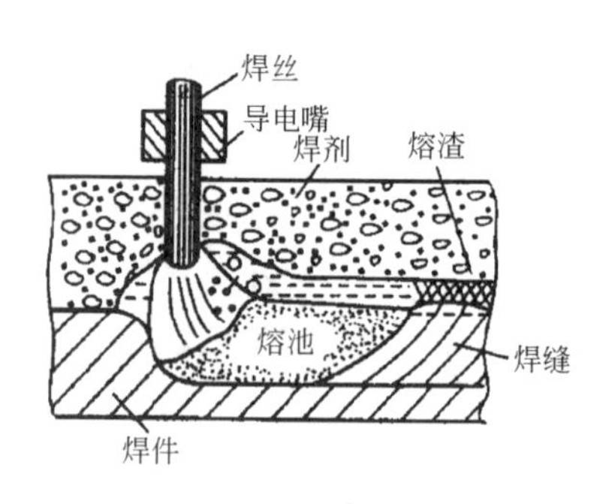

图1−34
埋弧自动焊焊缝的形成

埋弧自动焊的主要特点有：生产效率高，焊缝质量好，焊接规范自动控制。

埋弧自动焊适用于大批量生产，可焊接中、厚钢板(6～60mm)。

(3) 气体保护焊

气体保护焊是用外加气体作为电弧介质并保护电弧和焊接区的电弧焊。保护气体主要有两种：惰性气体(氩气和氮气)和活性气体(二氧化碳)。

以氩气作为保护气体的气体保护焊称为氩弧焊，应用比较广泛。氩弧焊的保护效果好，电弧稳定、热量集中，热影响区小。焊后变形小，焊缝外形光洁美观，无渣壳，便于实现机械化和自动化。高氩弧焊设备复杂，氩气成本高，目前多要用于铝、镁、钛及其合金和不锈钢的焊接。

2. 电阻焊

电阻焊是利用电流通过工件及焊接接触面间所产生的电阻热，将焊件加热至塑性或局部熔化状态，再施加压力形成焊接接头的焊接方法。

电阻焊分为点焊、缝焊和相对焊3种形式。

(1) 点焊：将焊件压紧在两个柱状电极之间，通电加热，使焊件在接触处熔化形成熔核，然后断电，并在压力下凝固结晶，形成组织致密的焊点。电极与工件接触面上所产生的热量被电极内循环的冷却水带走。点焊机的基本结构如图1−35所示，上、下电极和电极臂既传递电流又传递压力；冷却水路通过变压器、电极等导电部分，用于散热。

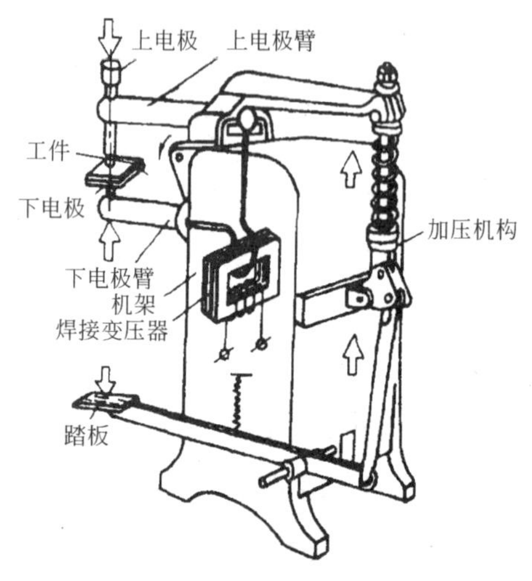

图1−35
点焊机基本结构

电焊在操作时是逐点进行的，施压—通电—断电—松开，这个循环完成一个焊点，以此焊接可能要完成很多焊点。

点焊适于焊接4mm以下的薄板(搭接)，广泛用于汽车、飞机、电子、仪表和日常生活用品的生产。

(2) 缝焊：缝焊与点焊相似，所不同的是用旋转的盘状电极代替柱状电极，叠合的工件在电极盘间受压通电并随圆盘的转动送进，形成连续焊缝。缝焊生产效率高、质量好，焊缝牢固、美观，配合设备送料运动，可以焊接直线、环状等焊缝，油漆桶、食品罐等的生产就是采用这种焊接工艺，缝焊也广泛用于汽车工业中。图1—36为采用缝焊制造的金属薄壁容器，颈部环状焊缝连接。

图1—36
缝焊薄壁容器

概括而言，缝焊适合于焊接厚度3mm以下的簿板搭接，主要应用于生产密封容器和管道等，如图1—37所示。

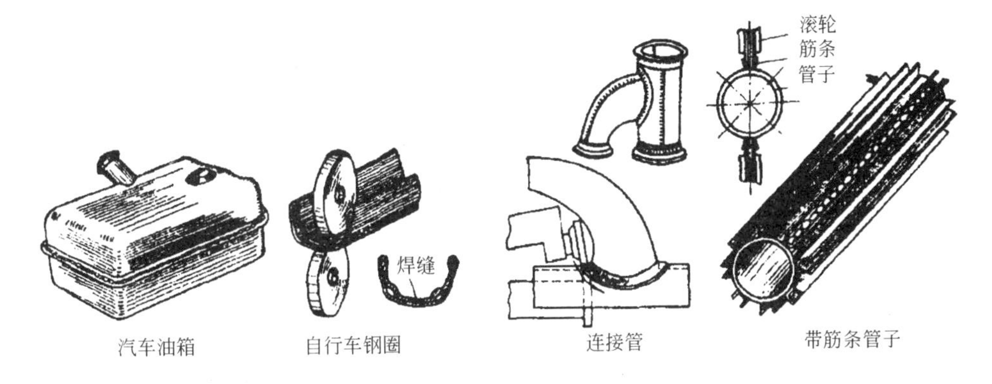

图1—37
缝焊产品实例

1.3.3 焊接壳体、箱体的设计

1. 焊接结构材料的选择

在满足使用性能的前提下，应选用焊接性好的材料来制造焊接结构壳体、箱体。一般来说，含碳量低的碳钢和合金钢具有良好的焊接件，应优先选用。必须采用焊接性不好的材料时，则须采取必要措施，以保证焊接质量。

大批量生产形状复杂的薄壁焊接结构时，应尽量设计成冲压—焊接组合结构。

2. 焊接方法的选择

应根据材料的焊接性、工件厚度、生产率要求、各种焊接方法的适用范围和设备条件等综合考虑。

对于焊接性良好的低碳钢，可根据其板厚、生产率要求等确定具体的焊接方法。如中等厚度(10～20mm)可采用手工电弧焊、埋弧自动焊、气体保护焊等。氩弧焊成本较高，一般不选。对薄板轻型结构，无密封要求时，可优先采用生产率较高的点焊；无点焊设备时，可考虑气焊和手弧焊。若要求密封，可采用缝焊。

对于合金钢、不锈钢等重要工件，应采用氩弧焊以保证焊接质量，如结构材料为铝合金，应优先选氩弧焊。

3．焊接接头工艺设计

焊接接头与坡口形式的选择应根据焊接结构形状、尺寸、材料、强度要求、焊接方法及加工难易程度等因素综合决定。

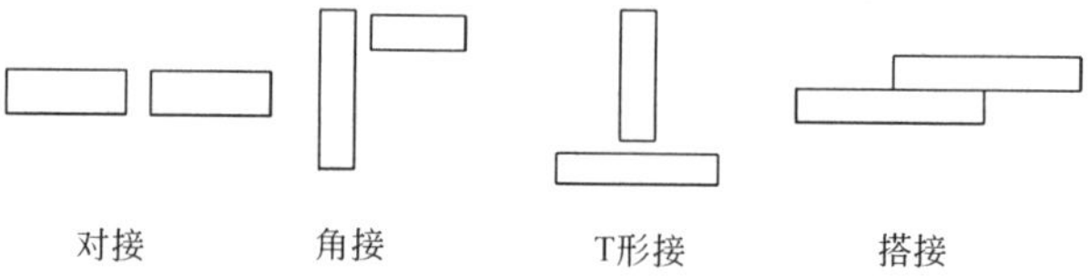

对接　角接　T形接　搭接

图1–38
手工焊接头的基本形式

手工电弧焊接头基本形式有4种，如图1–38所示。

对接接头受力较均匀、焊接质量易于保证，应用最广，应优先选用。

角接接头和T形接头受力情况较对接接头复杂，但接头呈直角或一定角度时必须采用这两种接头形式。它们受外力时的应力状况相仿，可根据实际情况选用。

搭接接头受力时，焊缝处易产生应力集中和附加弯矩。一般应避免选用。但不须开坡口，焊前装配方便，对受力不大的平面连接也可选用。

除搭接接头外，其余接头在焊件较厚时均需开坡口。坡口的基本形式如图1–39所示。I形坡口主要用于厚度为1～6mm钢板的焊接，V形坡口主要用于厚度3～26mm钢板的焊件，U形坡口主要用于厚度为20～60mm钢板的焊接，X形坡口主要用户厚度为12～60mm钢板的焊接，须双面施焊。

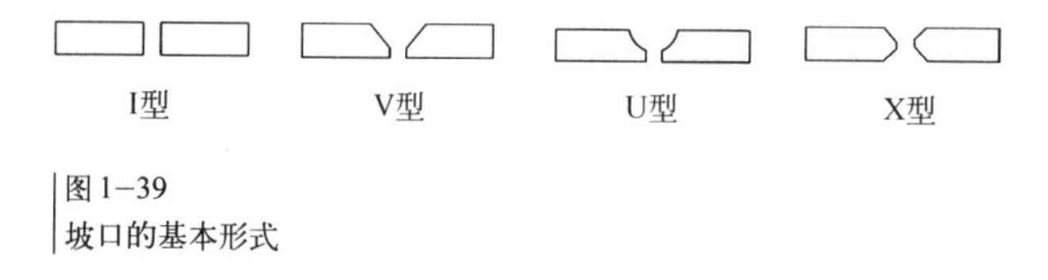

图1–39
坡口的基本形式

点焊、缝焊多采用搭接接头。

焊接时应尽量避免厚薄差别很大的金属板焊接。必须采用时，在较厚的板上应加工出过渡形式。

焊缝布置应遵循以下原则：

(1) 便于施焊：焊缝设置必须具有足够的操作空间以满足焊接工艺需要。如图1–40所示。点焊与缝焊时，应考虑电极能达到焊接部位，如图1—41所示。

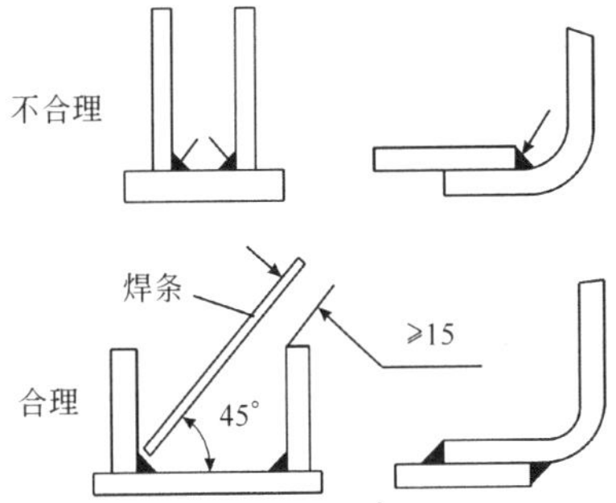

图1—40
手工焊的焊缝位置

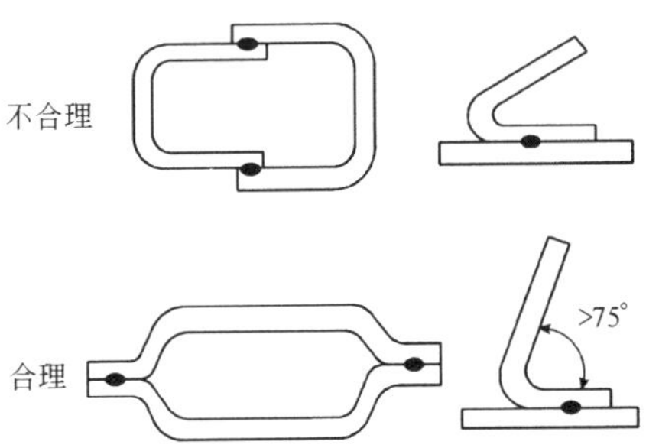

图1—41
点焊及缝焊的焊缝位置

（2）有利于减少焊接应力与变形：设计焊接结构时，应尽量选用尺寸规格较大的板材、型材。形状复杂的壳体可采用冲压件和铸钢件，以减少焊缝数量、简化焊接工艺和提高构件的强度与刚度。焊缝应对称布置。

（3）避开最大应力区和应力集中部位：壳体在结构拐角处往往是应力集中部位和壳体结构的薄弱部位，不应在此设计焊缝。

（4）避开或远离机械加工面：焊接时会引起工件变形，设计焊缝时必须考虑。焊接结构上的加工面有两种不同情况：对焊接结构的位置精度要求较高时，一般应在焊后进行精加工；对焊接结构的位置精度要求不高时，可先进行机械加工，但焊缝位置与加工面要保持一定距离，以保证原有的加工面精度。

1.4 冲压壳体

冲压是利用冲模在压力机上对板料施加压力使其变形或分离，从而获得一定形状、尺寸的零件的加工方法。冲模是冲压的专用模具，因涉及开模成本，冲压生产一般只适合于批量工业产品的生产。板料冲压通常在常温下进行，又称冷冲压，当板厚大于8～10mm时，采用热冲压。

冲压属于压力加工的一种，是工业产品金属外壳的一种主要加工形式。冲压既可加工仪表上的小零件，也能加工汽车车身等大型制件。广泛用于汽车、拖拉机、电器、航空、仪表及日常生活用品等制造行业。

1.4.1 冲压壳体的特点

板料冲压制造产品壳体具有下列特点：

（1）生产率高、操作简单。生产过程只是简单的重复。

（2）产品质量好。尺寸精度和表面质量较高，互换性好。

(3) 材料利用率高。按壳体的设计壁厚选择板材，有效利用材料；可采用组合冲压等方法，合理利用板材，产生的废料少。

(4) 造型能力强。可制造复杂的曲面零件，复杂性仅反映在模具的设计和制作上，与生产加工关系不太大。

(5) 适用广泛。制作壳体的材料可以是钢板，也可以是有色金属及其合金板材，且适于较宽的尺寸范围。

使用冲压方法生产制造产品壳体的主要缺点集中在模具方面。冲模设计、制造复杂，成本较高，且一件一模，局部更改，也要更换模具。因此，只有在大批量生产的条件下，才能显示出优越性。当然，在特殊要求下，从产品的要求出发，小批量生产也可使用，但成本较高，图1−42的模型就是例子。

1.4.2 冲压工艺与模具

冲压设备主要有剪床和冲床两大类。剪床(也称剪板机)的用途是将板料按要求裁切成一定宽度的条料，供下一步冲压用。冲床(也称曲柄压力机)则是冲压成形的基本设备，可用于切断、落料、冲孔、弯曲、拉伸及其他冲压工序。

常用小型冲床的结构如图1−43所示，电动机通过减速机构带动曲柄连杆机构运动，从而使固定在滑块上的上模作上下往复运动，与下模配合，完成各种冲压工序。大批大量生产时，常采用多工位自动冲床，生产率很高。

图1−42
冲压件制作的汽车模型

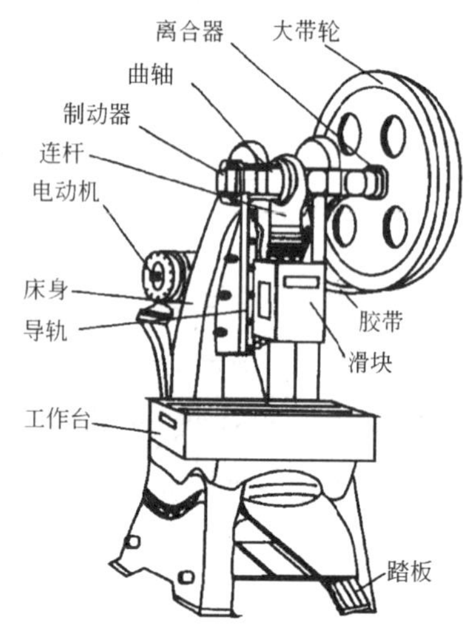

图1−43
小型开式冲床

冲压的基本工序分为分离工序和成形工序两大类。分离工序是使冲压件与板料沿所要求的轮廓线相分离，包括落料、冲孔、切断和修整等；成形工序是使板料产生塑件变形，包括弯曲、拉伸、成型和翻边等。

冲压生产产品壳体同时涉及分离和成型这两类工序，依据壳体的特点和加工工艺设计，可能一次冲压完成，也可能多次冲压完成。其中，成型是主要工序，分离是辅助工序。

冲压基本工序如图1–44所示。

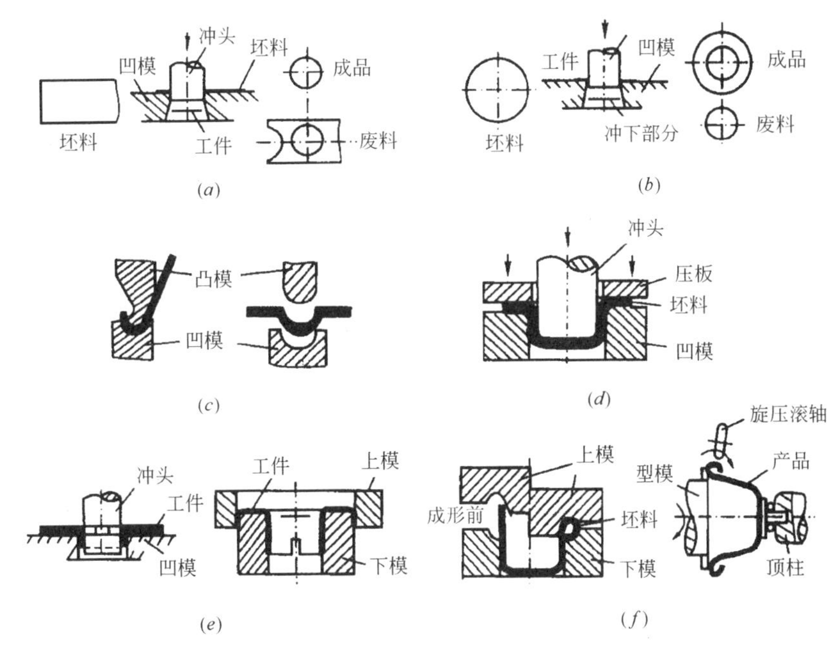

图1–44
冲压基本工序示意图
(a)落料；(b)冲孔；(c)弯曲；(d)拉伸；(e)翻边；(f)卷边

冲压模具按冲床的每一次冲程所完成工序的多少可划分为简单冲模、连续冲模及复合冲模3大类。

简单冲模在冲床的一次冲程内只能完成一道工序。如图1–45所示，工作部分由凸模和凹模组成，采用导料板和限位销来控制板料的送进方向和送进量，依靠导柱与导套的精密配合来保证凸模准确进入凹模，完成冲压。

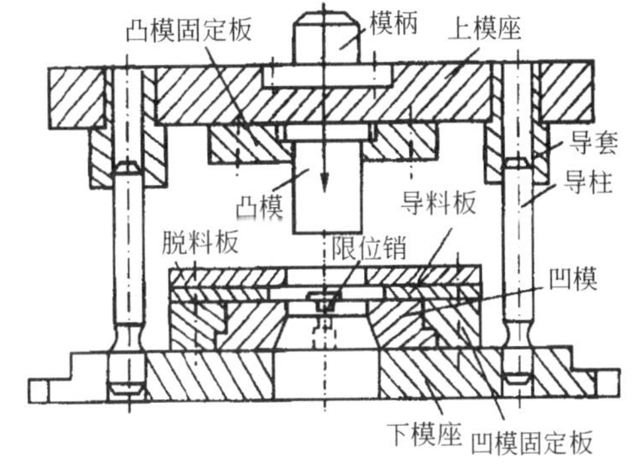

图1–45
简单冲模

简单冲模的结构简单，成本低，生产率较低，主要用于简单冲裁件的生产。

连续冲模在冲床的一次冲程内，在模具的不同位置上可以同时完成两道以上的工序。图1–46

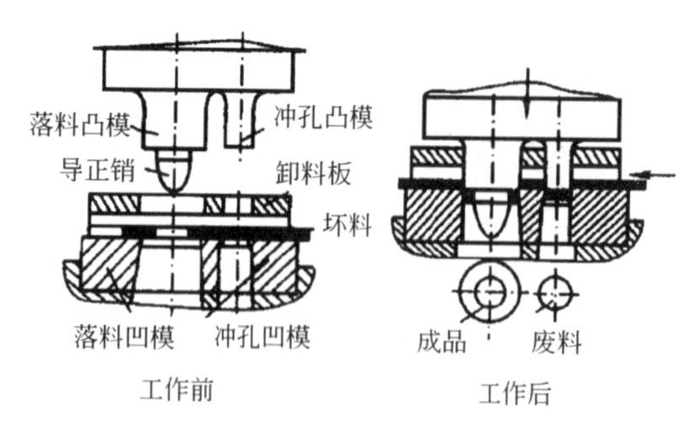

图 1–46
连续冲模

所示为落料、冲孔连续冲模，左侧为落料模，右侧为冲孔模。条料送进时，先冲孔，后落料，两工序在同一冲程内完成。

连续冲模生产效率高，易于实现自动化，但结构复杂、成本高，适于大批量生产精度要求不高的中、小型零件。

复合冲模在冲床的一次冲程内，在模具的同一位置上可以同时完成两道以上的工序。图1–47所示为壳体生产中经常采用的落料、拉深复合模。其特点是有一个凸凹模，其外圆为落料凸模，内孔为拉深凹模。当凸凹模下降时，首先与落料凹模配合进行落料，然后与拉深凸模配合进行拉深。

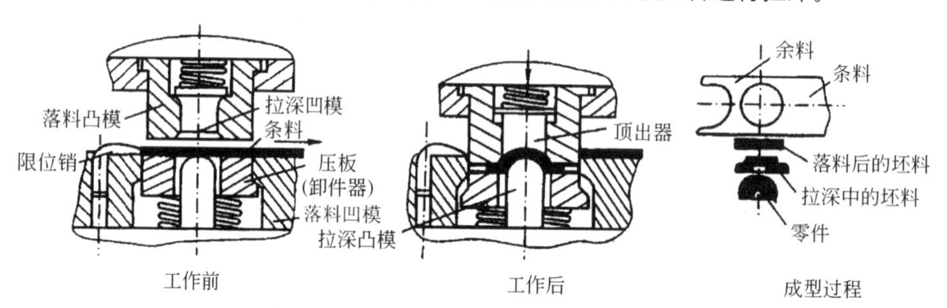

图 1–47
复合冲模

复合冲模生产效率高，零件加工精度高，但模具制造复杂，成本高，适用于大批量生产。

1.4.3 冲压零件的设计

在设计冲压壳体结构时，必须综合考虑产品结构需要、零件结构强度、材料特性与成型能力、冲压模具复杂性及冲压工艺等因素。

对于优质低碳钢、铝合金薄板等成型能力强的材料，可设计成较大的拉深深度及复杂的结构形状。如图1–48所示的铝合金壳体，在拉深成型的同时，在底面上压制出浅浮雕装饰图案、冲出几个小孔，对模具结构和冲压工艺增加的复杂性和难度并不太大。

图 1–48
一次成型的铝合金壳体

冲压壳体设计上，往往易出现关注结构造型和功能而忽视生产加工工艺的现象，使得模具结构复杂、生产成本加大，特别是对于结构上需弯曲和拉深成型部分。

板料弯曲时，内侧金属受切向压应力，产生压缩变形；外层金属受切向拉应力，产生伸长变形，如图1-49所示。当拉应力超过材料的抗拉强度时，即会造成金属破裂。坯料厚度越大、弯曲半径越小，材料所受的内应力就越大，越容易弯裂。必须控制最小弯曲半径，通常取为板厚的0.25～1倍以上，材料塑性好时取下限。

弯曲时还应尽可能使弯曲线与坯料纤维方向垂直，如图1-50所示，亦材料所受的拉应力与纤维方向一致，避免产生破裂。在双向弯曲时，应使弯曲线与纤维方向呈45°角。

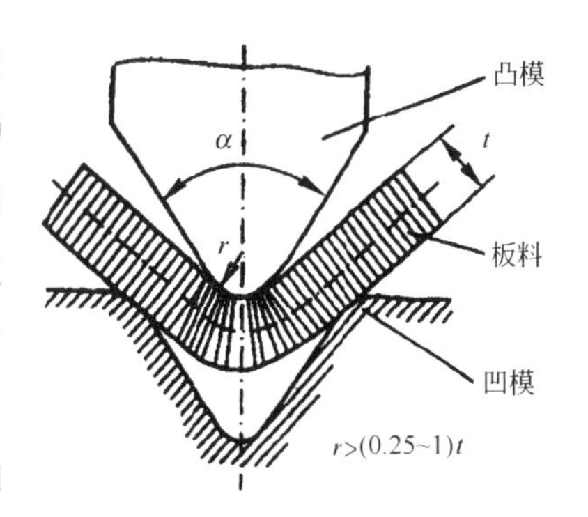

图1-49
板料弯曲

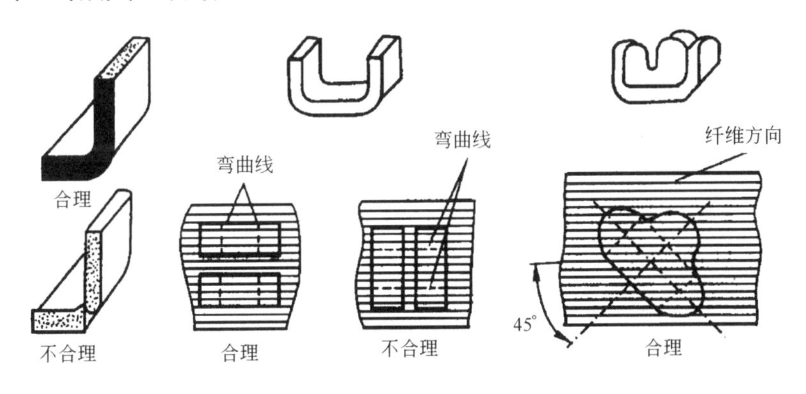

图1-50
材料对弯曲方向的影响

设计弯曲件时应加强其变形部位的刚性，如在弯曲部位设置加强筋等，如图1-51所示。

在设计拉深壳体时，应注意拉伸变形的影响。如图1-52所示，在凸模作用下，板料被拉入凸模和凹模的间隙中，凸缘和凸模圆角部位变形最大。凸缘部分在圆周切线

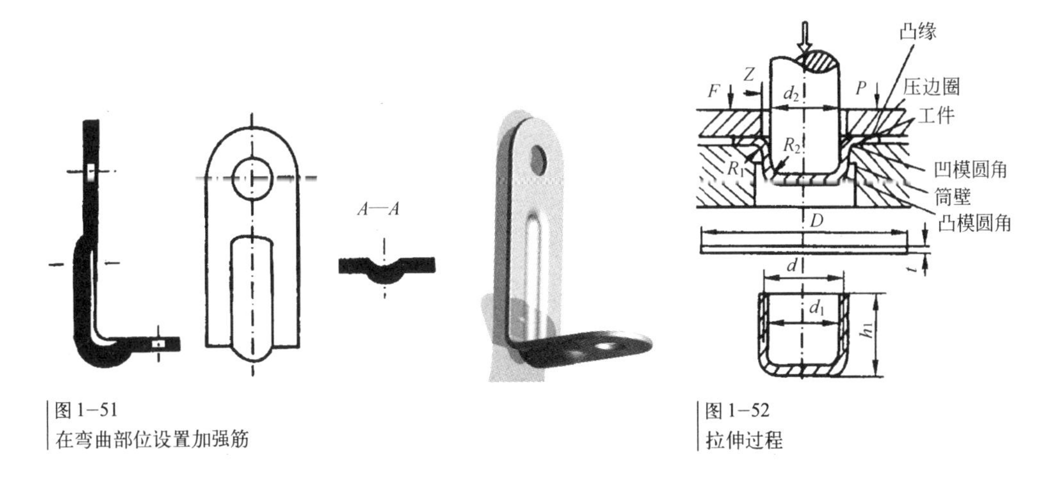

图1-51
在弯曲部位设置加强筋

图1-52
拉伸过程

方向受压应力，压应力过大时，会发生折皱，坯料厚度愈小，拉深深度愈大，愈容易产生折皱。凸模四角部位承受筒壁传递的拉应力，材料变薄，容易在此处拉裂。

拉伸部位在形状上尽可能简单、对称，带有法兰边时，四周法兰边宽度尽可能一致，否则，可能增加加工难度，浪费材料。

1.5 注塑壳体、箱体

塑料壳体、箱体及塑料零件在现代工业产品中已得到广泛应用，如各种仪器、仪表、家电产品、电器工具、玩具及生活用品等。

塑料壳体、箱体一般多采用注塑成型工艺制造，可选择塑料材料种类很多，可根据具体产品要求确定。注塑工艺是指在注塑机上将熔融态塑料原料使用绞龙以一定的压力注入到预制的模具型腔中，经冷却成型的制造方法。注塑工艺适合批量加工塑料制品、零件，根据设备工作原理、方式不同及可加工注塑制品的重量(体积)大小，注塑机分为多种规格、型号。

1.5.1 注塑壳体、箱体的特点

与其他形式相比较，注塑壳体、箱体具有以下特点：

(1) 生产周期短，生产率高，易于实现大批量、自动化生产。

(2) 可使用材料丰富，适应性强。

(3) 产品质量较高，一致性好、互换性强，成本低。

(4) 几何造型能力强，可生产形状、结构复杂的产品。

(5) 功能性与装饰性结合好。

塑料材料具有很多优良的特性，相应地也反映在注塑壳体、箱体上。例如，通常塑料具有良好的绝缘性，制作电器产品、工具的外壳非常合适；很多塑料具有良好的透明性，透明产品外壳可观察到产品内部的状况；在塑料壳体表面可以使用喷、涂、镀等装饰工艺，制成不同材质、装饰效果。图1-53中的几个产品外壳，除上述指出的几个特点外，手机翻盖及机体上的两个按键采用了透明材质塑料并喷涂单面反射膜，起到了很好的装饰作用。

图 1-53
各种注塑产品壳体

注塑壳体、箱体也存在一些明显的缺点，主要有：开注塑模具成本较高，不适于单件、小批

量生产；强度、表面硬度较低，抗冲击、磨损性能差，局部细小结构在维修过程中易损坏；材料存在老化问题，耐久性差。

1.5.2 注塑工艺与模具

注塑是热塑性塑料成型的一种重要方法，是在注塑机上熔融的塑料材料注入闭合模具型腔内并固化而得到各种塑料制品的方法。除氟塑料外，几乎所有的热塑性材料都可采用注塑成型，注塑还可用于某些热固性塑料的成型。

通常，注塑机的主要作用有两个：加热塑料，使其达到熔融状态；对熔融塑料施加高压，使其射出而充满模具型腔。

注塑机主要部分为注射装置、模具及合模装置。注射装置使塑料在料筒内均匀受热熔化并以足够的压力和速度注射到模具型腔内，经冷却定型后，开启模具、顶出制件，即得到制品。

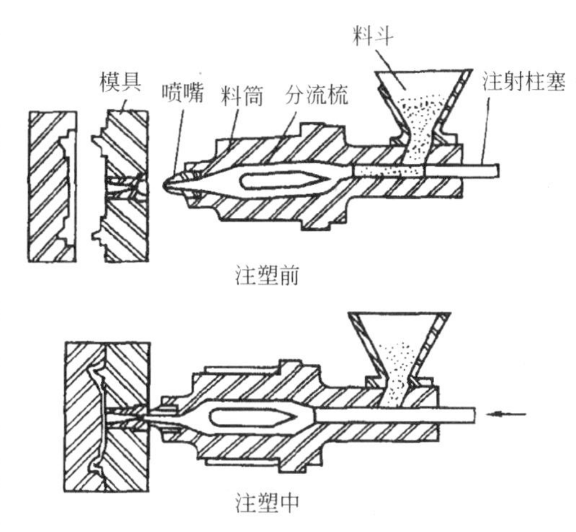

图1–54
注塑成型原理

典型注塑工艺过程如图1–54所示。粒状或粉状塑料从注射机的料斗送进料筒加热至熔融流动状态，由活塞或螺杆推动，通过料筒端部的喷嘴注入温度较低的闭合塑料模具中。充满模具的熔体在受压的情况下，经冷却固化后即可保持模具型腔所赋予的形状，最后开启模具，取出制品。

注塑制品往往在注射口及模具分合处等存在多余部分和毛边，需机械加工修整。此外，注塑制品常需要进行适当的后处理以改善性能，提高尺寸稳定性。制品的后处理方法主要是退火和润湿处理。退火处理就是把制品放在恒温的液体介质或热空气循环箱中静置一段时间。一般退火温度应控制在高于制品使用温度10～20℃和低于塑料热变形温度10～20℃之间。退火时间视制品厚度而定。调湿处理是在一定的湿度环境使制品预先吸收一定的水分，使其尺寸稳定下来，以免制品在使用过程中因吸水发生变形。

注塑膜具在结构组成上是比较复杂的，按功能、作用分以下几个部分：

(1) 成型部分：模具的核心部分，由可分合的两部分组成，类似于凸模和凹模，形成注塑件的几何边界，完成注塑件的结构、尺寸及表面的成型。

(2) 浇注系统：将注塑机喷嘴射出的熔体倒入行腔，起输送管道作用。

(3) 排溢、引气系统：排除充模时型腔中多余的气体或料流末端冷料；开模时，引入气体，利于注塑件从模腔中脱出。

(4) 冷却系统：控制模具的温度，使模具腔内的溶体迅速可靠冷却定型。多数注塑模具上设计冷却水循环系统，使用水冷控制温度。

(5) 脱模机构：将定型后的注塑件从模腔脱离出。

(6) 模架：整个模具的主骨架，将模具各部分组合在一起。

当然，并非所有注塑模具都必须包括以上几个结构部分，根据待加工注塑零件的结构特征、复杂程度、工艺条件等不同，注塑模具结构也不尽一致，有些模具只有主要结构，比较简单。图1－55为一典型的注塑模具及其制品。

采用注塑工艺可加工多种类型的塑料产品，常见有家电产品壳体、日用品、零部件等，图1－56～图1－58为几个典型的注塑产品，而图1－59所示的照相机则大多数零件都是注塑件。

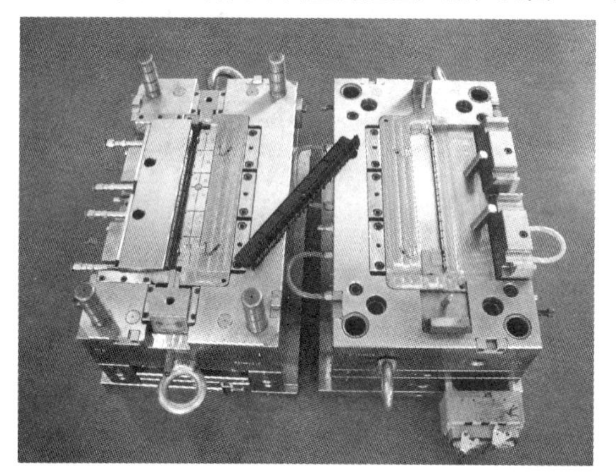

图1－55
注塑模具及其制品

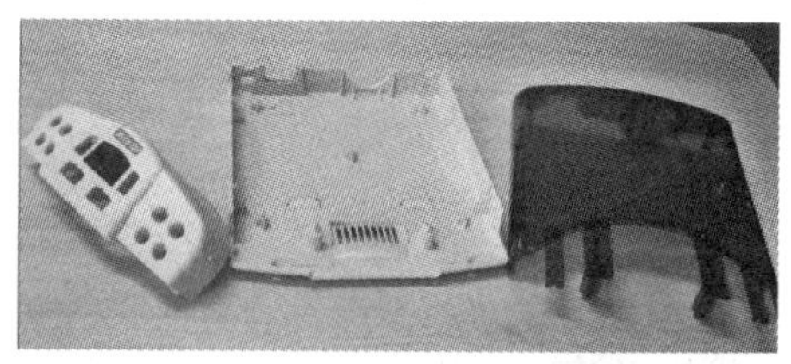

图1－56　注塑仪器塑料外壳
图1－57　注塑遥控器塑料外壳

图1－58
注塑零件

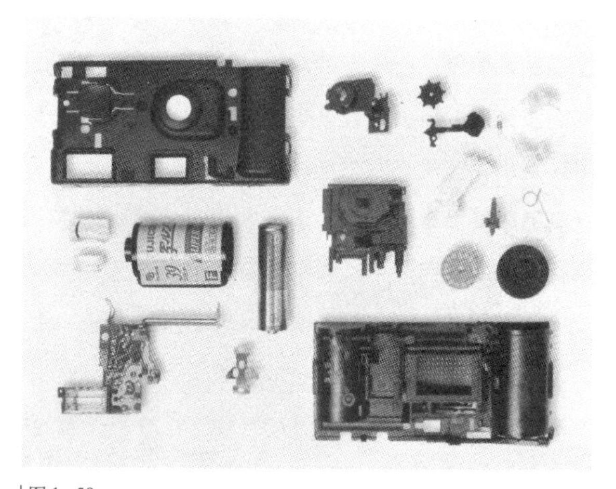

图1－59
注塑零件构成的照相机

1.5.3 注塑壳体、箱体的设计

注塑壳体、箱体的结构设计应综合考虑产品要求、外观造型、注塑材料、各功能局部、生产加工条件及成本等因素。

在设计注塑壳体、箱体的有关几何参数时，如壁厚、加强筋、塑件上孔的孔径和孔深及孔距等，壳体的外形尺寸、选择的材料等都需考虑。可参考有关设计手册或类似的设计产品、设计经验确定。

注塑件也存在定型收缩的问题，因此，在设计注塑壳体时也要考虑脱模斜度。通常，注塑壳体内表面把模斜度取为15′，外表面取为30′，孔的斜度与内表面相同，加强筋的斜度为2°～5°。

壁厚设计尽可能均匀，过厚的部分容易在内部产生气孔、收缩变形等缺陷，如图1－60所示。在壳体转弯连接处，应避免使用锐角连接，而采用圆角过渡，否则，易造成应力集中，如图1－61所示。

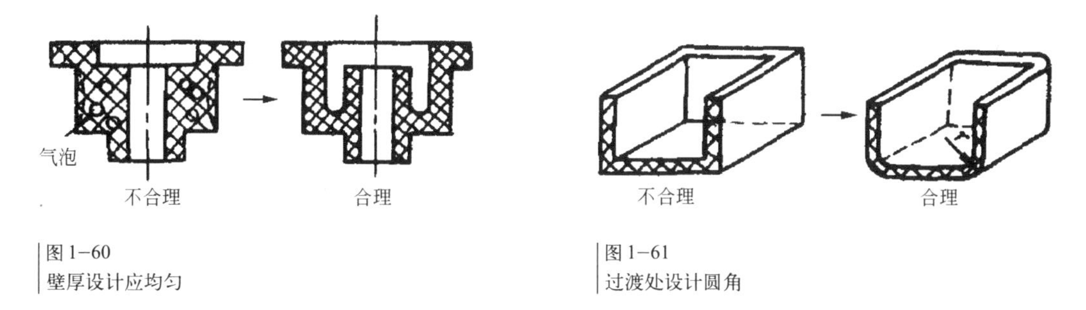

图 1–60
壁厚设计应均匀

图 1–61
过渡处设计圆角

在壳体结构上，尽量避免表面凹陷，否则，将加大模具的复杂性，降低生产效率，增加成本，如图1－62所示。

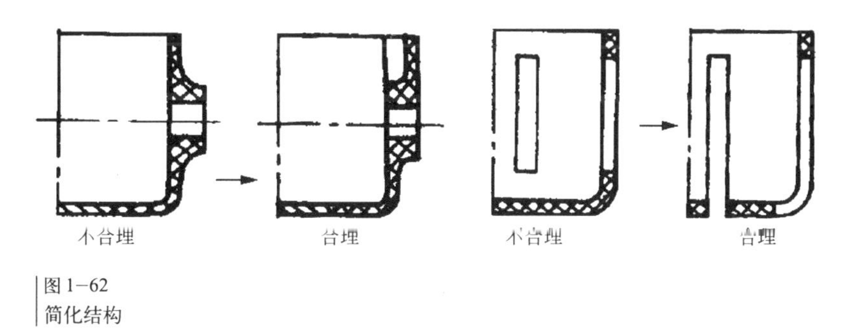

图 1–62
简化结构

塑料壳体的设计是一个比较复杂的问题，涉及力学、材料学、加工工艺学、设计美学等诸学科，并受到产品使用状况、生产条件等的约束，此外，设计实践经验也会左右设计方向的走向与成败。认真分析、研究典型的产品实例，参考借鉴成功的案例无疑是一个提高设计能力的

有效途径。很多优秀的产品的结构设计方案其实也不是一次设计一蹴而就得到的，都是在依次考虑各种相关因素后，经逐步改进后的结果。

以下我们通过一个双桶洗衣机洗衣桶上盖的结构设计实例简要分析一下设计方案的演进过程和结果。图1-63为一双桶洗衣机的机体部分，左边为洗衣桶，上盖放置在机体对应部分表面，要方便盖上、取下。洗衣桶上沿设置成阶梯状的目的是防止上盖滑落，因此，在上盖对应位置开设一条凹槽与之配合，如图1-64所示。显然，图1-64所示的上盖结构可以实现上述基本要求，结构也比较简单，但很笨重，材料浪费很多，若用ABS塑料制造，此盖重6.6kg。如图1-65所示，去掉多余材料，根据力学强度计算或设计经验，上盖设计成2.5mm厚壳体，同样可满足基本功能要求，但轻巧了很多，也引起了内外周边沿薄壁的力学强度不足。通过设计加强筋，提高盖体强度，得到如图1-66所示结构，设计中注意到只需几点与机体梯形部分配合，亦可达到防滑落目的，从而只在几条加强筋上开设凹槽，此结构件的重量为580g。

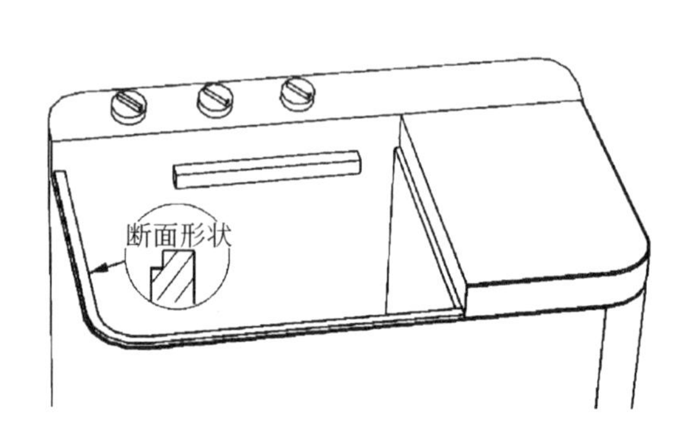

图1-63
洗衣机缸筒结构示意

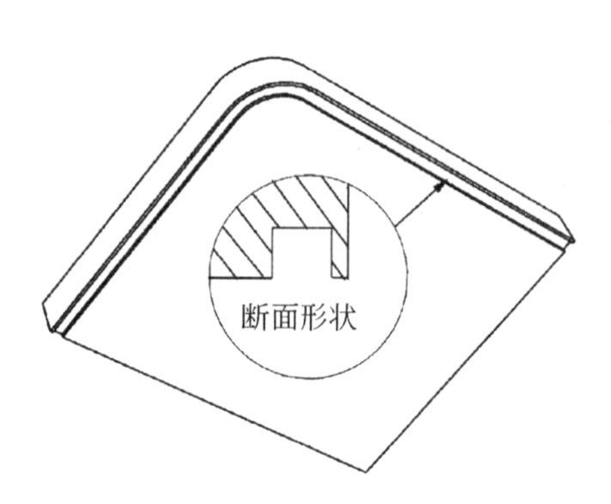

图1-64
洗衣机洗衣桶盖初始结构

图1-65
去除多余材料后洗衣桶盖结构

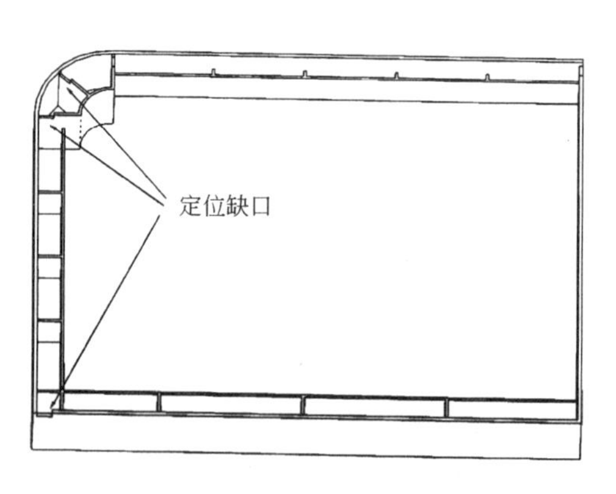

图1-66
修改加强筋后洗衣桶盖结构

第2章 连接与固定结构设计

连接与固定结构是产品设计中常见的重要结构。构成产品的各功能部件需要以某种方式连接或固定在一起形成整体实现产品的设计功能。即便只是为满足外观造型的产品外壳，通常也是由底、盖、主体框架等几个部分组合而成的，需要连接、固定后成为一个整体。

连接与固定在功能含义上是不同的。有些连接结构同时也起到固定的作用，称为固定连接；有的连结结构允许连接的部件以一定方式、在一定范围内运动，称为活动连接。固定结构的主要功能是固定部件。

2.1 概述

可起到连接与固定作用的结构形式很多，鉴于工业设计专业课程设置中“机械设计基础”也涉及连接与固定的问题，并从零件设计的角度详细研究各种常用、标准化的连接、固定形式，如螺纹连接、销连接、键连接等，为避免重复，本书将主要从功能结构的角度讨论这一问题。

2.1.1 连接与固定结构的功能与种类

按照结构的主要功能和设计目的，连接与固定结构可以划分为：

(1) 不可拆固定连接：连接的目的是使被连接部件形成一个功能整体，拆卸将破坏被连接部件或连接件。常用形式包括焊接、铆接及胶接等。

(2) 可拆固定连接：连接的目的是将被连接件按设计位置固定、组合在一起，拆卸的主要目的是方便维护、维修或保管、储存。常见形式包括螺纹连接、销连接、弹性连接及过盈连接等。其中，按拆卸的方便程度又可分为较少拆卸、经常拆卸及方便拆卸三种形式。

(3) 活动连接：连接目的是将被连接件组合在一起构成一个功能体，被连接部件间允许以一定方式、在一定范围内相对运动。按允许相对运动的形式又可分为转动连接、移动连接及柔性连接等。

(4) 固定结构：结构的目的是将部件与部件的位置固定，在不开启固定结构或结构失效前保持不变。常见形式很多，如锁插、锁扣等。

2.1.2 连接与固定结构的设计要求

总体上讲，各种连接与固定结构在设计上都要求可靠、工作稳定、简单、耐久及便于加工制造。对每种具体的结构，按照功能要求又有特殊性的一些要求。在此，仅概括讨论如下：

对不可拆固定连接，设计上一般要求达到一定的连接强度。具有封闭性功能的结构部件，还要求在一定条件下达到一定的密封效果。

对可拆固定连接，通常要求拆卸中被连接的主体部件尽可能被保护，万一出现损坏情况，尽可能出现在连接件上。此外，连接结构不易松动、失效。对经常拆卸的固定连接，应考虑拆卸方便、快速。

对活动连接，主要考虑工作稳定性和使用寿命。

对固定结构，设计上主要考虑固定的可靠性、开启方便性等。

2.2 固定连接结构设计

2.2.1 不可拆固定连接

焊接属于不可拆连接的一种主要形式，广泛用于金属结构件的固定连接。在第1章中，结合壳体、箱体设计已从设计、制造的角度介绍过，作为连接方式，大同小异，此处从略。

1. 铆接

铆接是在被连接件打适当的孔，穿上铆钉，将铆钉通过打击、挤压等外力变形、压紧端面，从而将被连接件固定在一起的连接方法，如图2-1所示。被铆接的零件一般为平形薄板件。

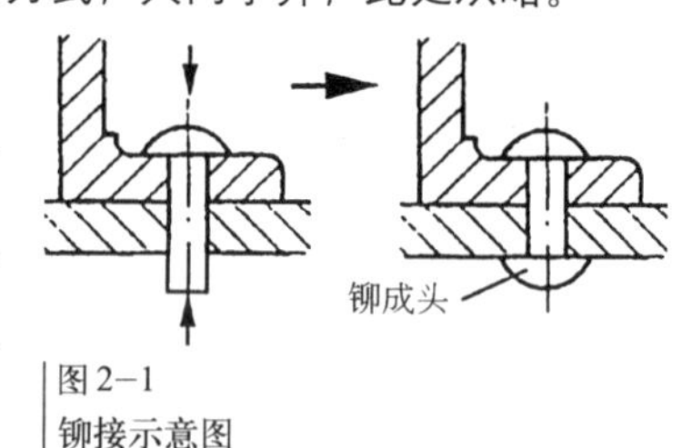

图2-1
铆接示意图

铆接工艺简单、成本较低、抗震、耐冲击、可靠性高，铆钉孔削弱被连接件截面强度。铆接即可用于金属件连接，也可用于非金属件连接。在承受剧烈冲击振动荷载的构件上或要求热变形小的部位采用铆接是比较合适的选择，如起重机的机架、铁路桥梁、建筑、造船等，飞机机身就是采用铆接连接铝合金板形成的。

铆接设计时主要考虑铆钉的选择、铆钉孔的排列尺寸及铆接工艺等。

铆钉是系列化生产的标准零件，如图2-2所示，选择时可参阅有关设计手册确定。

值得指出，有一些采用变异结构或铆接工艺的异型铆钉，在一般手册中尚查不到，但已较普遍应用，图2-3中给出了几个实例。

铆钉孔的排列设计根据连接设计强度要求，主要考虑铆钉承受的荷载，按照材料力学原理求解。图2-4为制动器摩擦片的铆接应用实例。

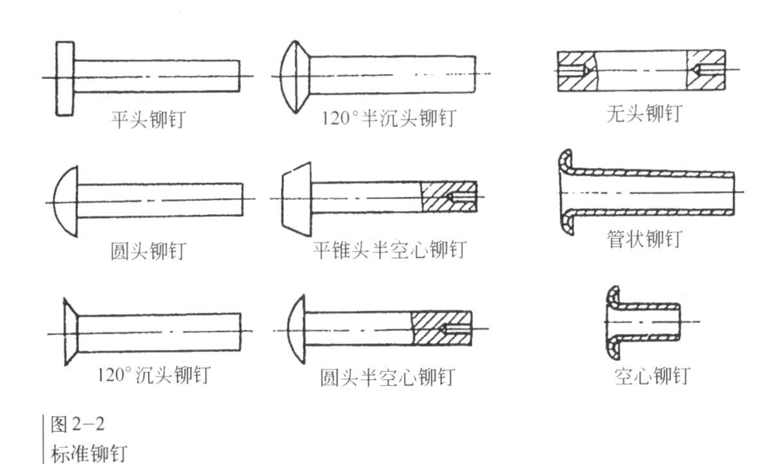

图 2−2
标准铆钉

有预制头的空心铆钉　铆成头部分空心铆钉　用加长杆扩展铆钉孔

预置拉杆轴心铆钉　依靠螺栓拉力形成铆成头　预置炸药爆炸力形成铆成头

穿心推杆挤压形成铆成头　螺钉挤压形成铆成头　预置推心杆铆钉

图 2−3
几种异型铆钉

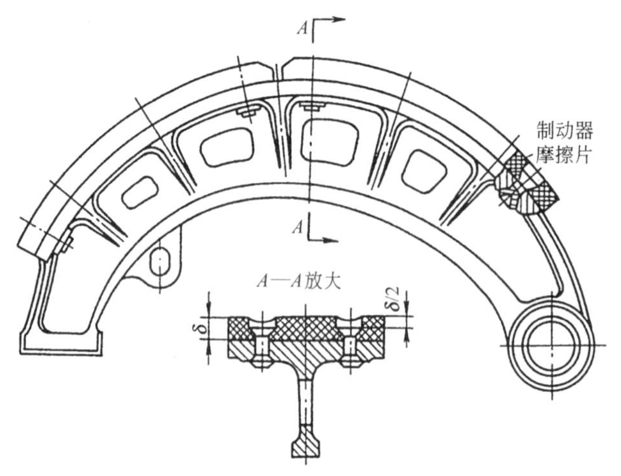

图 2–4
制动器摩擦片的铆接

2. 胶接

胶接是用胶黏剂将被连接件表面连接在一起的过程，也称粘接。胶接与其他连接方式比较，有如下特点：

（1）应力分布均匀，可提高接头抗疲劳强度和使用寿命，提高构件动态性能。

（2）整个胶接面都能承受载荷，总的机械强度比较高。

（3）减轻结构重量，胶接表面平整光滑。

（4）具有密封、绝缘、隔热、防潮、减震的功能。

（5）可连接各种相同或不同的材料。

（6）工艺简单、生产效率高。

胶接的主要缺点有：强度不如其他形式，耐高、低温性较差，有老化问题。

胶接已广泛用于电器、仪表、小家电及玩具等产品结构中。高强度胶黏剂的发展拓展了胶接的应用范围，在连接强度要求高的结构中，可将胶接与焊接、铆接组合使用。胶接已用于飞机的旋翼上，甚至可用于修补发动机裂纹。如图2–5所示的铝合金硬盘壳体就是采用胶接方式固定、密封的。

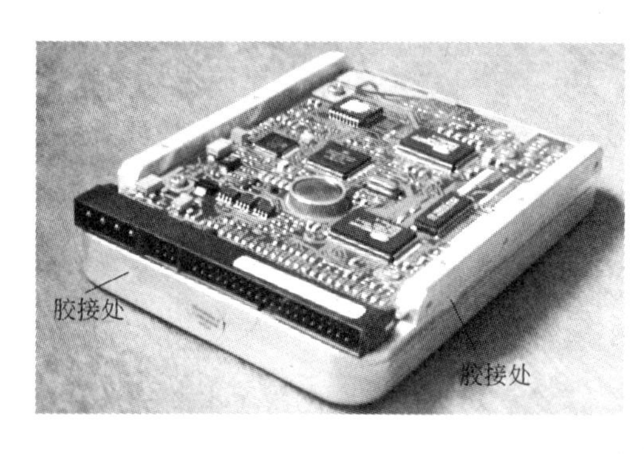

图 2–5
采用胶接密封的硬盘

胶接使用的胶黏剂种类繁多、性能各异，适合不同要求。常用胶黏剂主要有酚醛树脂胶黏剂和环氧树脂胶黏剂等。

酚醛树脂胶黏剂是具有韧性好、耐热性较高、强度大，耐介质等优良性能的结构胶黏剂。主要用于胶接各种金属、非金属材料，如汽车的离合器、飞机的铝合金壁板等。

环氧树脂胶黏剂应用非常普及，具有胶接强度高、收缩率小、耐介质、绝缘性好、配制简单、使用方便及使用温度范围广（−60～200℃）等优点，但脆性较大，耐热性较差。主要用于金属、塑料、陶瓷的胶接。

聚氨酯胶黏剂对各种材料都有很好的胶黏性能，特别适用于不同材料的胶接及软材料的胶接。突出特点是耐低温性好，但耐热、耐温性差，工艺性也较好，可室温固化，也可加热固化。

胶接设计的主要考虑因素是合理选择胶黏剂及设计胶接接头。

接头设计的基本原则是：尽可能承受拉伸和剪切应力；尽量避免剥离和不均匀的扯离力；尽量增大胶接面积、提高承载能力；承受强力作用的接头可采用胶接和机械连接的复合接头形式；接头形式要美观、平整、便于加工。

接头型式有对接、斜接、搭接、套接、嵌接及复合接等多种，具体含义参见图2－6。图2－7为采用胶接的几个金属切削刀具应用实例。

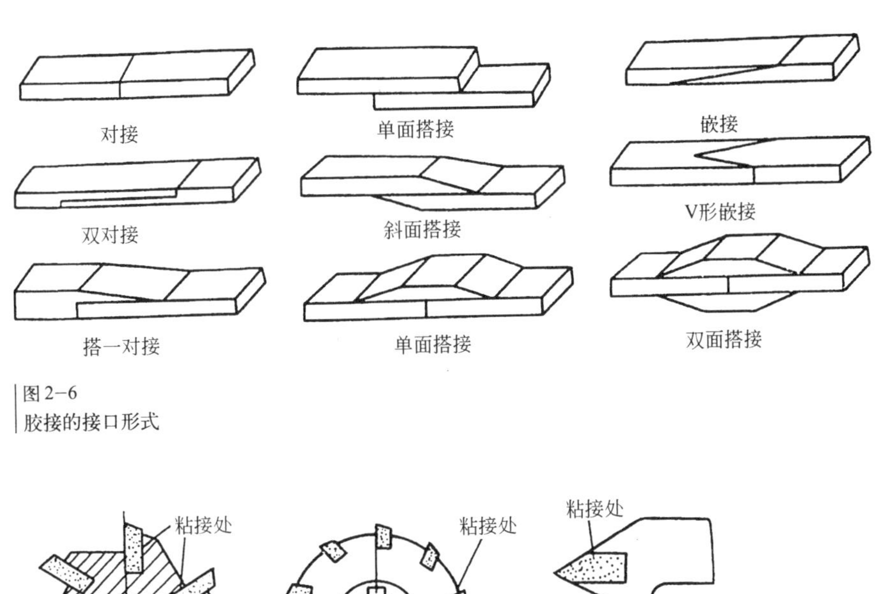

图2−6
胶接的接口形式

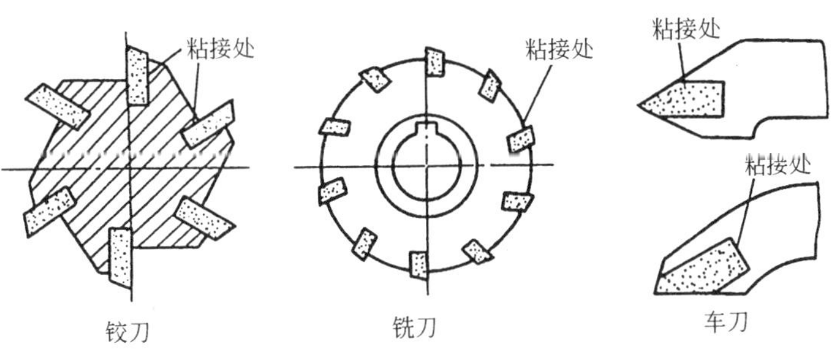

图2−7
几种采用胶接的切削加工刀具

3. 膨胀钉连接

在建筑与室内外装饰工程中，需要在墙壁、顶棚作固定连接，安装一些设施、挂件、饰物、灯具等，广泛使用的固定连接是膨胀钉(膨胀螺栓)。

如图2-8、图2-9所示，按照紧固件的构造特征不同，一般称这种固定、连接件为膨胀螺栓、膨胀螺丝，因其实现功能的关键部分均呈管状，俗称为胀管。在使用方法上，首先在连接基体(如墙壁、顶棚)上预制适合胀管尺寸的孔，然后，将胀管植入其中。膨胀螺栓通过螺母旋转拉出螺栓，螺栓尾部锥状部分胀开套管，从而与基体牢固固定；膨胀螺丝通过螺丝拧入预埋塑料管中，塑料管膨胀，从而与基体牢固固定。待固定的装置(如吊灯)可随膨胀钉一同固定、连接在机体上，也可固定在膨胀螺栓上。

图2-8
膨胀螺栓

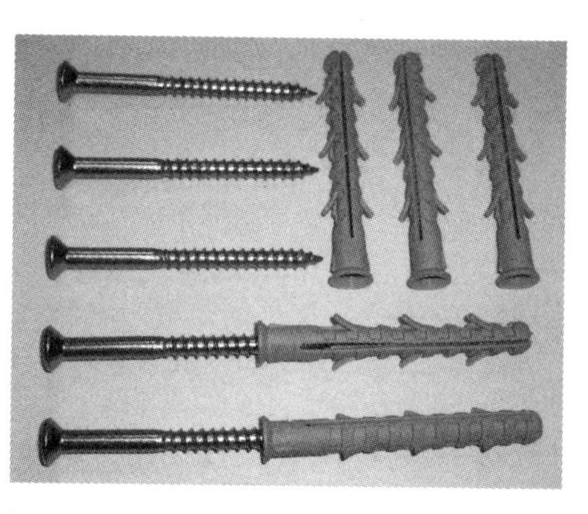

图2-9
膨胀螺丝

设计、使用膨胀钉时，主要考虑选择膨胀钉的种类、规格、数量和排布方式。每颗膨胀钉的承载能力都有固定的数值范围，可以结合使用的具体承载情况进行估算。由于连接基体(墙壁、顶棚等)的质地差别较大、数据难以准确，设计、使用这种连接、固定结构主要根据经验进行估计，保险系数要大些。

膨胀钉使用灵活、方便，成本低廉，自出现以来极受欢迎，应用广泛，适合于不同要求，也出现了很多改进形式。

如图2-10所示，在塑料胀管颈部设置了倒翼形膨胀结构，强化了胀管的防滑脱能力；如图2-11所示，在塑料胀管体上置有粗螺纹结构，使用时体部胀紧、锁死，尾部膨胀分叉，可在固定机体上预制配合螺纹，更适合于板材固定、连接。

图2-12、图2-13的螺栓端部分别为挂钩和弯钩，读者可自己分析其用途。

图2-14所示，通过中心的钉子使管子膨胀，胀管结构设置在螺纹体上，可拆性更好；图2-15膨胀开口大，适合于板材固定。在汽车内饰(如车门内饰塑料板)固定时广泛使用。

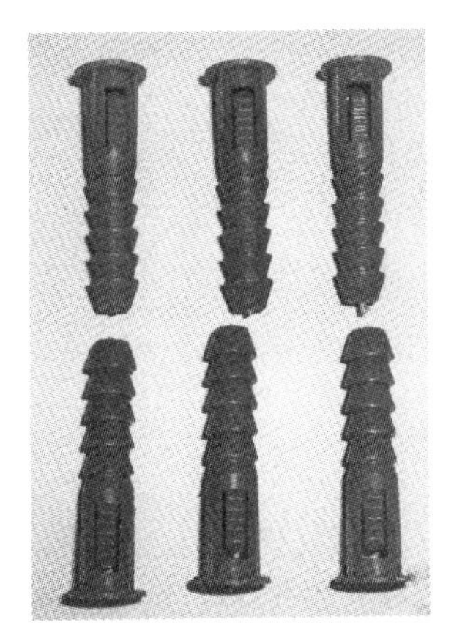

图 2-10
防脱出改进的塑料胀管

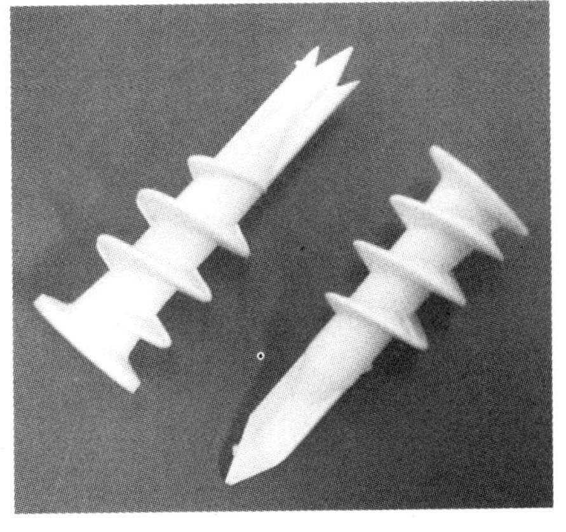

图 2-11
带螺纹的塑料胀管

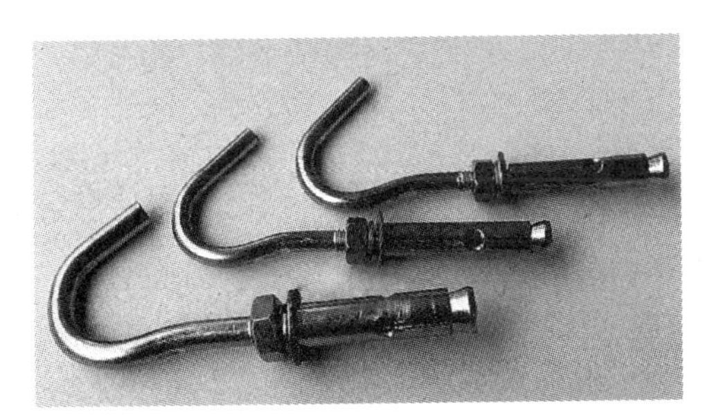

图 2-12
挂钩端部的膨胀螺栓

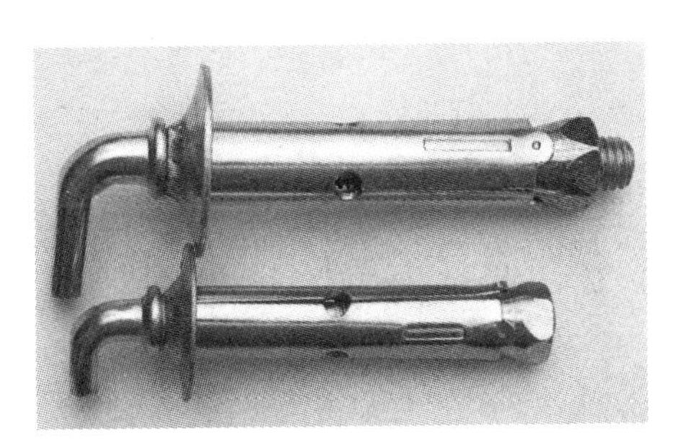

图 2-13
弯钩端部的膨胀螺栓

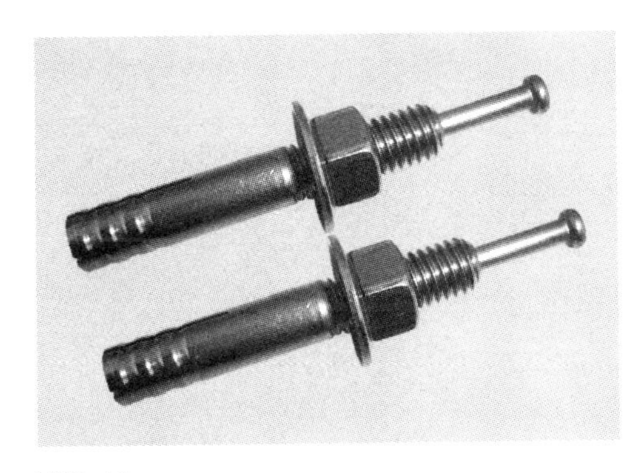

图 2-14
加胀钉膨胀螺栓

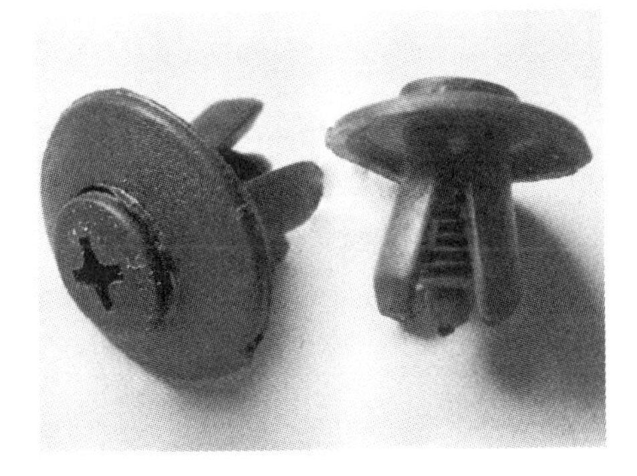

图 2-15
板材用膨胀螺丝

多数膨胀钉固定可拆，但拆后重新安装时固定牢固程度会不同程度下降，甚至完全失效，这是在使用中值得注意的。通常，拆卸后，胀管的变形能力会降低很多，需更换胀管。更多的情况是，基体上的预制孔因拆卸而扩大，使用原规格的胀管膨胀后固定不牢。此时，可更换规格大一些的胀管，必要时，还需要重新扩大基体上的预制孔。

2.2.2 可拆固定连接

1．螺纹连接

螺纹连接是最广泛应用的一种可拆固定连接形式，主要用于零件的紧固。螺纹连接属于系列化生产的标准件，其常用的各种形式、规格、尺寸等可在标准件手册或设计手册中查到。

一般工业产品中使用的螺纹连接件主要有螺柱、螺栓、螺钉及螺母等，常见连接方式如图2–16所示。

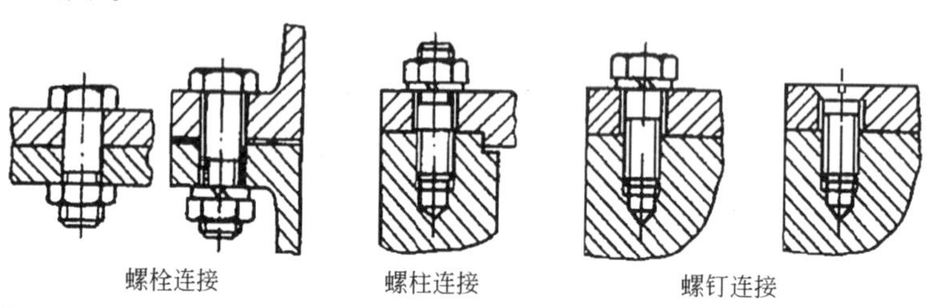

图2–16
常见螺纹连接方法

螺柱、螺栓主要用于一些重要的和连接要求高的结构中，与螺母配合使用。为防止连接在工作过程中因振动等产生松动，常配合使用垫圈等。

螺钉的可用种类很多，按头部形状分为圆柱头、平头、圆头、半圆头、六角头、沉头及半沉头螺钉等；按端头施加扭力部位的形状特征可分为外六角、内六角、十字槽、一字槽（开槽）螺钉等；按主要用途和功能又可分为普通机用螺钉、木螺钉、自攻钉等。螺钉广泛用于现代工业产品中零部件的连接固定，如机壳的封口部、内部零件与机壳、机架的固定等。

常用螺钉如图2–17所示。

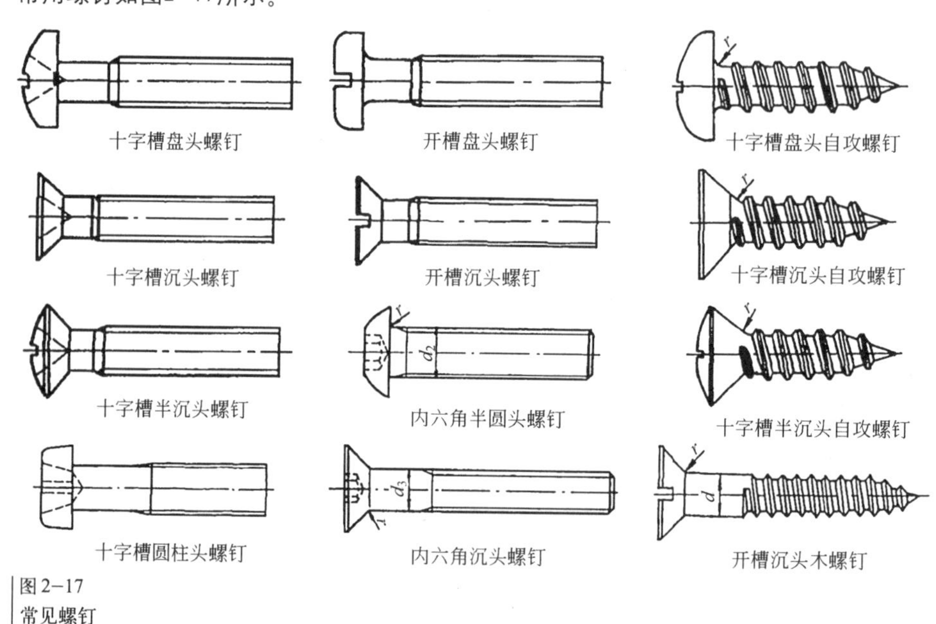

图2–17
常见螺钉

各种螺钉的特点和用途不同，使用中应合理选择。

普通机用螺钉的适用性最广，螺纹部分多采用公制螺纹制成，常用于金属件的连接，需在被连接机体上预制与之相匹配的螺纹孔。在金属薄板或非金属材料如塑料件上制螺纹孔，使用中易出现“易扣”现象而失效。因此，对金属薄板，常在连接局部焊接加强块，然后在加强块上制螺纹孔；用于塑料等较软的零件时，较好的方法是在连接部预埋带螺纹孔的金属件。

自攻螺钉的螺纹端呈锥状，可拧入材料内部，挤压被连接件材料，连接稳定、可靠，使用方便，常用于塑料、木材及金属板零件等的连接固定。用于塑料或金属板零件时，应预先在零件上制作略小于螺钉的孔，材料越硬，需预制孔越大。

普通螺纹连接在使用中容易出现松动现象，即便配合使用垫圈，效果也不太好，特别是在有振动的工作状况的紧固连接。

对于有螺母配合使用的连接，一般在螺母上施加一定的改进措施，简单而有效。图2－18所示的几种结构改进螺母，均具有较好的锁紧、防松效果。图2—19为螺钉的几种有效防松处理方法。

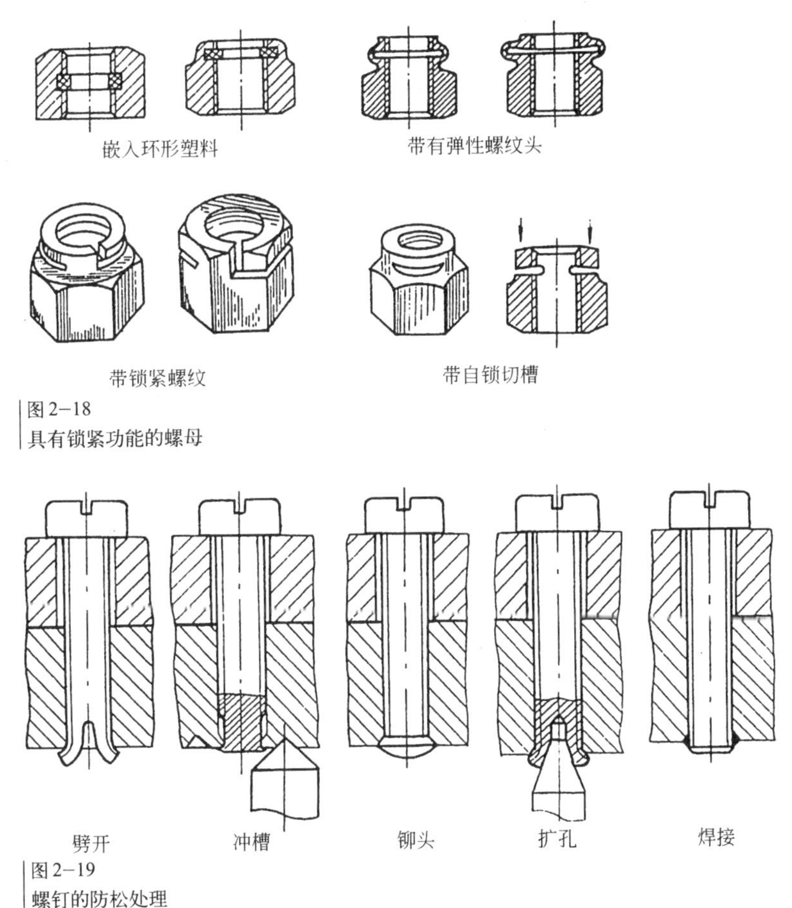

图2−18
具有锁紧功能的螺母

图2−19
螺钉的防松处理

2. 销连接

销连接是利用各种销子插入被连接部件的连接部位，从而实现零部件连接、固定或定位的一种连接形式。销连接需要在零部件的连接部位预制与销配合的孔（锥孔或圆柱孔），要求精确定位、可靠固定采用紧密配合，方便装拆的场合采用间隙配合。

销属于常用机械标准件，有很多种形式可供选择，常用销如图2－20所示。

销的作用有多种，参见图2－21～图2－25。其中，起安全保护作用时，销的强度应低于零

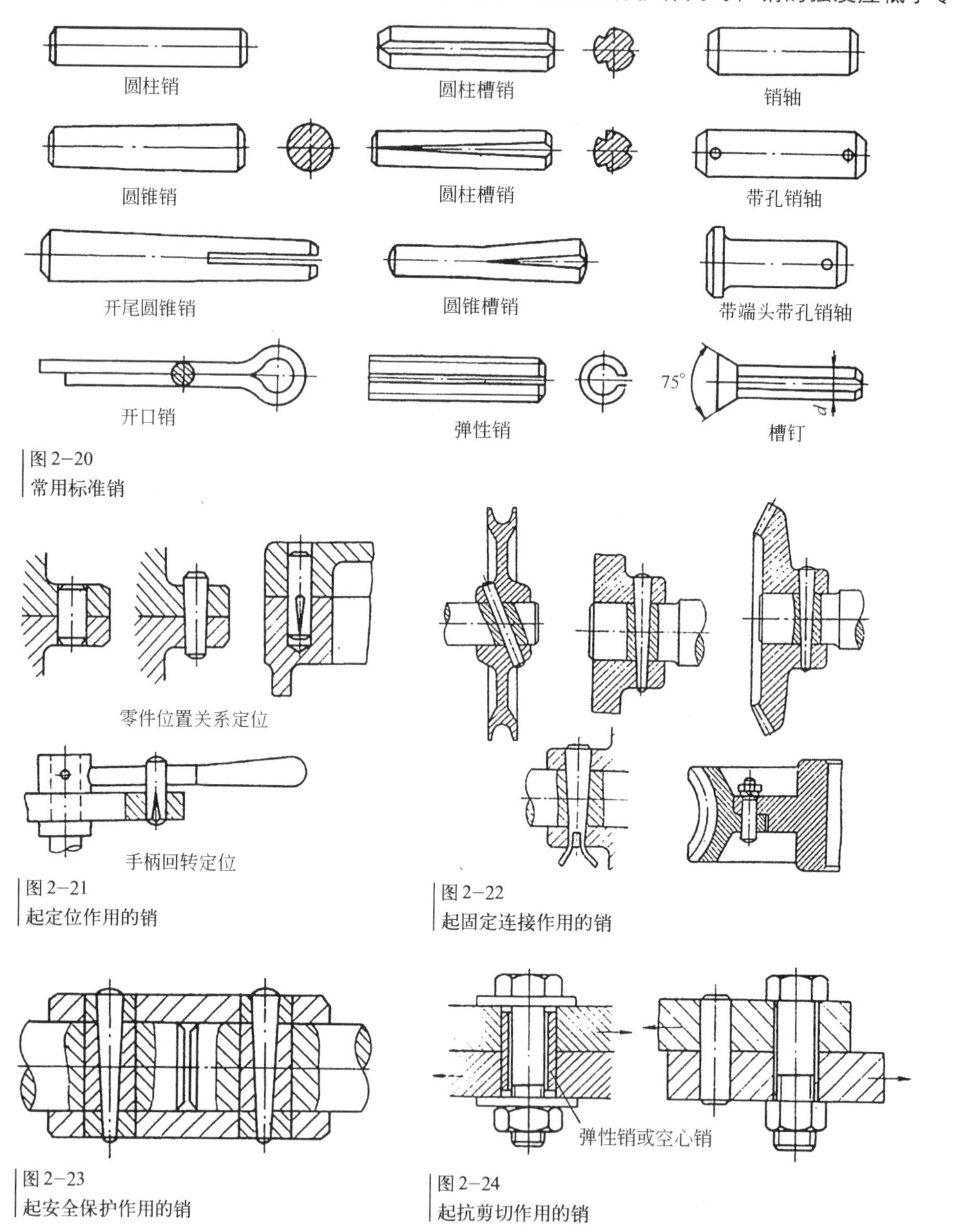

图2－20
常用标准销

图2－21
起定位作用的销

图2－22
起固定连接作用的销

图2－23
起安全保护作用的销

图2－24
起抗剪切作用的销

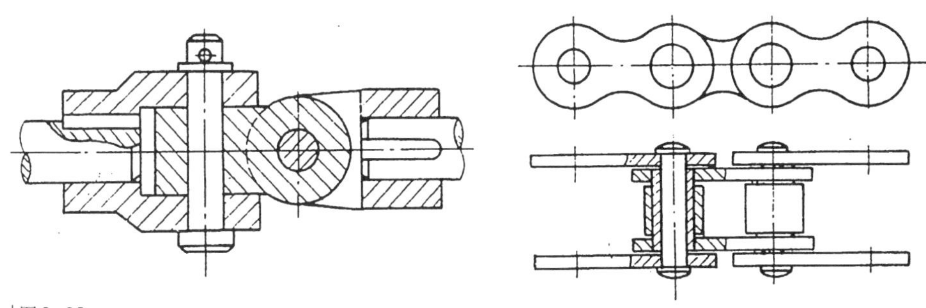

图 2-25
作为铰链轴的销

件强度，从而在机械超过负荷时，销先断裂；作为铰链轴的销轴，当轴径较小时，常在端头部与零件铆接在一起防止脱落，如手表链、自行车链等；用于活动连接的销轴，可采用简易插销，易便于装拆，如矿山车斗间的挂接。

3. 键连接

键主要用于连接轴与轴上的零件，传递扭矩，使之与轴同步转动，如图2-26所示。键属于标准件，有平键、楔键、半圆键及花键等形式，有关各种键的特点、用途及选择等问题在“机械设计基础”课程中有介绍，设计时可参阅机械设计手册。在此仅对使用键连接时应注意的问题进行一些讨论。

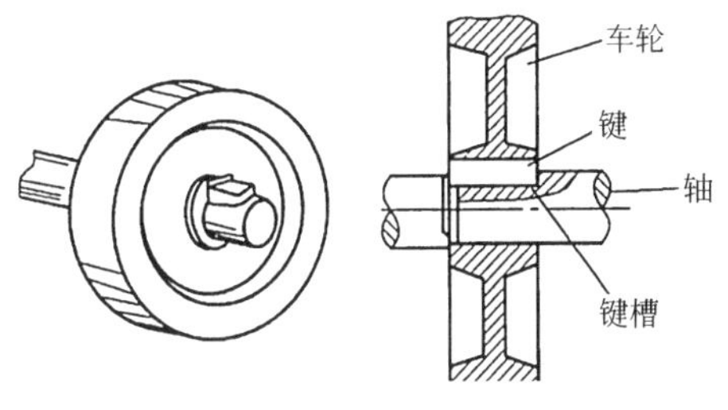

图 2-26
键的连接作用

用于高速运转轴的键连接，设计上考虑平衡，应对称布置。

半圆键对轴的强度影响较大，不适于传递大扭矩，且不能传递轴向力。使用半圆键连接需考虑设置轴向定位和紧固装置。

楔键连接易造成毂与轴的偏心，故主要用于对中性要求不高、低速和载荷平稳的使用场合。

花键的承载能力、对中性、平衡性及装配维护方便性等均很优良，只是加工上要求较高，花键轴与花键孔相配合，花键孔需采用特制的拉刀加工。

图2-27～图2-29为几个典型的键连接应用实例。

2.2.3 易装拆固定连接

产品设计中，在很多情况下，固定连接结构的选择与设计需要重点考虑满足安装和拆卸的方便性，尤其对于使用、维护中需频繁装拆的产品。如机床安装加工刀具的刀架、固定零件的卡盘，吸尘器管子与机体、管子之间的连接，钢笔与笔帽的连接，照相机安装、更换电池部位的结构等。

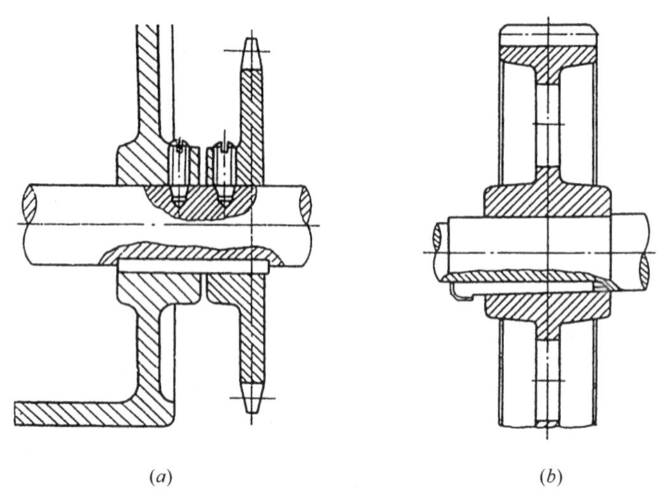

图 2−27
键的用途
(*a*)平键用于连接链轮；(*b*)用钩头楔键连接轴和齿轮

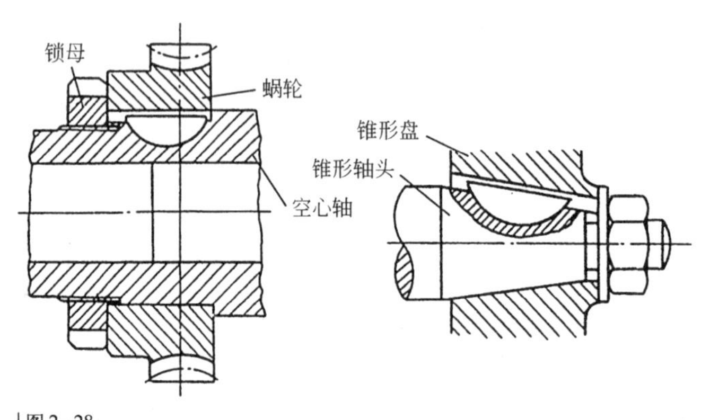

图 2−28
半圆键的应用

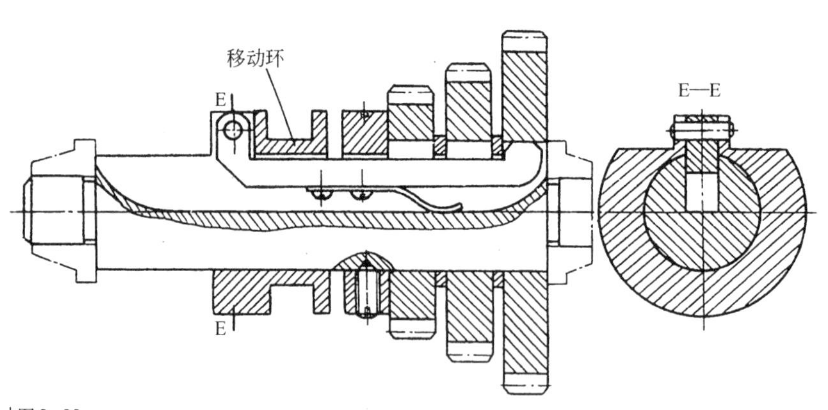

图 2−29
滑键在变速箱上的应用

螺纹连接、销连接等通过在结构上合理设计也常用于易装拆的产品结构中，在此不再进一步讨论。

1. 过盈配合连接

过盈配合连接主要用于轴与孔的连接，轴的尺寸比孔略大，通过连接面的摩擦力传递或抵抗扭矩和轴向力。过盈量、过盈配合面积大小决定连接的紧固性和拆装方便性，过盈量、过盈配合面积小，拆装容易、传递力小；过盈量、过盈配合面积大，拆装困难、传递力大。

如图2–30(*a*)、图2–30(*b*)所示，采用过盈配合连接时，在轴、孔的端部做倒角或到圆，以便于压装、减少连接件的挤压；如图2–30(*c*)、图2–30(*d*)所示，考虑拆装时可能产生的机械局部损坏，对于结构重要的轴、孔，可设计中间隔离过渡套筒(表面硬度比轴和孔小)，同时还可以起到减少对轴、孔结构形状限制和控制轴、孔配合压入位置的作用。

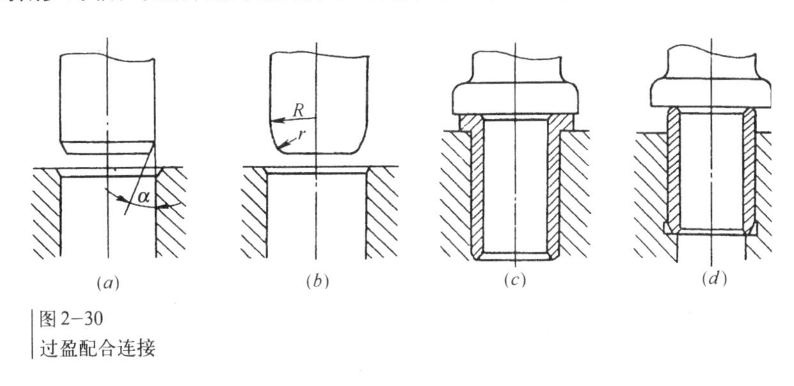

图2–30
过盈配合连接

对于盲孔结构的过盈连接，需考虑压装时空内空气的排除，可在轴或孔上设计开槽、孔道排气，如图2–31所示。

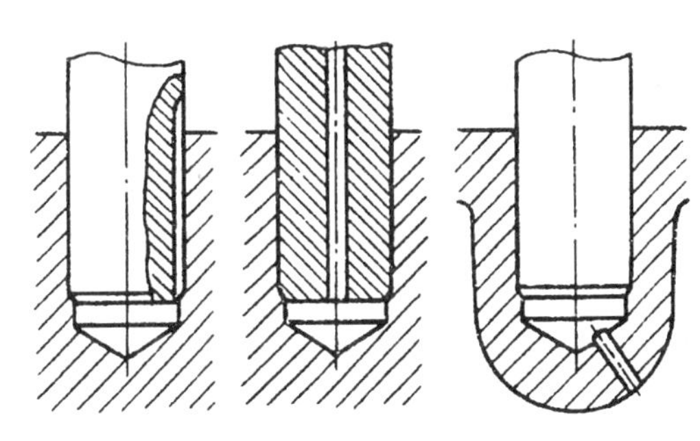

图2–31
盲孔过盈配合连接的排气结构

对于装拆力较小、装配要求不高的过盈配合连接，可手工或借助简单工具完成装配，否则，需使用专用设备或工具完成。利用热胀冷缩现象可有效地减小安装、拆卸力，是过盈配合连接常用的装配方法。

2. 弹性变形连接

弹性变形连接指利用连接件整体或局部的弹性变形实现结构部件之间的连接与固定。采用弹性变形连接的两个部件可以其中一个发生弹性变形，也可以两个都发生弹性变形，或者两者都没有弹性变形，而通过另一个元件的弹性变形将两者连接起来。采用弹性变形连接的结构，在连接状态下，有的连接件处于弹性变形状态下，有的也可能处于非弹性变形状态下。

利用弹性变形实现连接固定的结构形式很多。在此，我们结合一些图例进行说明。

图2—32为等径和不等径塑料管子的连接。在管壁连接部位设有压痕，压痕可设计成整周或局部，连接时，压痕部产生弹性变形。

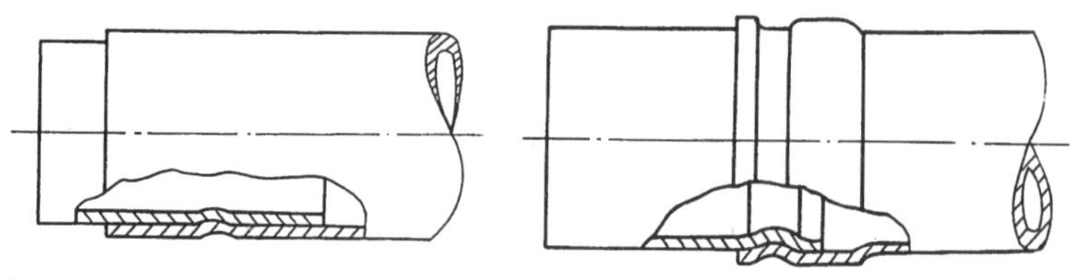

图 2—32
采用弹性变形连接的管子

这种连接方式结构简单，拆装简便，但密闭性较差，常用于拆装频繁、连接脱落影响不大的产品中，如真空吸尘器吸尘管的连接、笔与笔帽的连接等。

此类结构特别适合于注塑、冲压模具生产的薄壁塑料、金属件，形状不限于圆筒形零件，图1—4的打火机与机壳连接也属于此类结构。图2—33、图2－34为几种采用此类结构的产品实例。

图 2—33
采用弹性变形连接的笔与笔帽

图 2—34
采用弹性变形连接的容器与盖

图2—35为一种用弹性元件连接零部件的结构。V形板弹簧上制有同轴的两个孔，板弹簧向内变形时，杆可从孔中穿过，板弹簧回弹时，孔卡住杆，从而固定杆的位置。采用这种结构调节杆的位置非常简单、方便。图2—36为此结构用于抽水马桶水箱中水位控制浮子定位结构实例。

在连接件上镶嵌弹性元件，依靠弹性元件的变形实现连接固定，在结构件自身不能或不便设置弹性变形结构时也常采用。如有些钢笔帽的结构。

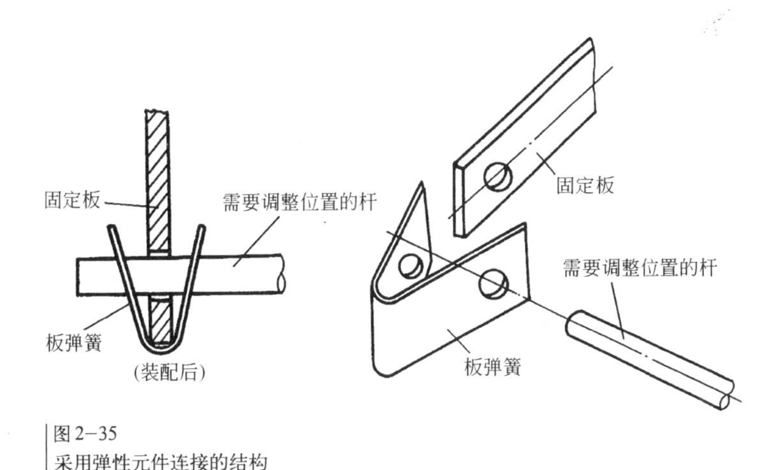

图2–35
采用弹性元件连接的结构

3. 管箍连接

管子和管道的连接固定是产品特别是工程设备设计中常见的问题。

要求可靠性高、工作负荷大、长期固定使用的刚性管道连接，多采用螺纹或法兰连接。

管箍常用于要求拆装方便的管道连接场合，多用于软管的连接（如摩托车、汽车上气管和油管与发动机的连接，厨房燃气灶具与燃气管道的软管连接等）。用于刚性管之间的连接时，需使用柔软材料包裹，接头处有一定的柔性。图2–37为使用管箍连接刚性管的几种常见形式。

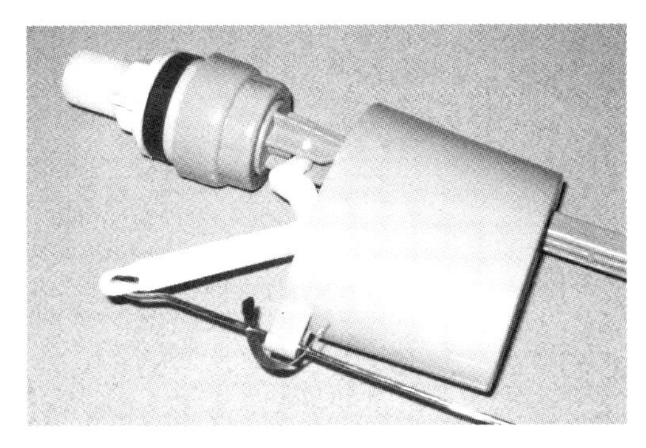

图2–36
水箱水位控制浮子定位结构

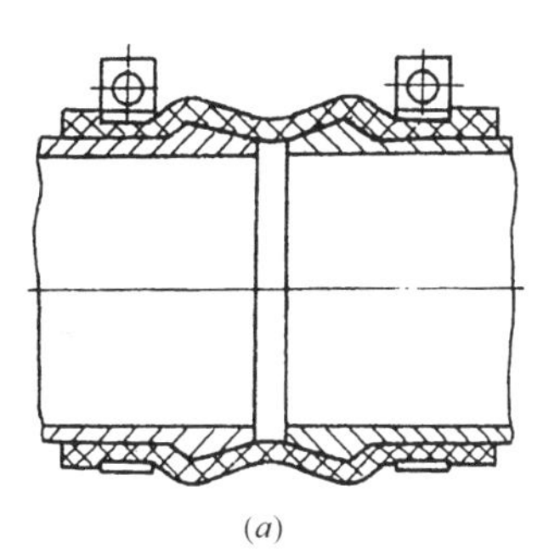

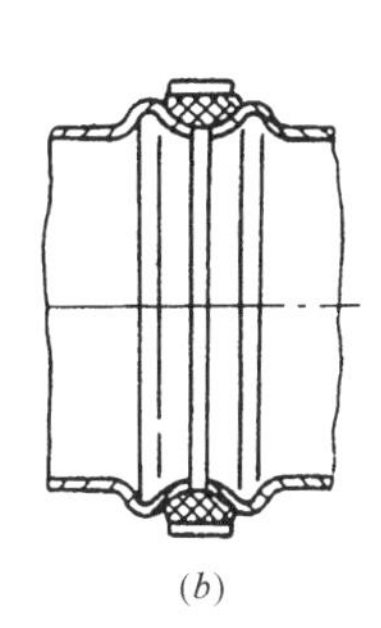

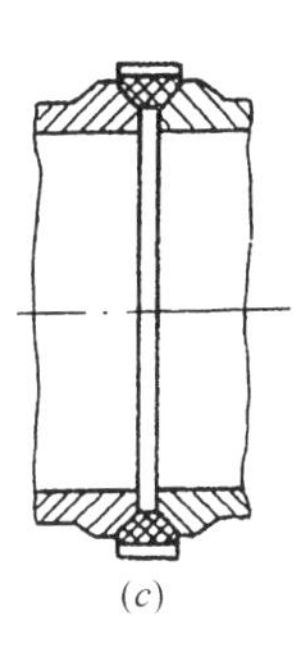

图2–37
柔性软管接头连接

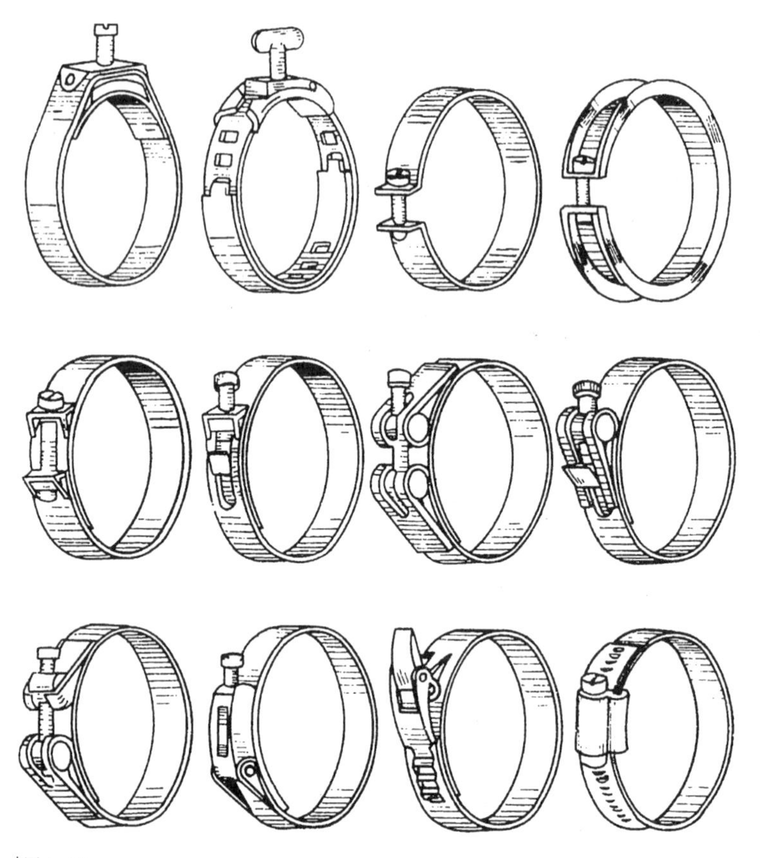

图2–38
各种连接软管的管箍

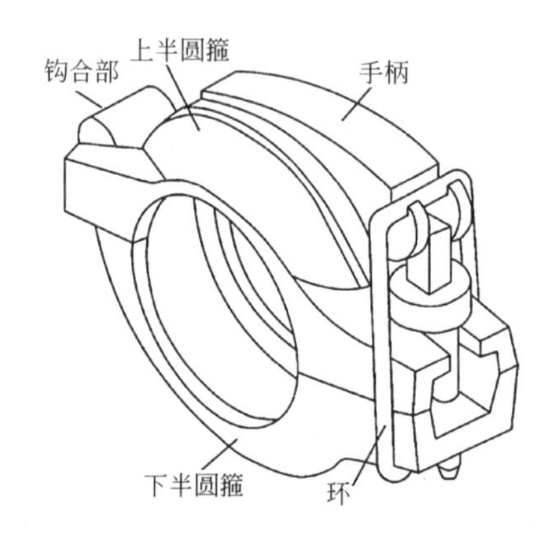

图2–39
一种快速连接管接头

管箍有很多形式，主要变化在锁紧结构上，如图2–38所示。管箍的主体结构为开口金属圆环，依靠锁紧装置调节开口大小实现箍紧。不同结构的锁紧装置使用方便性、固定的可靠性不同，在选择上需注意。

图2–39为一种可实现快速装拆的刚性管道连接用接头（管箍），这是一个美国专利。整个结构主体由上、下两个半圆箍组成，由手柄控制两个半圆箍的分离与锁合。图2–40为连接管道时的状态及管道的结构形状。

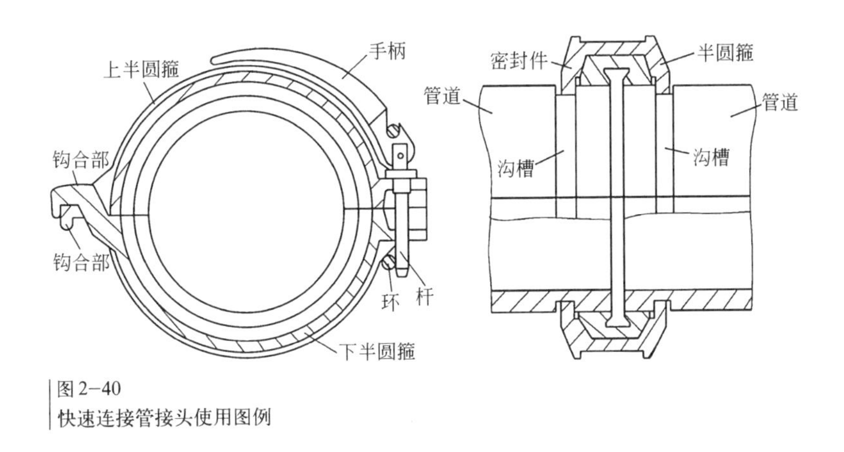

图 2–40
快速连接管接头使用图例

2.3 活动连接结构设计

2.3.1 活动连接的种类

在三维空间内的自由物体(结构零部件)，可以产生六种基本运动，即沿三维空间三个方向(轴)的移动和绕三个方向(轴)的转动。按机构学的定义，称为具有六个运动自由度。将一个零部件与其他零部件以某种方式连接，则限制了该零部件的某些运动自由度和运动范围，只允许以一定方式、在一定范围内相对运动。例如，安装在轴上、轴向固定的轮子，只有一个运动自由度——绕轴的转动，其他运动自由度均被限制；在轨道上运动的火车，也只有一个运动自由度沿铁轨移动；所有固定连接的零部件，均没有运动自由度。

考虑各种运动自由度组合研究相应的机构和运动规律，是非常复杂的一个问题，是机构学研究的内容。一般产品设计中，通常只涉及较简单的低自由度活动连接关系，常用的是单运动自由度连接结构，即转动或移动。多运动自由度连接可由单运动自由度连接组合来获得。

产品设计中，设计活动连接结构的工作内容除选择合理的连接方式限制不需要的运动自由度外，主要是设计稳定、可靠、巧妙的活动连接结构，以满足产品使用目的。

单自由度转动，构件围绕一根轴旋转或摆动，连接结构必须使用一个固定的轴。转动连接应用非常广泛，如图2–41所示自行车的车轮、车把、轮盘及脚蹬等功能上需要转动，结构上需相应地设计转动连接。

单自由度移动，构件沿一条固定轨迹运动，轨迹可以是空间或平面曲线，最常用轨迹是直线。移动连接结构设计的主要任务是设计形成移动轨迹的“轨道”结构。移动连结结构在产品设计中很常见，如，抽屉的推拉移动导轨、滑盖式手机的滑动导轨、拉杆天线的伸缩结构及气缸和液压缸活塞与缸体的配合结构等。图2–42的订书器中，书钉推送部件采用了简单的直线导轨结构，机体的旋转部分使用了简单的“护翼式”旋转运动导轨，保证工作的可靠性。

图2-41
自行车上的转动连接

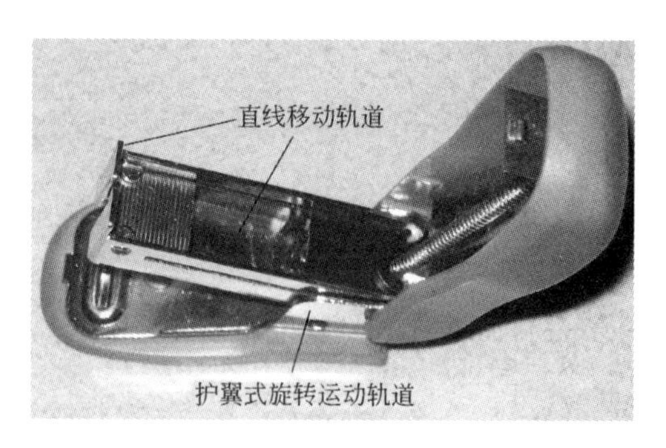

图2-42
订书器上的运动连接

螺旋运动属于一类较特殊的单自由度运动，在产品设计中应用非常广泛。若运动零部件沿螺旋面运动，螺旋面则相当于一空间轨道，图2－43的货物输送机采用螺旋导轨实现货物的垂直输送，应用于车间或仓库中货物的输送。注塑机等供料使用的螺旋输送机，通过螺旋轴及螺旋面的旋转推进实现散料的输送。螺旋运动更常见的应用形式是实现旋转与直线移动的转换，如图2－44所示的机械千斤顶，螺旋轴的转动转换为机构的转动和移动，进而实现对重物的推举。

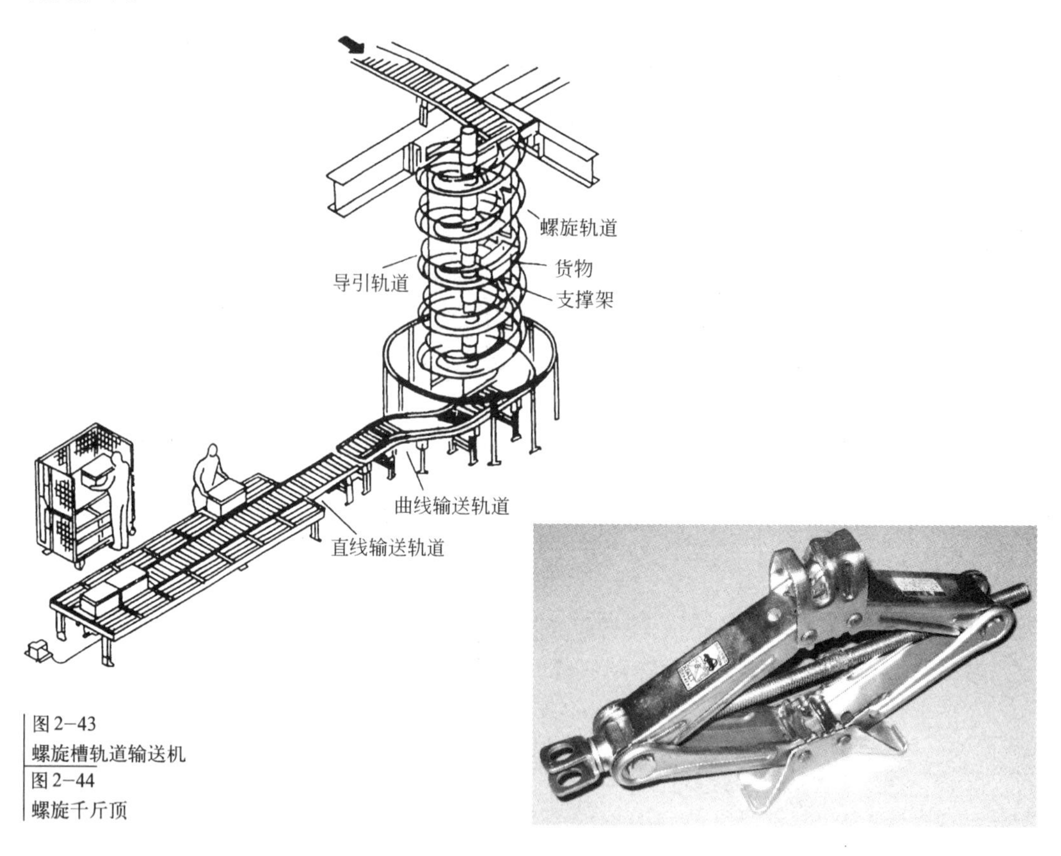

图2-43
螺旋槽轨道输送机

图2-44
螺旋千斤顶

工业产品中应用最广泛的双自由度运动连接结构是所谓的万向联轴节，如图2－45所示，其本质为相互串接的两个单自由度转动连接关节，有多种结构变化形式。

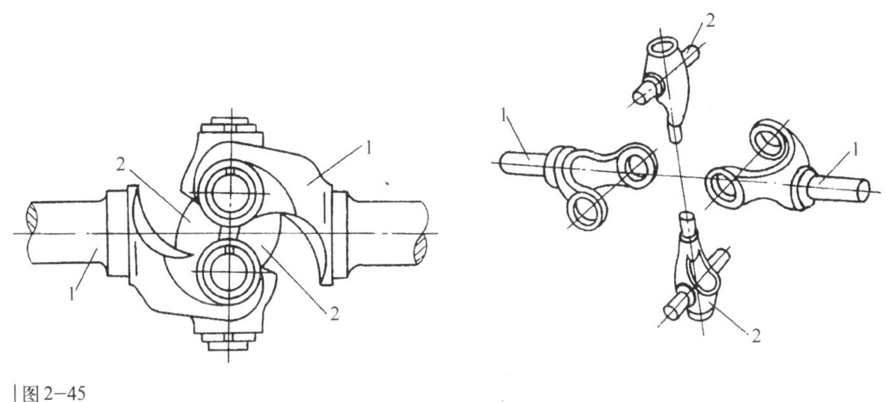

图2—45
三销万向联轴器
1—偏心叉轴；2—三销轴

以球心位置固定的球面作为转动的连接构件，可实现三个自由度的转动，球面附加限定销，可限定一个转动自由度，如图2－46所示。此类活动连接结构在一些需随时调整构件角度的产品结构中应用甚广。例如，机动车的手动变速杆转动结构，可调节方向的射灯，飞机、汽车内可调向空调排风口等，如图2－47所示。

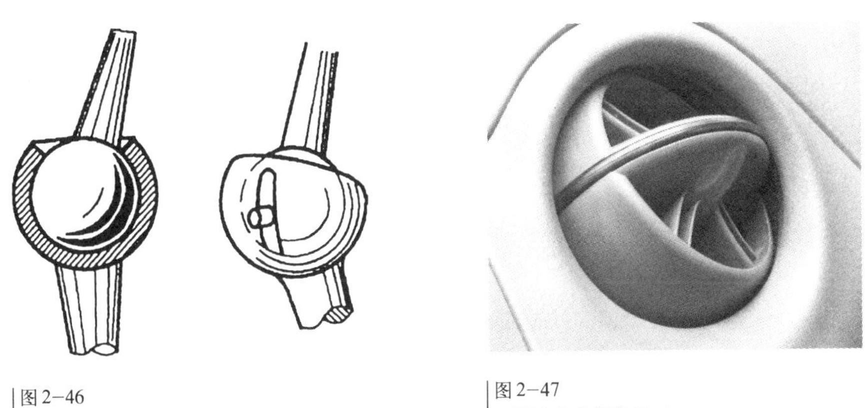

图2—46
球面活动连接

图2—47
可调方向空调排风口

柔性连接在此指允许被连接零部件位置、角度在一定范围内变化或连接构件可发生一定范围内的形状、位置变化而不影响运动传递或连接固定关系。常见的形式，如，弹簧连接、软管连接等。

2.3.2 转动连接结构设计

转动连接结构设计的核心和关键是转动轴的相关结构设计。根据产品的使用目的、特点对转动部位提出的要求不同，转动连接结构的具体变化形式有多种。按轴承的形式，可分为滚动和滑动两种连接形式。一般而言，前者用于转动速度高、载荷高、精度高及相对比较重要的场合，后者则用于转动速度低、运动不频繁、摩擦较小及相对次要的场合。

滚动轴承连接具有摩擦小、承载能力强、工作稳定可靠等优点，且滚动轴承属于系列化生产的标准件，选用方便。滚动轴承有向心球轴承、向心推力轴承、滚子轴承、端面推力轴承、滚针轴承、滚珠轴承等多种形式，如图2－48所示，可根据运动速度及载荷要求相应选择。鉴于有关内容在“机械设计基础”等课程中已有介绍，在此不深入讨论。

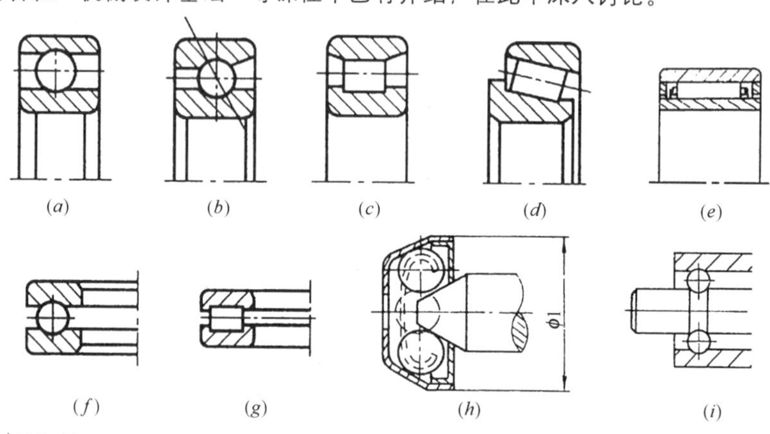

图2–48
滚动轴承的基本形式
(a)向心球轴承；(b)向心推力轴承；(c)圆柱滚子轴承；(d)滚子推力轴承；(e)滚针轴承；
(f)端面推力球轴承；(g)端面推力滚子轴承；(h)滚珠轴承；(i)轴连轴承

滚动轴承连接在结构设计上需考虑轴承的固定、内外圈与轴和孔的配合及轴承和相关零部件的拆装等问题，对于有轴向载荷的结构，还要考虑轴承的预紧结构。轴承内圈与轴的配合一般采用过盈配合，外圈与结构孔的配合多采用过渡配合。轴承内、外圈的轴向固定常见结构和方法如图2－49、图2－50所示。

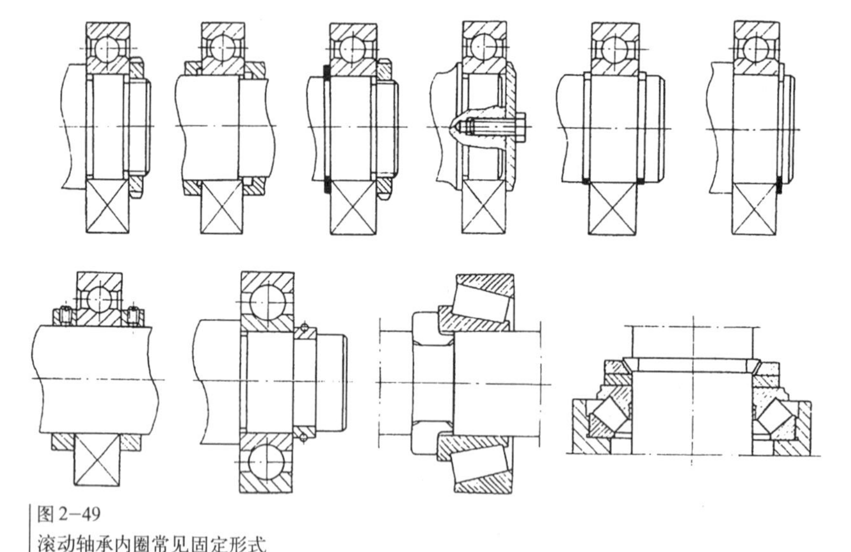

图2–49
滚动轴承内圈常见固定形式

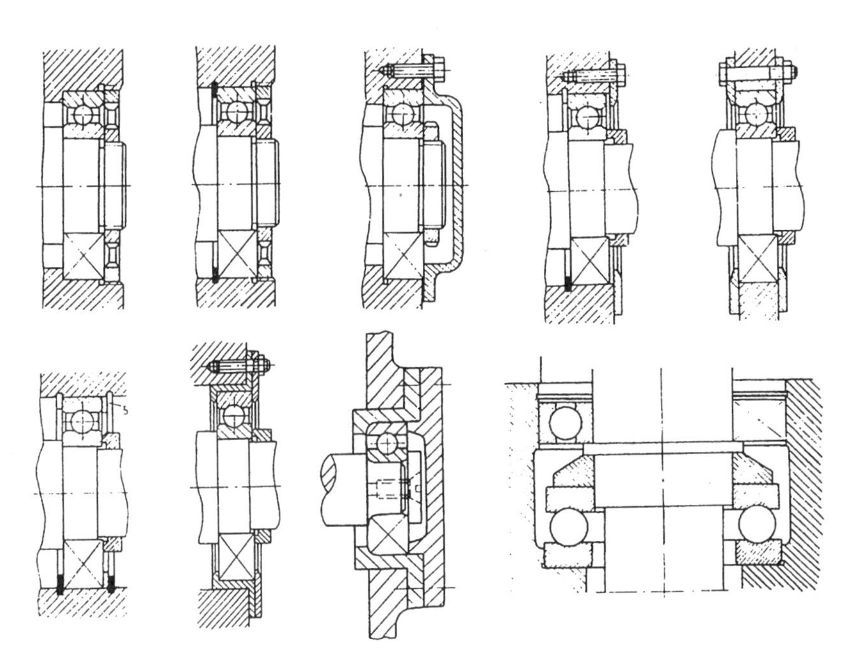

图 2–50
滚动轴承外圈常见固定形式

滚动轴承的各运动件间存在一定的间隙，在自由状态下，轴承内、外圈之间可形成一定的活动间隙，这一间隙称为轴承的游隙。轴承游隙降低运动精度和刚度，产生振动、噪声等，运动速度越高，影响越大。对轴承预先施加非工作载荷，消除、减小游隙，即所谓的轴承预紧，可有效改善轴承的工作状况。轴承预紧的基本原理是，固定轴承内圈或外圈，对另一个施加一定的预紧力，“挤紧”内圈和外圈，如图2－51所示。常见的轴承预紧结构和方法如图2－52～图2－55所示。

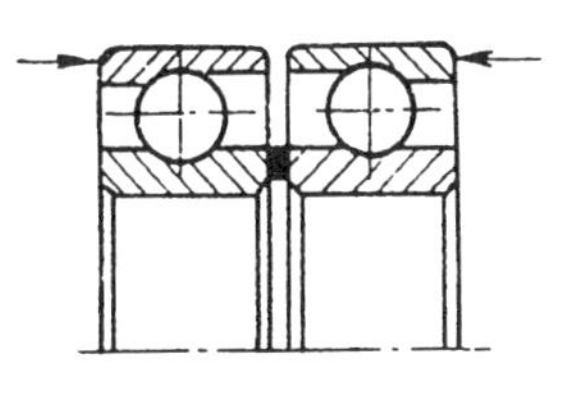

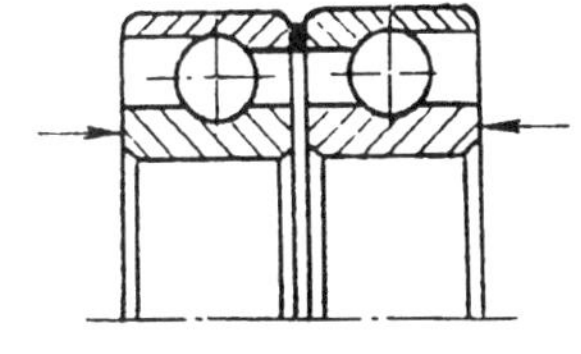

图 2–51
滚动轴承的预紧原理

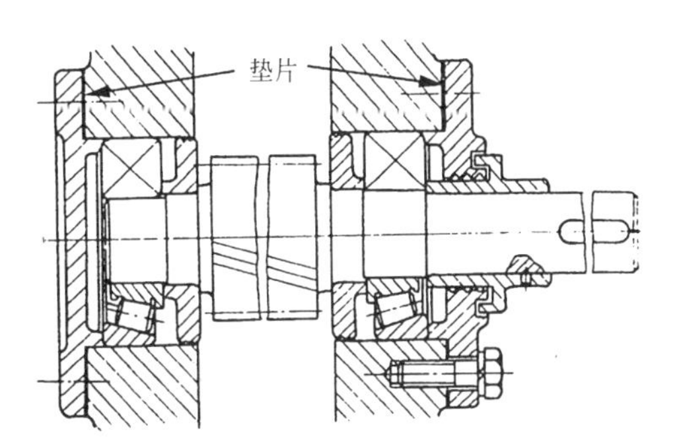

图 2–52
用垫片调节轴承预紧

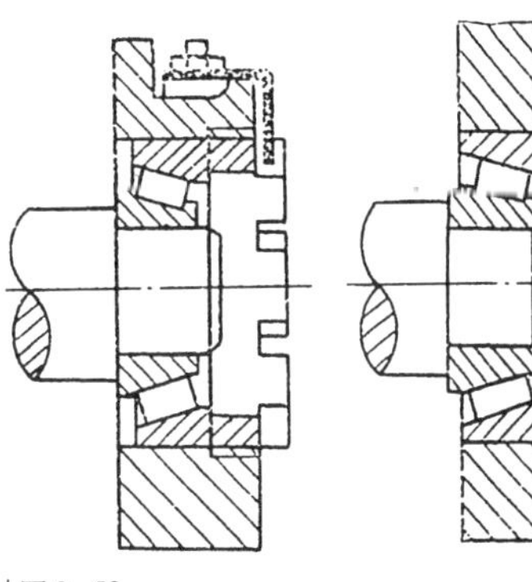

图 2–53
用螺纹调节轴承预紧

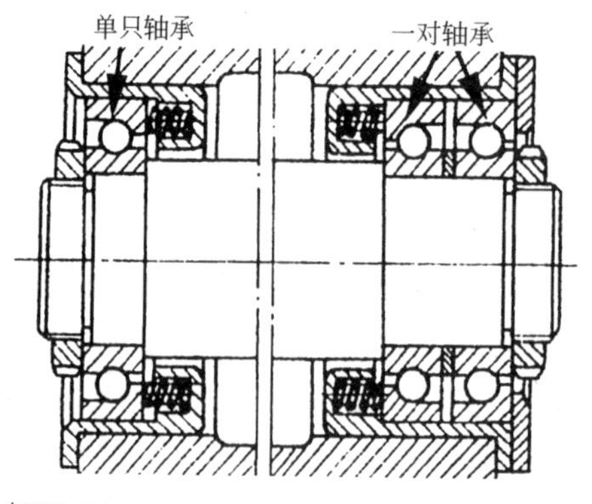

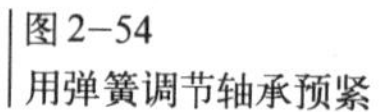
图2-54
用弹簧调节轴承预紧

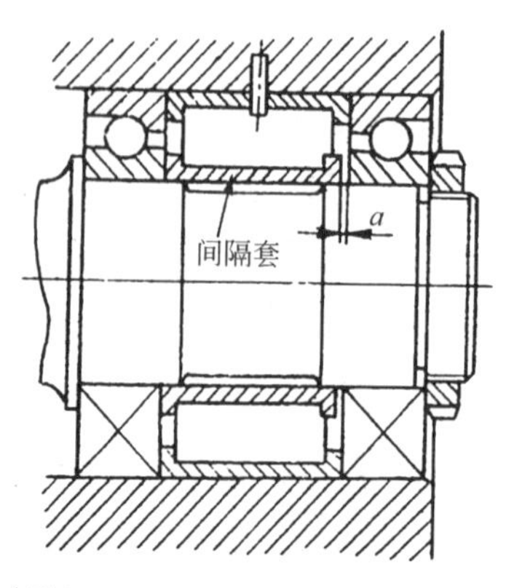

图2-55
用间隔套调节轴承预紧

轴是转动连接的结构的核心部件，通过轴传递运动和动力，各传动零部件与轴相固定、连接，其他相关的固定、调节结构也多是围绕着轴进行设计、设置及安装。在工业产品中，轴的设计、制造要求比较高。图2－56为一个典型的轴零件图，其中包含了与其他零件的连接、配合结构和要求及尺寸精度和表面加工精度要求等内容。

图2－57～图2－60为几个典型的轴支承结构。

滑动轴承是转动连接的重要和常用支承结构形式，在具体产品中形式多样，应用灵活。基本的滑动轴承结构形式如图2－61所示，轴承设计为套筒状，并安装、固定在轴承座或机架上，轴转动时与轴承间为滑动摩擦。可见，一般滑动轴承连接结构简单，较滚动轴承节省空间，但转动轴与轴承之间的滑动摩擦产生的运动阻力大、滑动零件磨损、要求加工和安装精度较高。

滑动轴承连接结构在设计上应重点考虑轴承运动间隙、摩擦面的润滑、连接相关结构的固定及装拆等问题。

轴承的运动间隙取决于运动精度和运动状况要求。间隙大，运动阻力小、摩擦磨损小、装拆容易，但运动精度、刚度低；间隙小，可达到较高的运动精度、刚度，但代价是运动阻力大，对润滑条件要求高，运动摩擦大、易发热。

对于运动速度低、运动载荷小、运动阻力影响小或运动精度要求不高及不便采用滚动轴承等场合，滑动轴承连接结构可采用更简单的形式，直接在机壳或零件体上制孔作为轴承。例如，钳子、剪刀等常用的工具，门窗合页、锁具等小五金，由于结构摩擦小、转动要求低，可采用简单的定期润滑等措施保证运转灵活性，有的甚至不考虑润滑。图2－62为机械照相机的自拍机构，也是将部件机架上的孔直接作为轴承使用，与之类似的钟表结构，由于零部件转动要求高，考虑零件磨损等因素，常在孔上镶嵌红宝石等特殊材料的套筒作为轴承。

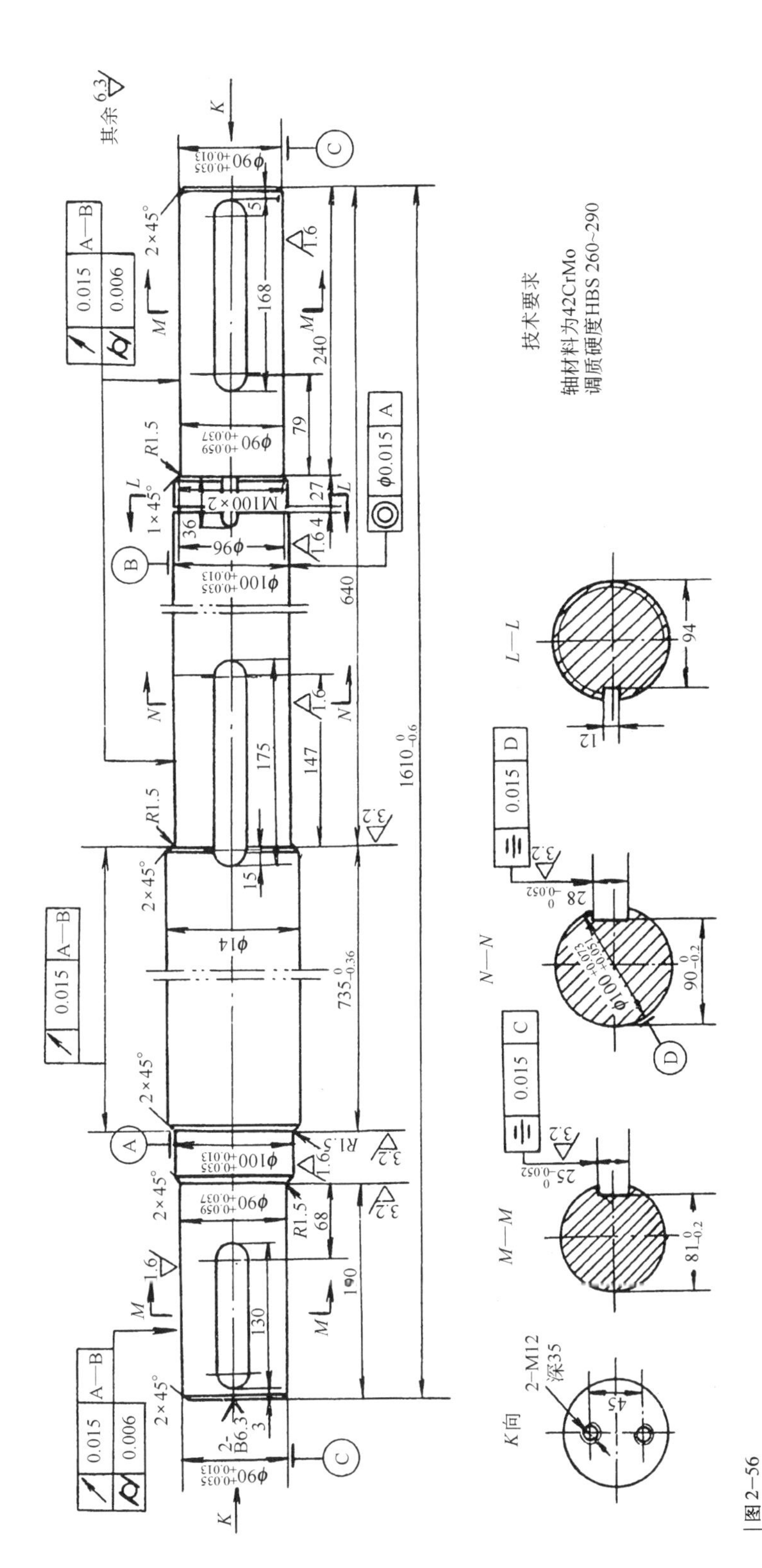

图2-56
一个典型的轴零件工作图

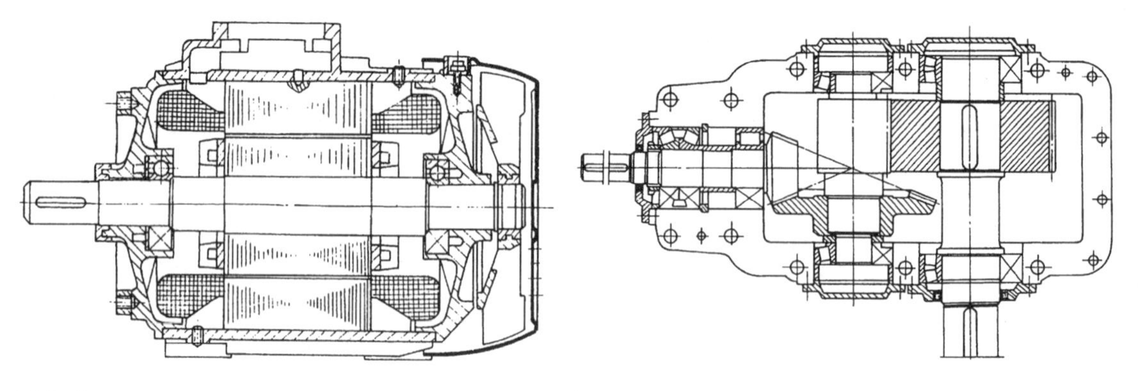

图 2–57
电动机轴支撑结构

图 2–58
锥齿轮减速器轴支撑结构

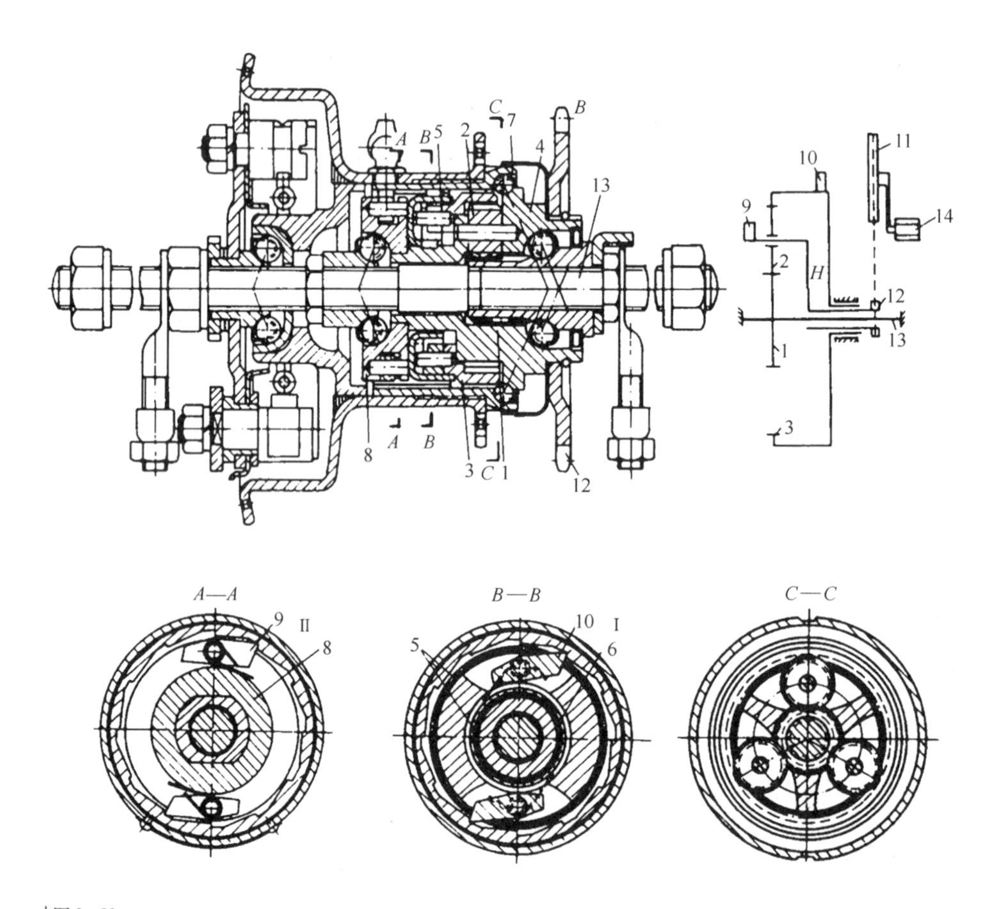

图 2–59
自行车变速轴支撑结构
1—滚珠内套；2—行星齿轮；3—内齿轮；4—行星齿轮座；5—闭合盖；6—弹簧拔圈；7—棘轮；8—棘爪座；9、10—棘爪；11—大轮盘；12—飞轮；13—自行车后轴；14—脚蹬

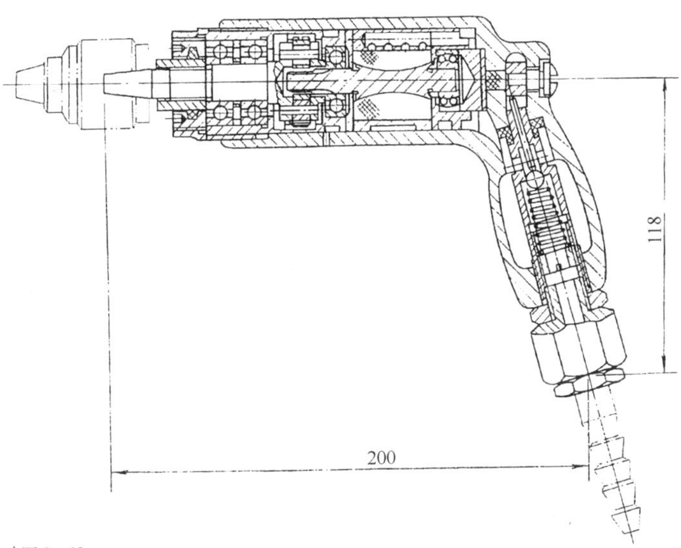

图 2-60
风钻钻头轴支撑结构

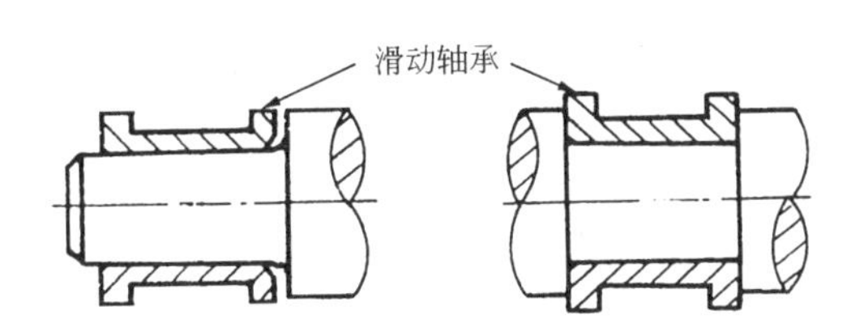

图 2-61
滑动轴承基本结构形式

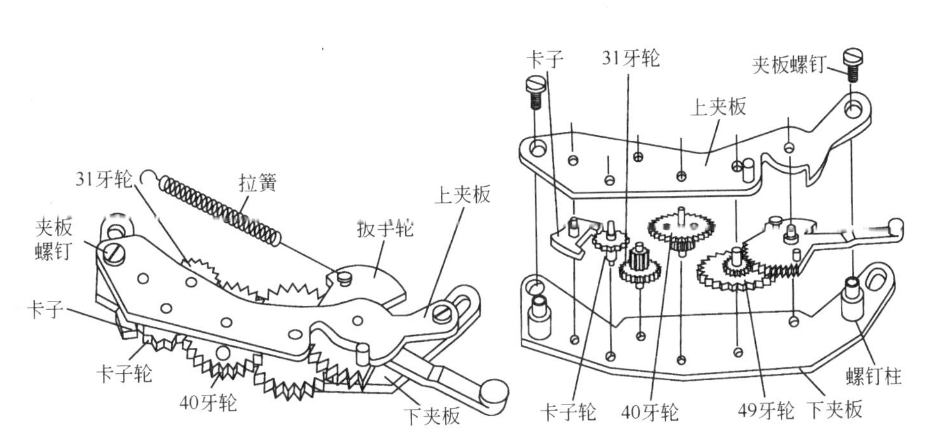

图 2-62
照相机自拍机构

作为滑动轴承的材料，润滑和耐磨性是设计上主要考虑两个因素，而这两个因素不是彼此孤立的，润滑状况好，则摩擦、磨损小。通常，在机械结构设计时，轴的表面硬度较高，耐磨。同种类材料接触摩擦，发热后易产生粘连，特别是高速运转时更突出。因此，轴承尽可能选择与轴不同的材料。常用滑动轴承材料包括各种铸铁、青铜、含油粉末冶金、尼龙、塑料及橡胶等。铸铁材料内的石墨有辅助润滑作用，属于自润滑材料；粉末冶金材料内的孔隙能保存油脂，作为轴承，润滑结构简单且有很好的效果；尼龙、塑料材料质轻、摩擦系数小、疲劳强度高，且加工、安装容易，在机械设备上经常采用。特别是，采用各种塑料材质外壳的一些小电器产品，如图2－63的翻盖式随身听和手机、图2－64的翻盖塑料盒，转动结构直接设计在壳体上，结构简单且工作可靠。

图2–63
具有转动连接的电子产品

图2–64
塑料盒开合转轴

滑动轴承的润滑主要取决于运动状况，对高速运转或重要的结构，需在轴承上设计润滑结构(润滑沟槽、润滑孔等)及相应的润滑装置。轴在旋转时，由轴承内壁油膜支承转轴，使之不与轴承内壁接触，以减小摩擦阻力及磨损。通过轴旋转时在轴承内壁形成楔状间隙，间隙中的油膜产生动压力支承转轴的轴承称为动压轴承，如图2－65所示；通过专用机构部件或设施向轴承油腔中供给压力油支承转动轴的轴承称为静压轴承，如图2－66所示。

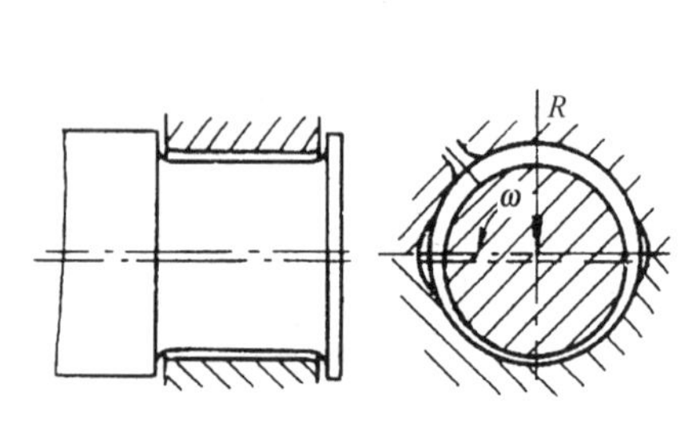

图2–65
动压轴承

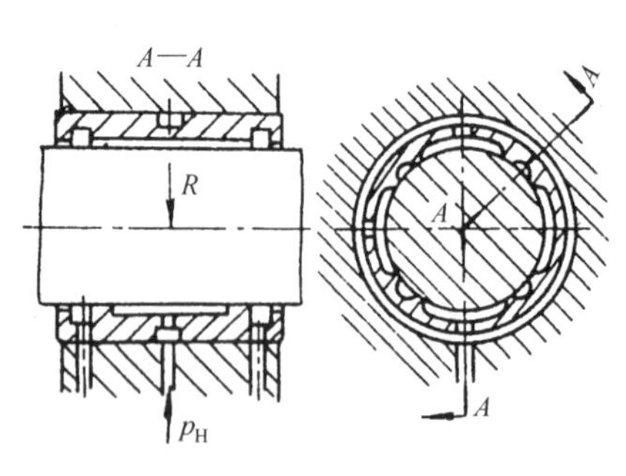

图2–66
静压轴承

静压轴承常用于大型、重要设备，如机床主轴、大型电力设备、机车车辆、燃气轮机、超高速及极低速（天文望远镜）运转设备等，轴承及相关结构比较复杂。图2－67为3.15m卧式车床主轴的静压滑动轴承，内壁油槽内润滑油保持一定的压力使主轴处于浮动状态，油槽设计计算主要考虑润滑油压力的分布。

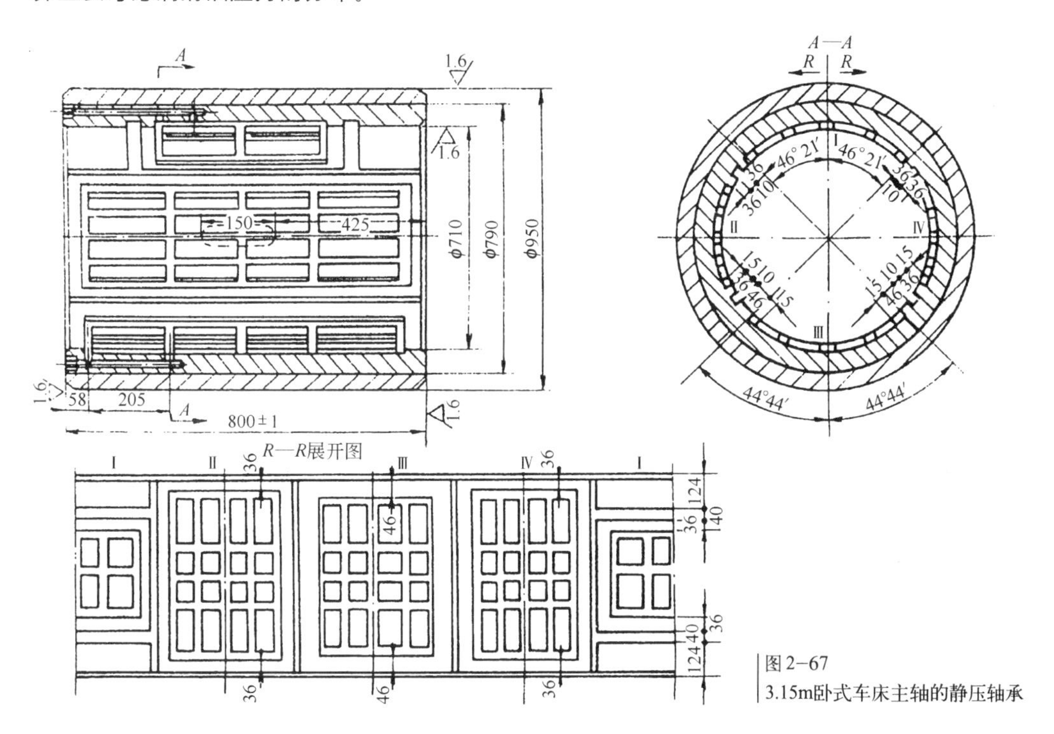

图2－67
3.15m卧式车床主轴的静压轴承

滑动轴承可设计成分体结构，即分成两片或多片，安装时组合在一起，因此，形象地称为轴瓦。分体结构方便了安装和调试，特别是适合于整体轴承不便或无法安装的情况，如发动机曲轴，如图2－68所示。

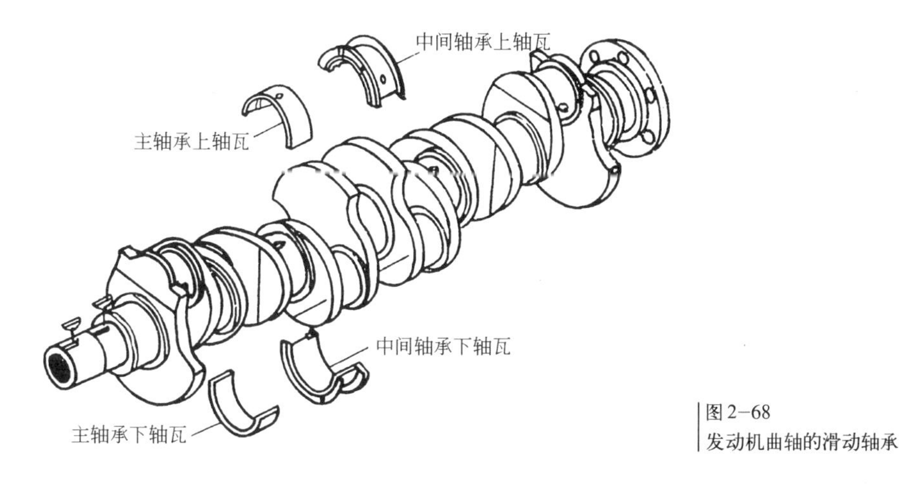

图2－68
发动机曲轴的滑动轴承

用于球面转动的滑动轴承称为关节轴承，如图2－69所示，常用于操纵杆及自适应调节方向结构等(如汽车悬挂系统的扭转部件)。

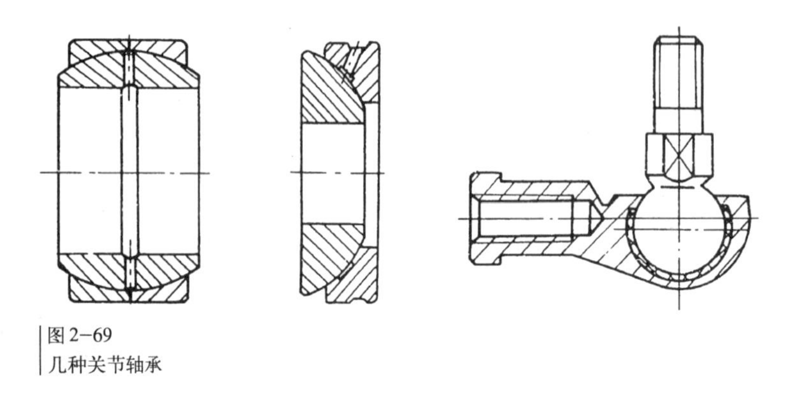

图2-69
几种关节轴承

2.3.3 移动连接结构设计

移动连接结构设计的核心和关键是滑动导轨、滑动部件在导轨上的安装固定及相关结构。根据具体产品运动要求不同，设计上可能分别侧重考虑连接的可靠性、滑动阻力、运动精度等因素，移动连接结构也相应有很多变化。

最简单的直线移动连接结构的导轨为一截面为矩形或半圆形(凸出的楞筋或凹下的槽)，移动部件对应设置与之配合的简单结构，广泛用于移动速度较低、运动精度要求不高的场合，如办公桌的抽屉、计算机和VCD的光盘机等。为减少摩擦、方便移动，可在移动部件滑动部位安装滚轮或轴承，用滚动代替滑动，如图2－70所示。图2－70(*a*)为在抽屉轨道上使用滚动轴承的结构，使抽屉推拉滑动轻便灵活。滚动代替滑动这种方式已成为一种典型机构被广泛应用，在家具设计、制造领域，已将此种机构作为一种标准化、系列化零部件批量生产，如图2－70(*b*)所示。

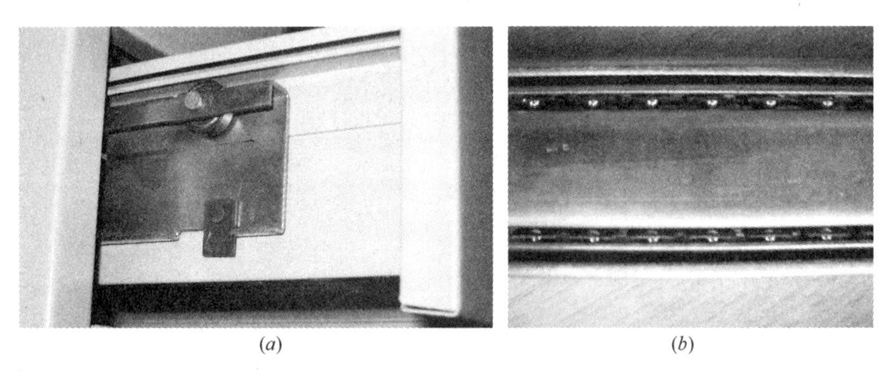

(*a*) (*b*)

图2-70
以滚动代替滑动的结构

有些移动结构要求有一定的摩擦阻力，以保证移动部件定位后不在扰动外力作用下自行移动。如图2－71所示，为一在矩形导轨上可移动的小台架，要求小台架移动灵活且定位可靠。图2－71(*b*)为间隙调整的机构，在导轨侧面设计、安装了调整滑动间隙的垫片，螺纹杆旋转调节施压臂改变轨道侧隙，从而可以方便地调整滑动摩擦力达到预定的大小，满足上述功能。顺时针转动调整摆杆，锁紧轨道，小台架定位；逆时针转动则松开，小台架可灵活移动。

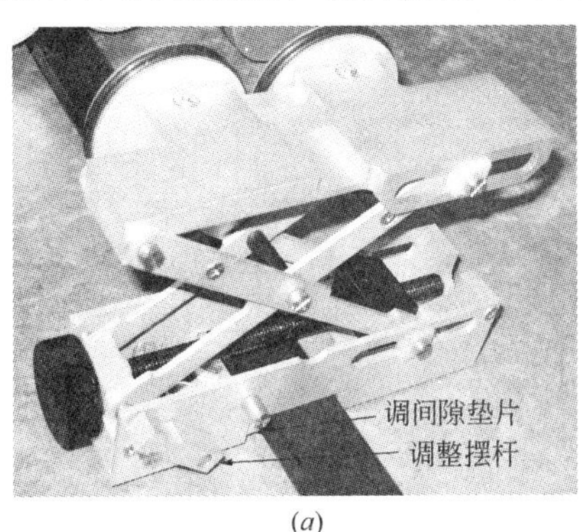

(*a*)

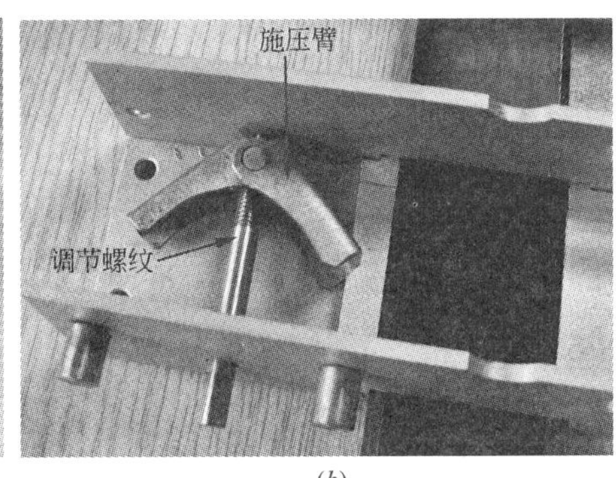

(*b*)

图2－71
可调间隙的移动定位结构

移动部件移动位置的精确定位仅靠导轨系统通常无法保证，需借助丝杠、同步带等定位，导轨只作为保证移动稳定性的结构。图2－72为激光雕刻机激光头移动结构，通过步进电机驱动同步带移动定位，为保证激光头移动的稳定性，与导轨配合的部分设置有移动间隙调整结构。针式打印机、喷墨打印机、平板扫描仪等也采用类似的结构。

图2－72
激光雕刻头的移动结构

考虑移动部件运动的安全、可靠性，与移动导轨配合的部分可采用夹持导轨的结构，如吊索缆车、悬挂输送机等，如图2－73所示。

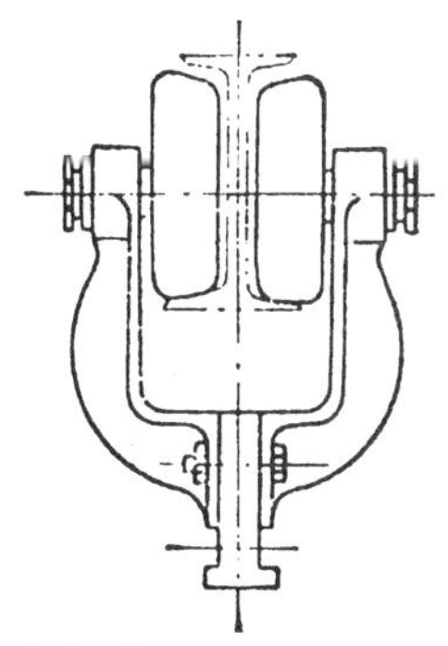

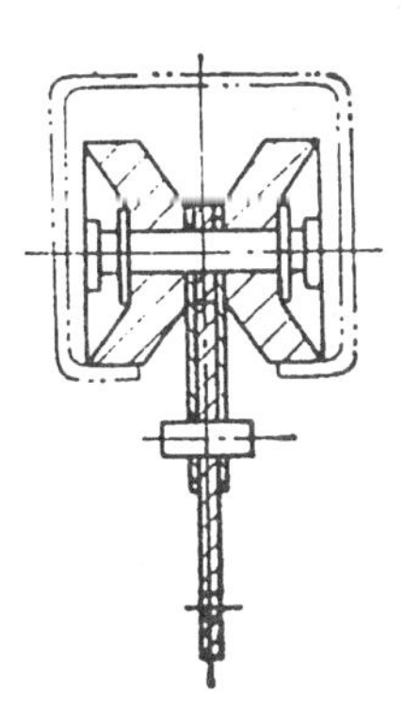

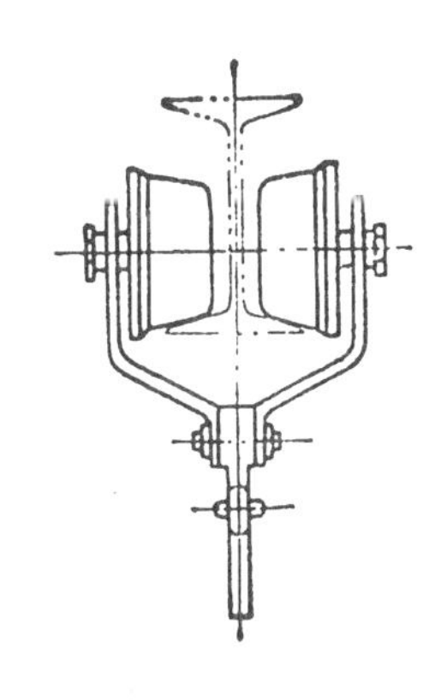

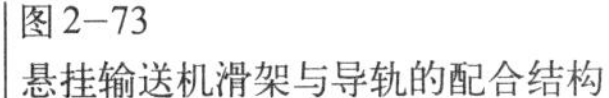

图2－73
悬挂输送机滑架与导轨的配合结构

双轨道结构既增加了移动的可靠性，也加大了抗倾覆能力，各种轨道车辆等一般广泛采用，如图2－74所示。

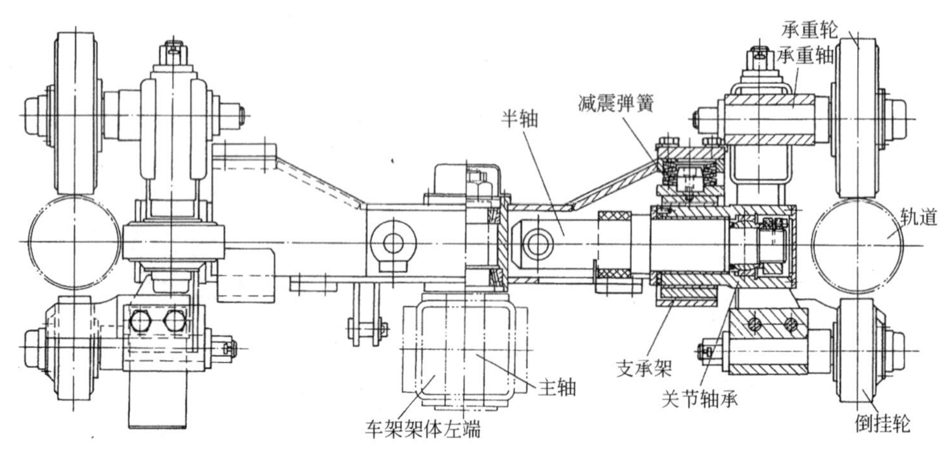

图2–74
高空翻转游乐滑车轨道行走结构

车床运动精度要求高、切削时载荷重，其溜板箱导轨采用三角形和矩形组合，并设有镶条调节运动间隙，小刀架移动采用燕尾槽导轨，如图2－75所示。车床等平面导轨的润滑很重要，一般可采用预设润滑油沟槽等方式，如图2－76所示，若采用静压轴承润滑方式，结构较复杂，但移动阻力、摩擦将大大减小。

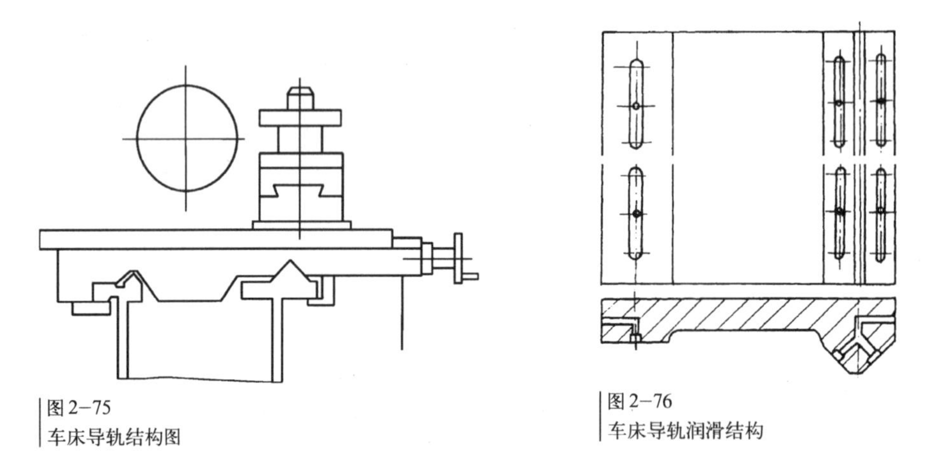

图2–75
车床导轨结构图

图2–76
车床导轨润滑结构

在轨道上运行的起重机等设备，移动行走时需要灵活、阻力尽可能小，采用轨道、滚轮结构；起重工作时要求车体位置固定可靠，一般可采用类似刹车结构的“夹轨器”实现，如图2－77所示。夹轨器一般多采用连杆机构，驱动的形式可为人力手动、电机或液压。

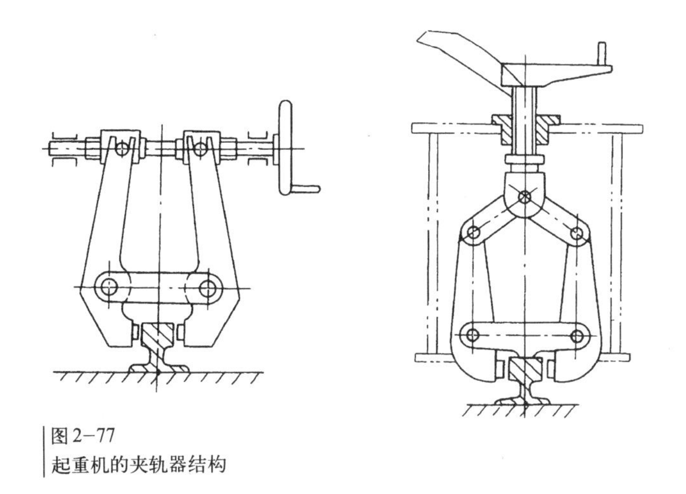

图2-77
起重机的夹轨器结构

自动仓储系统使用的重力货架，托盘货物在与水平面呈一定角度的轨道上依靠重力作用移动到预定位置。一般的托盘底面比较粗糙，在倾斜角度较小的钢轨上自由滑动困难，因此，轨道结构上采用可上下浮动的滚轮或轴承，托盘需要移动时，轨道下方的气囊充气使滚轮结构浮起，如图2－78所示。

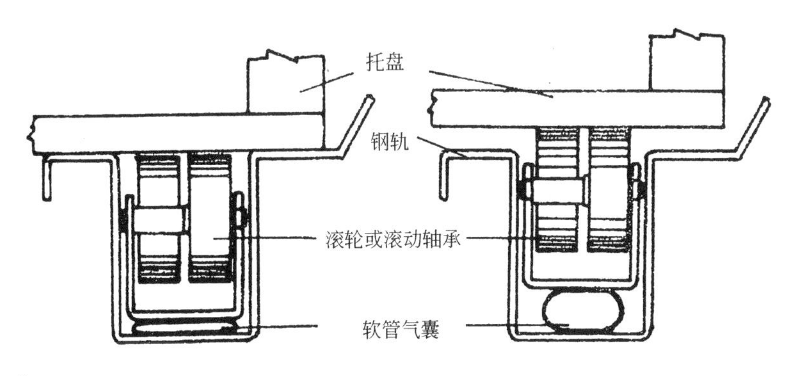

图2-78
重力货架的浮动轨道结构

2.3.4　柔性连接结构设计

柔性连接结构广泛用于各种具有运动的产品和设备中，是非常重要的一种运动连接结构。柔性连接结构自身的运动范围和幅度一般都比较小。

连轴器广泛用于转轴之间的连接，传递转动和扭矩。刚性连轴器要求转轴间的对中性高，实际装配时，某些部件轴的位置精度无法保证，如电机输出轴、减速器输入输出轴等。采用柔性连轴器可允许一定的误差，方便安装、调试。常见的柔性连轴器有弹性销连轴器、滑块连轴器等，如图2－79所示。

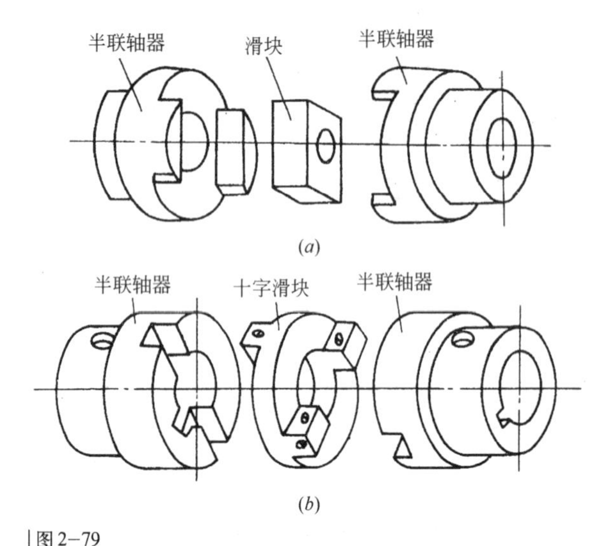

图2-79
两种柔性连轴器
(a)滑块联轴器；(b)十字滑块联轴器

弹簧连接是柔性连接结构的一种重要和常用形式。一般而言，凡是在机构中利用自身弹性变形发挥作用的零部件，都可称之为弹簧元件（简称弹簧）。弹簧元件按结构特点可分为螺旋弹簧（圆柱、非圆柱、变径）、片弹簧、板弹簧、碟形弹簧、蜗卷弹簧、橡胶弹簧、空气弹簧等多种形式，按主要承受载荷情况又可分为拉簧、压簧、扭簧和弯曲弹簧等几种形式。弹簧元件广泛用于机械、仪表及各种电子电器产品中，其在产品结构中的用途是多方面的，常见的如，提供预紧力、提供驱动力、自动复位、缓冲减震、测量、蓄能等，当然也包括实现柔性连接。弹簧元件在具体产品结构中的用法是很灵活的，有时可能同时起多种作用。

弹簧元件用于柔性连接目的，其使用方法和形式也是灵活多样的。在此，仅通过一些应用实例进行说明。

在产品结构中，由于某些零部件可能存在尺寸偏差或难以在设计时准确设定结构尺寸，使用弹簧连接结构可保证连接的可靠性、简化结构。例如弹簧电池座、灯头、电源插座、打火机电石打火系统等。图2－80为电源插座内的一个电极簧片示意结构图，簧片的弹性保证电极接触可靠。

图2－81的结构中利用弹簧弹力保持棘轮与棘爪稳定接触。

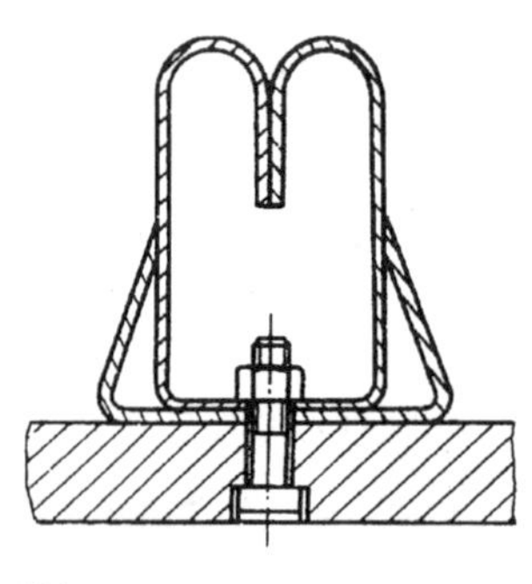

图2-80
电源插座中的弹簧片图

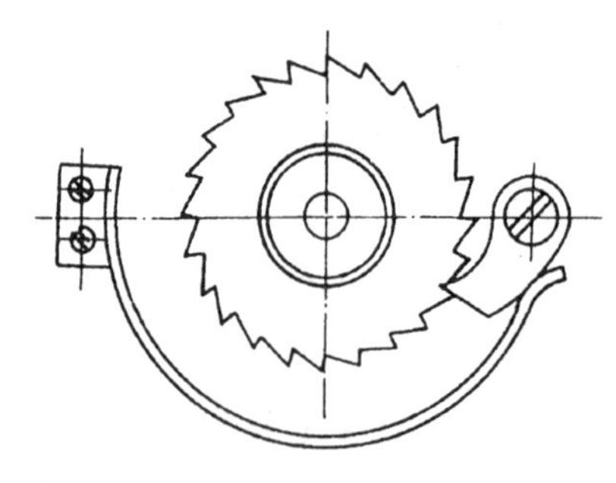

图2-81
棘轮机构中的曲片弹簧

滚动轴承间隙的调整是轴承支承结构设计时的常见问题，利用弹簧可使结构简单、工作稳定，如图2－82所示。

刚性连接结构在过载时容易对系统造成意想不到的破坏，图2－83的减速器中，利用弹簧元件限制输出扭矩，系统过载时蜗轮将打滑。

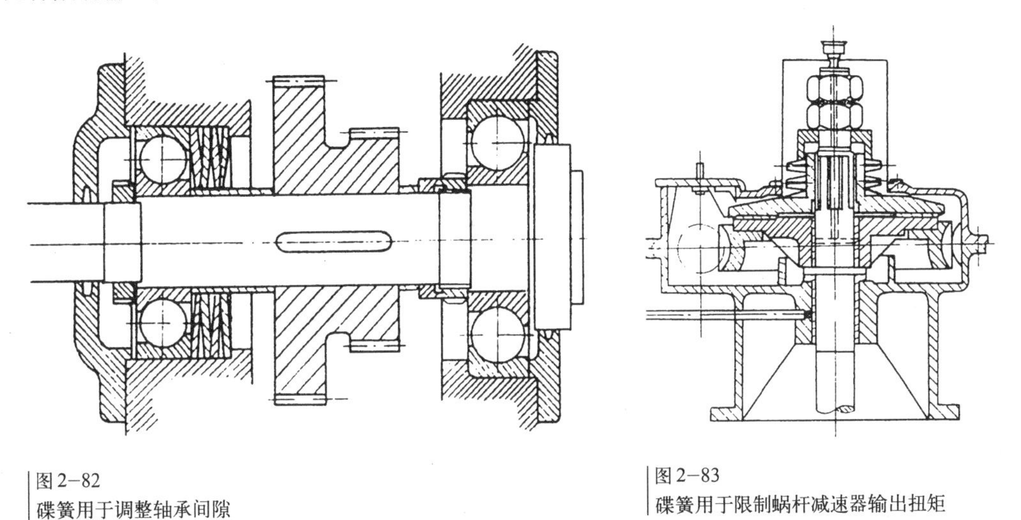

图2–82
碟簧用于调整轴承间隙

图2–83
碟簧用于限制蜗杆减速器输出扭矩

各种车辆车体与车轮的连接广泛使用弹簧系统缓冲减震，从连接的角度看，也属于柔性连接。图2－84为常见的载重汽车悬挂系统。

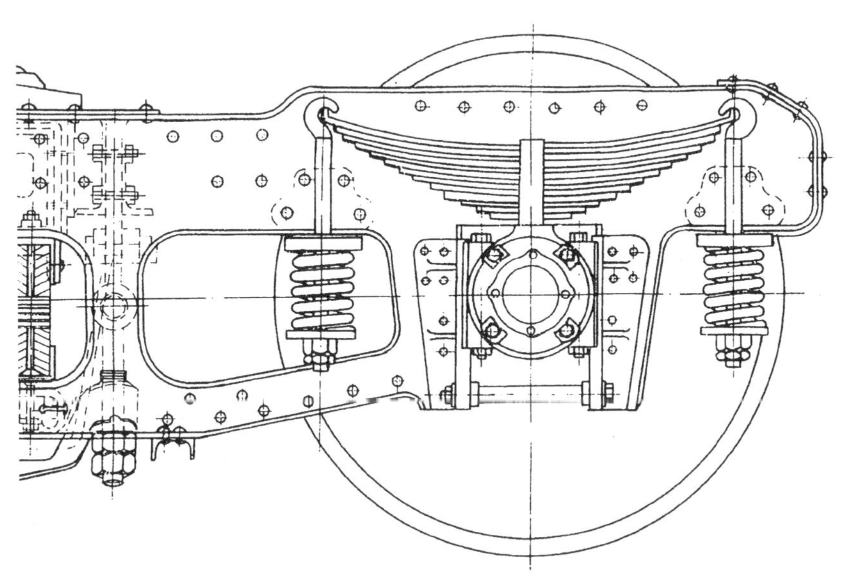

图2–84
载重汽车悬挂系统的弹簧柔性连接结构

图2－85利用圆柱密圈螺旋弹簧作为料斗的散碎物料传输管道，管道位置、长度、形状可灵活改变，而导管中孔形状变化很小。与之类似的还有将螺旋弹簧用作软轴，如下水道疏机通常使用的软轴。

软轴是主要传递转动的柔性连接部件。软轴连接可弯曲绕越障碍，实现远距离传动。软轴连接常用于传输动力需要较小、穿越障碍及各种手持动力工具中，如机动车里程表、医疗器械等。

软轴通常由钢丝软轴、软管、软管接头、软轴接头等几部分组成，如图2－86所示。

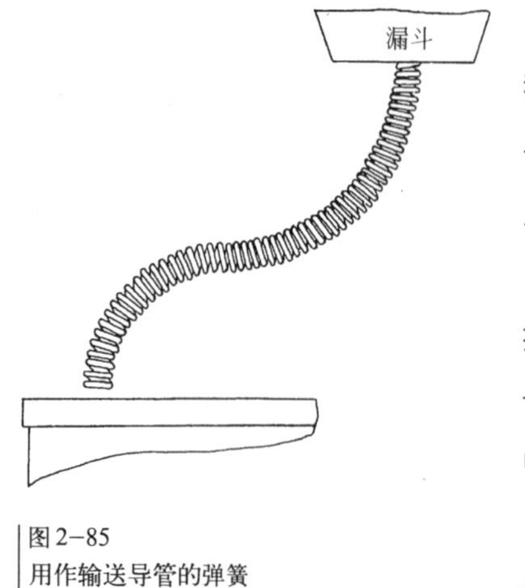

图2－85
用作输送导管的弹簧

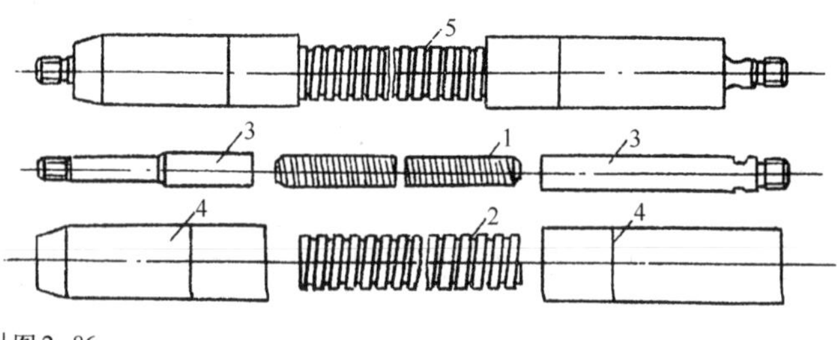

图2－86
软轴的组成
1—钢丝软轴；2—软管；3—软轴接头；4—软管接头；5—软轴组件

波纹管是一种表面为环形波纹或螺旋波纹折皱的薄壁金属管，如图2－87所示。波纹管在轴向拉压力、径向力或弯矩作用下可产生相应的位移。

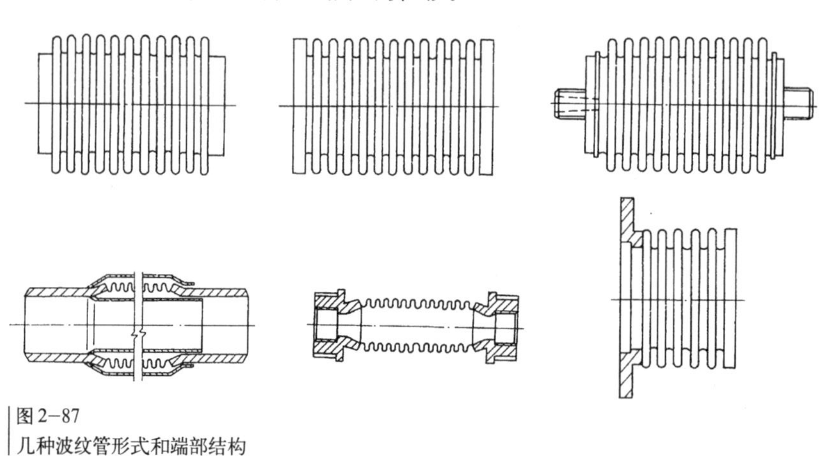
图2－87
几种波纹管形式和端部结构

利用波纹管受力时的伸缩，在热管道中可避免由于热胀冷缩对系统造成的影响，如图2－88、图2－89所示。

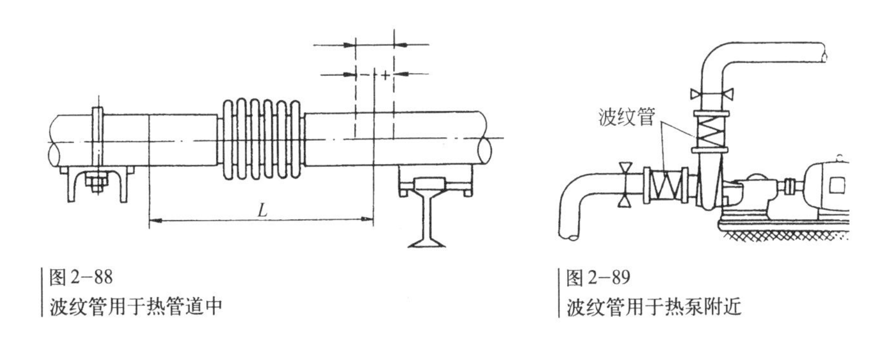

图2–88
波纹管用于热管道中

图2–89
波纹管用于热泵附近

图2－90利用波纹管作为轴向伸缩节，以方便管线的安装和维护。安装完成状态下，波纹管处于拉伸状态，拆卸状态时，波纹管缩回原状，为安装、维护让出空间。

波纹管也常用于管道弯曲时作为角度伸缩节，结构如图2－91所示。

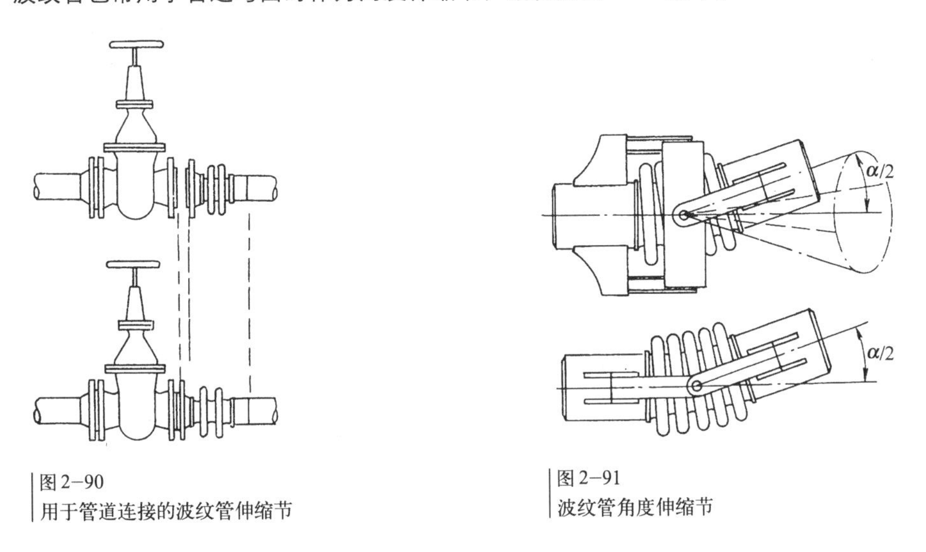

图2–90
用于管道连接的波纹管伸缩节

图2–91
波纹管角度伸缩节

2.4　固定结构设计

固定结构指主要用于零部件固定的结构。能起到固定作用的结构形式很多，包括在前面2.4节两类固定连接结构中介绍过的很多结构，如焊接、胶结等，按结构功能，也可属于固定结构；而本节介绍的一些结构，也同时具有连接功能。事实上，绝对严格区分一种结构在产品中的主要目的是固定还是连接意义并不大。

2.4.1　弹性锁扣结构

塑料构件在现代产品中应用极为广泛，如收音机、电视机、吸尘器、照相机、笔记本电脑、鼠标等各种电子产品外壳。在这些产品中，电子线路板等功能构件均需固定在壳体上，壳体本身也通常需设计为分体组装形式，需通过一定的辅助结构相互固定。利用构件材料允许一定的弹性变形，设计相应的锁扣结构实现固定功能，具有结构简单、形式灵活、工作可靠等特点，在现代产品中极为常见。图2－92为几种常见产品塑壳上的弹性锁扣结构。

塑料构件上设置锁扣结构使产品的装拆更方便，对模具的复杂程度增加有限，几乎不影响产品的生产成本。在设计这类结构时，主要应注意材料的弹性变形能力、结构要求的固定力大小和装拆频繁程度等因素。

金属件弹性锁扣结构在需要经常装拆的产品中应用更可靠，如图2－93所示的手表带、皮带扣等。此类构件多采用冲压工艺制造，使用寿命较长。

图2-92
几种产品塑壳上的弹性锁扣结构

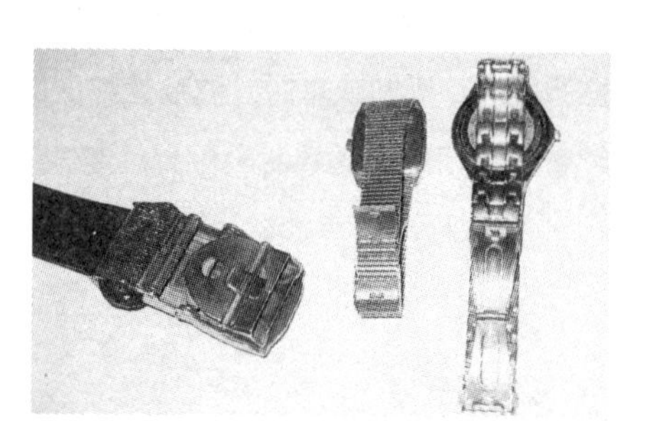

图2-93
产品中的金属锁扣结构

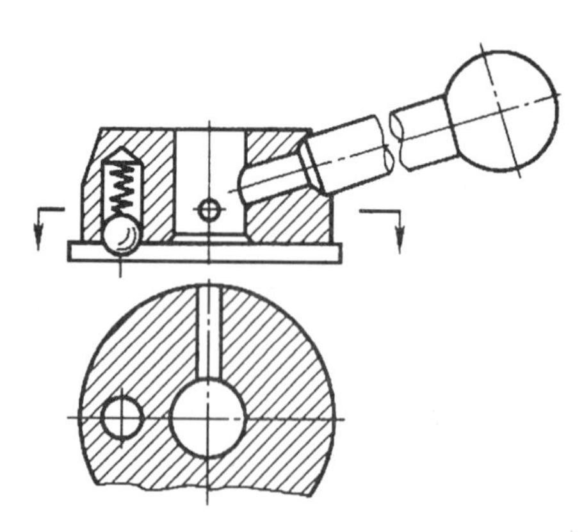

图2-94
弹簧锁扣定位结构

如图2－94所示，采用弹簧压紧钢球或弹性销实现定位和卡紧固定的结构常用于定位手柄、旋钮、家具及门窗等。

2.4.2 插接结构

在需要相互固定的零部件相关部位设置相应的插装配合固定结构，可方便安装、拆卸，特别是有利于模块化设计、组装。插接结构常见于扳金类、注塑类结构零件，其形式多样。

图2－95为常见的金属板插接固定结构形式，广泛用于金属薄板类产品壳体等，适于现场组装，但插舌易折断，可拆卸次数有限。

图2－96为组装式钢结构货架及轻钢龙骨等使用的插接结构示意图。对于结构受力大、稳定性要求高的场合，可配合使用螺栓或铆接固定。

中国传统木家具的榫卯连接固定结构也属于插接结构，明清家具结构巧妙合理、工艺精湛，在此，仅列举一些典型榫卯结构供设计参考，如图2–97～图2–101所示。

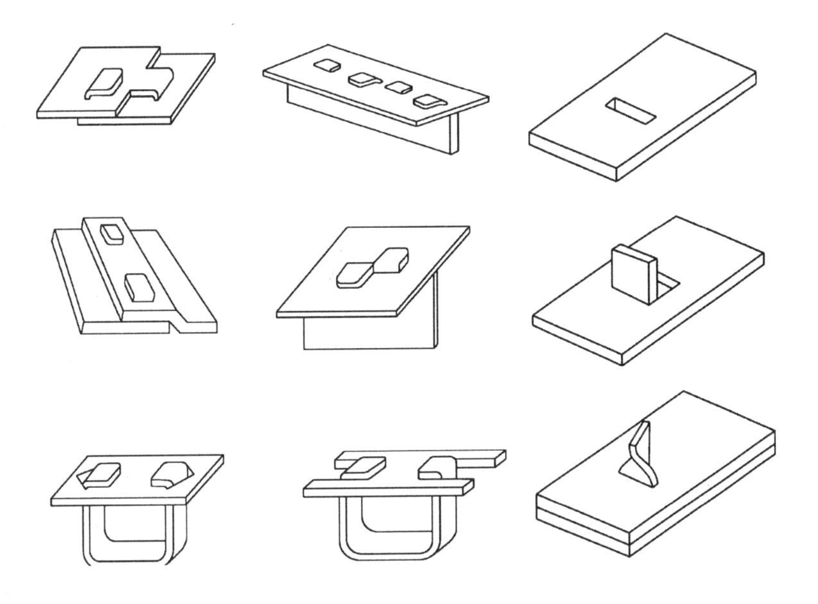

图 2–95
金属板插接常见结构形式

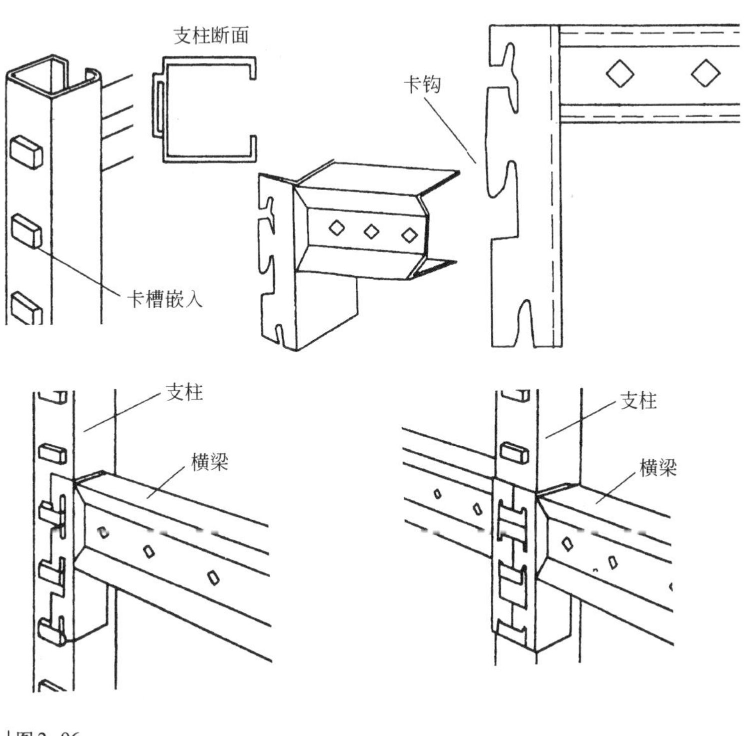

图 2–96
钢龙骨插装结构

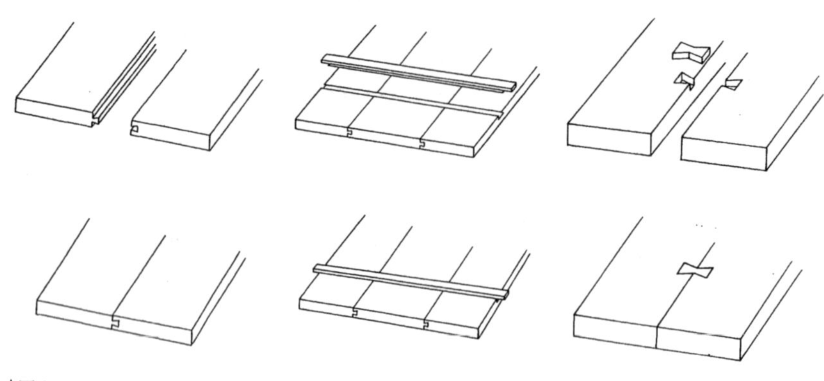

图 2−97
面板拼接榫卯结构

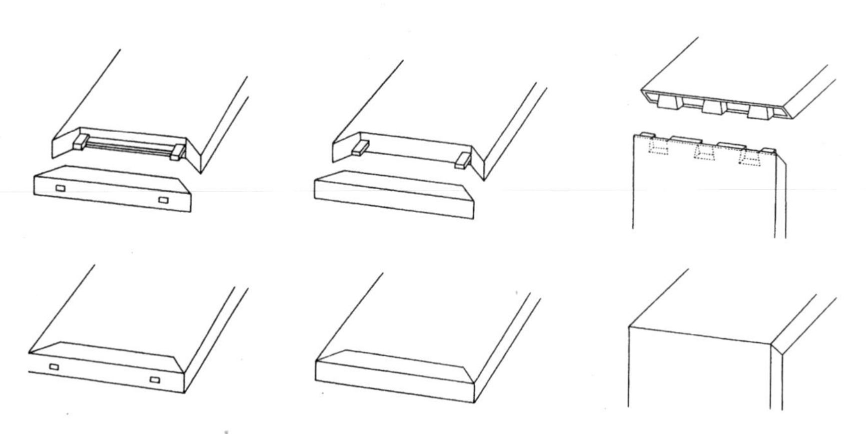

图 2−98
面板加堵头及面板直角连接榫卯结构

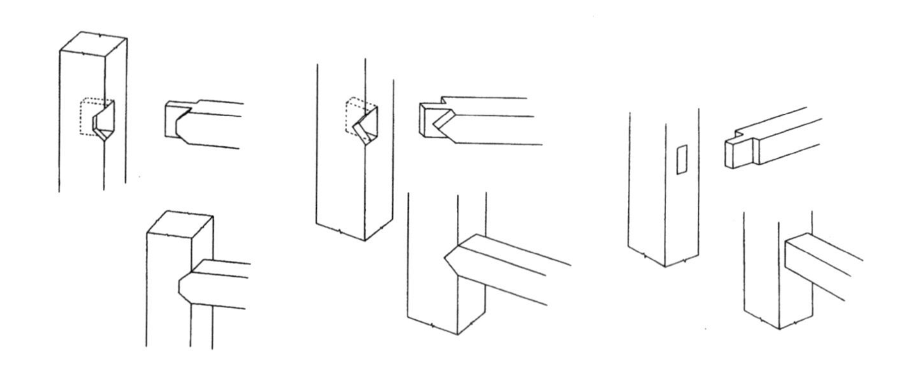

图 2−99
方柱连接榫卯结构

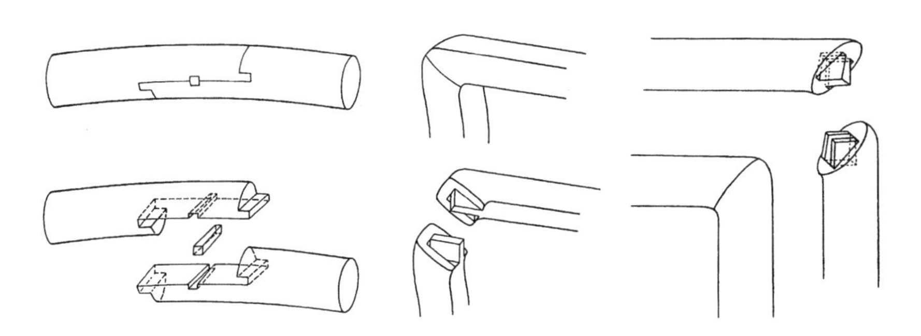

图 2–100
曲角连接拼接榫卯结构

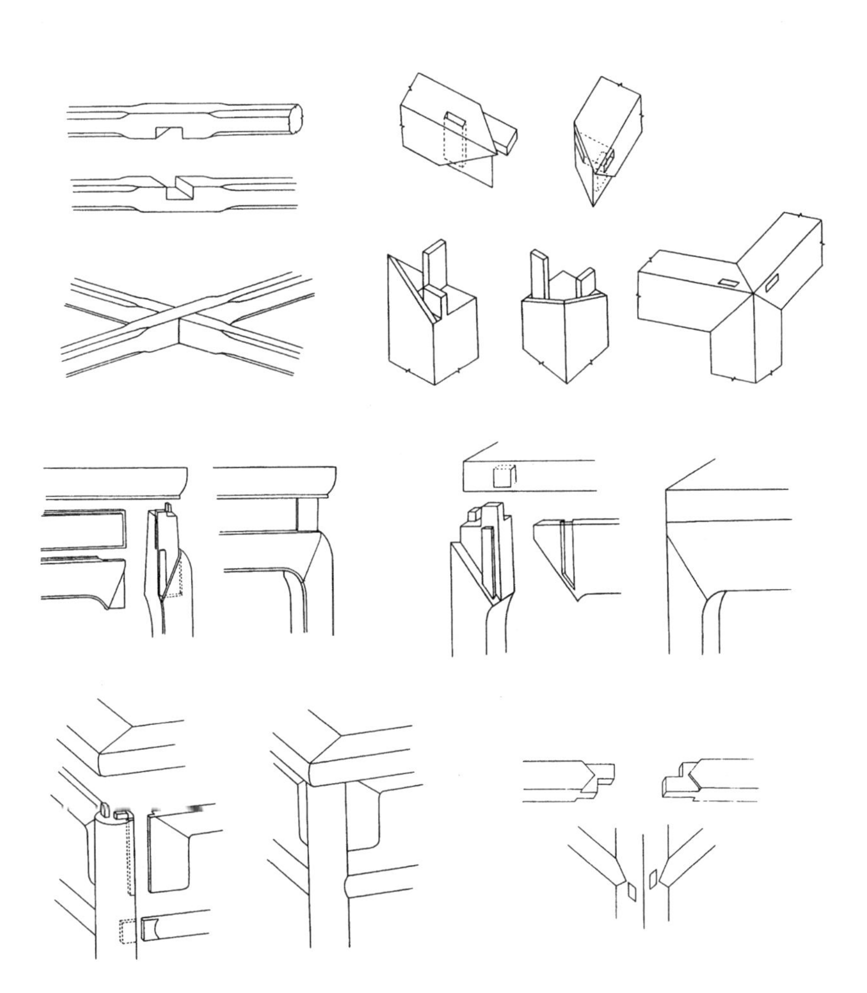

图 2–101
多件连接榫卯结构(一)

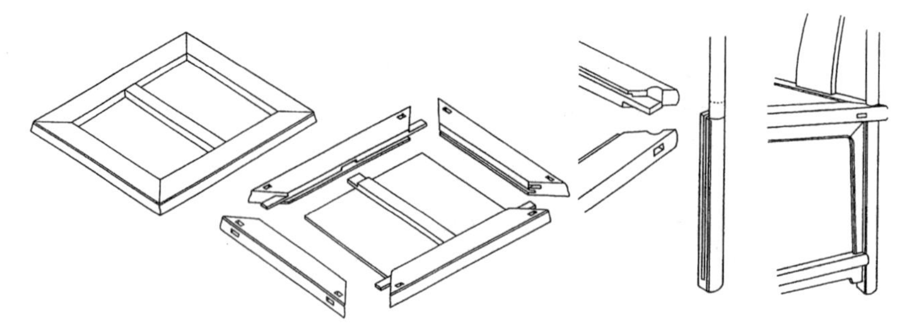

图 2–101
多件连接榫卯结构(二)

第3章 | 连续运动结构设计

运动结构装置是很多工业产品、设备的核心结构和实现设计功能的基础结构装置，也是产品设计中比较复杂、专业要求比较高的设计任务，通常需要由产品相关专业设计师或结构设计工程师配合工业设计师完成。

在机械设计中，通常将实现特定运动的结构装置依据其结构特点称为相应的机构，如齿轮机构、链轮机构、连杆机构等。运动机构种类繁多，本章将主要介绍实现连续运动的常见机构工作原理及相关的设计问题。

3.1 概述

3.1.1 常用运动结构的功能与种类

包含有运动功能和相应机构的产品设计对设计师的专业设计水平要求是相对比较高的，特别是运动系统比较复杂的产品，如汽车、机床、包装机、印刷机等。鉴于工业设计师在产品设计中主要关注产品的创新和造型设计，本书在介绍有关结构和机构设计内容中，主要围绕结构的组成和工作原理讨论，尽量避免复杂的设计计算问题。

运动机构种类繁多，产品的设计功能决定所选择和采用的机构。如图3–1所示，以自行车为例，车轮的转动、前轮的左右摆动、车闸的摆动抱合和变速拨叉的摆动是设计要求的基本运动，是实现自行车功能需要执行的运动。直接保证这些运动的相应机构是飞轮、前叉合件、车闸组件及拨链器，按功能称为执行机构。为实现这些运动，需要相应的机构和装置将源动力和运动传递到执行机构，按功能称为传动机构。车轮的旋转通过曲柄链轮、链条将脚蹬动力传递给飞轮实现，车闸和拨链器的运动通过柔性钢丝（本质是连杆）将作用在闸把和控制器上的运动和动力传递给相应的执行机构完成。曲柄链轮和链条、闸把和钢丝、变速控制器和钢丝等即为所谓的传动机构。

综上所述，根据运动机构在产品中的作用，可分为执行机构和传动机构两类。为实现某一特定运动，可能需要多个传动机构连接起来传递运动和动力，形成所谓的传动链。

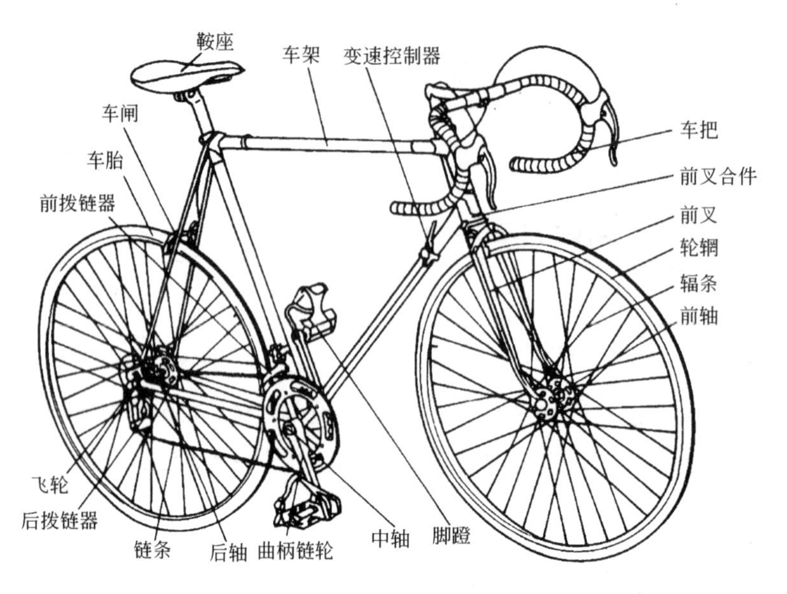

图 3-1
自行车的运动机构

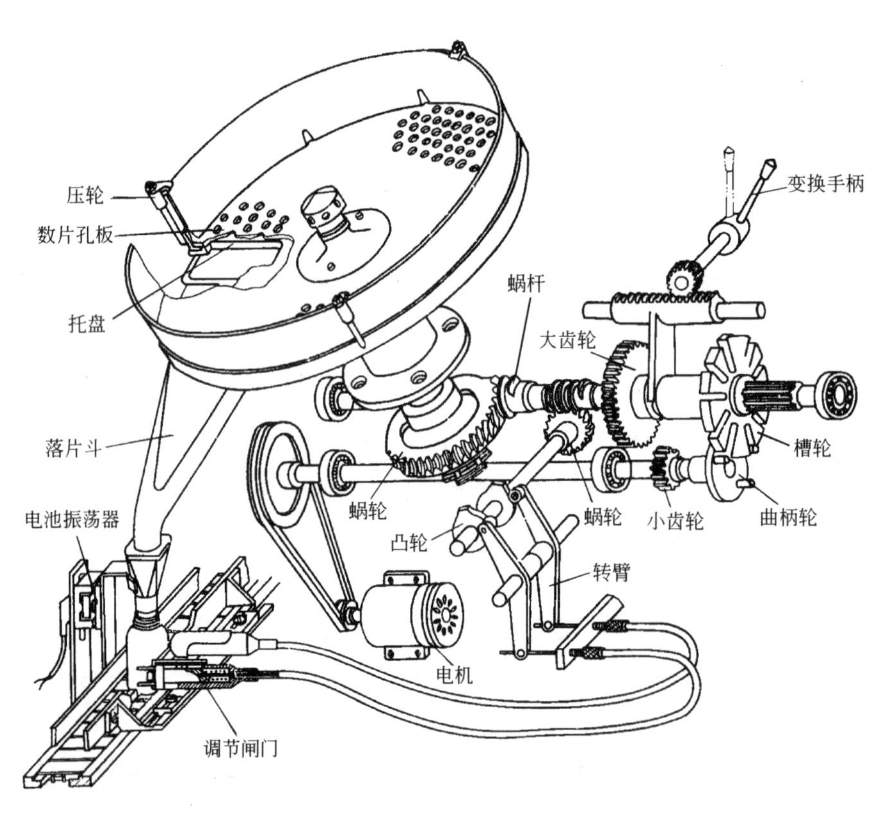

图 3-2
药片包装机数片机头机构

图3-2为一药片包装机数片机头结构示意图。机器工作时，由料斗(图中未画出)输送给倾斜料盘上的待装药片落入数片孔板一组孔中实现定数数片。料盘转动，落入小孔中的药片由下方的托盘托住，托盘不动，托盘上开有两个扇形孔。料盘孔转过托盘扇形孔时，药片释放，通过落片斗装入瓶中。电磁振荡器用于避免药片装瓶时堵塞；变换手柄通过变换槽轮或齿轮传动控制料盘作间歇(用于普通药片)或连续转动(用于糖衣药片)；调节闸门用于控制药瓶在装瓶时停留在落片斗下，并与料盘的运动同步。读者可自行分析这台机器的执行机构和传动机构。

由图3-2可知，在产品或机械系统中，执行机构的主要作用是实现所需功能动作(包括执行运动和执行力)，而传动机构(传动链)则负责传递、变换、调节运动和动力，以适应不同产品的功能需要。无论是执行机构还是传动机构，实现产品设定运动功能可选择和采用的具体机构种类和形式都不是唯一的。

一个具体产品中的运动机构通常可能由多个结构环节组成，可将其分解为一个个相对独立的结构环节或简单机构，如图3-2中的齿轮、蜗轮和蜗杆、槽轮等，这也是为了研究、分析和设计上的方便。这些简单机构是运动机构的基本形式，是运动结构系统的基本组成“构件”，其组合千变万化，由此可实现产品需要的运动动作。运动结构设计通常就是选择、配置、组合、设计这些简单机构，因此，深刻理解、掌握简单机构的原理与设计要求、方法很重要。

运动机构的种类可按照运动构件的运动规律或轨迹分为平面机构和空间机构两种。空间机构的运动构件可在三维空间中运动，其运动自由度至少在两个以上，如图3-3中的筛子，可在

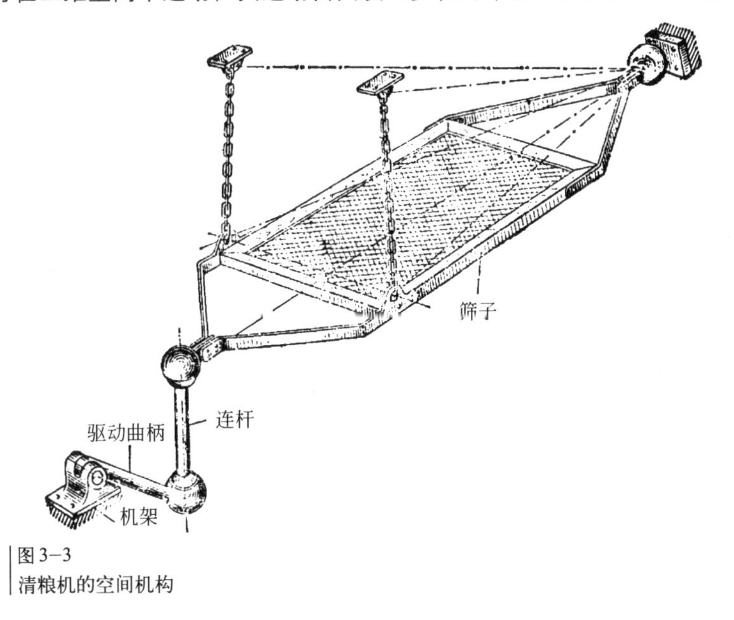

图3-3
清粮机的空间机构

三维空间作复杂摆动。空间机构的结构组成和设计比较复杂。平面机构的运动构件在某一平面内运动，在设计中应用广泛。

按照机构运动构件的运动规律特征，运动机构又可分为转动机构、直线运动机构、曲线运动机构、往复运动机构、间歇运动机构等。这种划分方式有利于按类学习和掌握运动机构，便于设计中分析、选择合适的机构。本书的章节安排就是按此分类划分的，具体内容详见有关章节。

最常用的是按照机构的结构特点分类的运动机构，即分为齿轮机构、链传动机构、槽轮机构、曲柄滑块机构、连杆机构等。这种分类方式名称含义准确，容易把握、揭示机构类别的本质，也是设计师习惯使用的方式。

3.1.2 机构学基础

机构学是研究机构的专门学科，属专业学习和研究内容。为分析、讨论运动机构方便起见，本小节主要介绍机构学的基本概念、术语和机构表示方法。

机构通常由相互间有规律相对运动的刚性体组成，这些刚性体称为机构的构件。机构中自身相对静止的构件称为机架，其他构件称为运动构件。构件可以是一个零件，为制作和装拆方便，也可是由若干零件组成的刚性系统。

机构的构件间允许相对运动，构件间需采用活动连接。这种使构件间保持接触又允许相对运动的连接成为运动副。面接触的运动副成为低副，点或线接触的运动副称为高副。运动副按运动范围可分为空间运动副和平面运动副两类，常用的是平面运动副。平面运动副按运动形式特征又可分为转动副、移动副、螺旋副、圆柱副等。在机构分析中，运动副常采用简图符号表示，如图3–4所示。

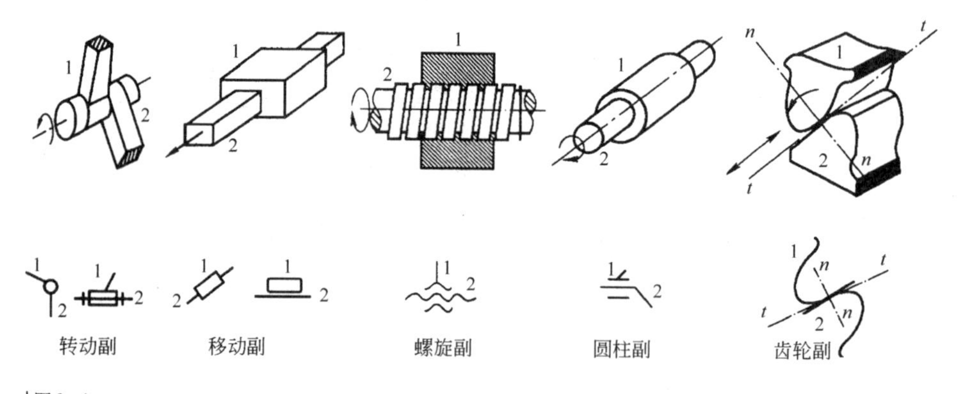

图3–4
常见运动副及其简图符号

没有与其他构件连接的构件称为自由构件，自由构件在三维空间具有6个运动自由度，在平面空间具有3个自由度。运动副决定了所连接构件间的相互运动关系，运动副将构件连接起来，同时也限制了被连接构件的自由度。机架位置固定，运动自由度为0。一个通过转动副与机架相连的构件，只有相对机架转动1个自由度，其他自由度被转动副所约束，如图3-5(*a*)所示，整个机构仅需1个独立参数即可确定机构各构件的位置，此机构有1个自由度；在此运动构件末端，再通过转动副连接一个运动构件，如图3-5(*b*)所示，则第二个运动构件相对第一个运动构件有1个运动自由度，加上随同第一个运动构件的1个转动自由度，共有2个自由度，机构也需要2个独立参数确定各构件的相对位置，机构的自由度为2；同理，图3-5(*c*)的机构有3个自由度。

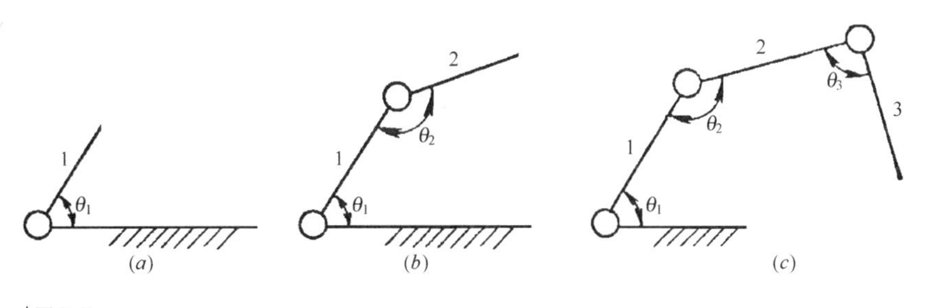

图3-5
构件与机构的自由度

确定运动机构各构件位置所需独立参数的总个数称为机构的自由度。一个机构的自由度数应大于0，否则，机构无法运动、不成立。机构中用于输入驱动力的构件称为驱动构件(也称原动件或主动件)，驱动构件数应与机构的自由度数相同；其他运动构件称为传动构件(也称从动件)；将运动和动力向外传递的构件又称为输出构件(也称执行构件)。

机构的实际构造通常比较复杂，用结构图表达时往往不直观，不便于作机构分析、设计机构、组合机构及创新机构。在机构学中，一般利用构件和运动副符号及一些简单的线条、图形表示机构的结构组成、几何形状、相对位置关系等，称为机构运动简图，如图3-6所示。

绘制机构运动简图时，一般是在分析清楚机构工作原理的基础上，分析运动副的种类和数目，确定出机架、驱动件和从动件，然后，将构件简化为杆件，用线条图表示出各构件、运动副及相对位置关系。机构运动简图不仅表示机构的结构和尺寸，也可表示构件的相对运动关系，最好按比例绘制。

机构运动简图中使用的符号(包括各种运动副、构件和常见的运动机构)是有一定规范规定的，使用时请参见有关设计手册或参考书。

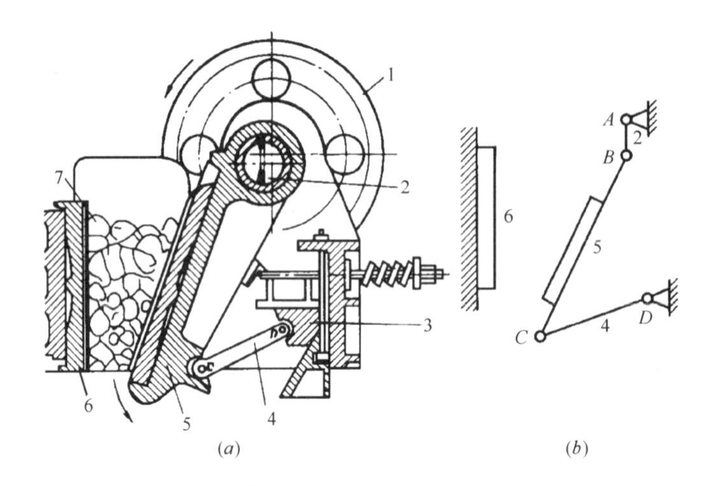

图3-6
颚式破碎机结构及机构运动简图
(*a*)结构图；(*b*) 运动简图
1—皮带轮；2—偏心轴；3—支承座；4—推力板；5—动颚板；6—定颚板；7—矿石

3.2 旋转运动机构

旋转运动是机电产品中最常用的运动形式，特别是提供原动力的电动机等输出一般也是转动，因此，转动机构的应用较其他方式更普遍。转动机构在产品中作为执行机构和传动机构均较常见，用于传动更多些。

实现旋转运动的机构形式较多，大致可分为连续转动、间歇转动和摆动等三类，本章主要讨论连续转动机构，其他两类归入下一章中讨论。

3.2.1 齿轮机构

齿轮机构是最常用的转动机构，在工业产品中应用十分广泛，如钟表、汽车和机床变速箱、玩具、电动工具等。齿轮机构通常由两个齿轮构成一组，依靠轮齿的啮合传递转动和扭矩。齿轮机构传动准确可靠、传递功率大、效率高、结构紧凑且使用寿命长。齿轮形式种类很多，常见的齿轮形式如图3-7所示。

齿轮按轮齿齿廓曲线形式可分为渐开线齿轮、摆线齿轮、圆弧齿轮、正弦曲线齿轮等，其中渐开线齿轮应用最广泛。

齿轮可按齿轮外观几何形状、轮齿走向特征等分类，参见图3-7中各齿轮的名称。不同齿形的齿轮由于啮合系数(同时保持啮合的齿数)不同，承载能力有差别，重载情况多采用非直齿齿轮。

齿轮传动机构中啮合的轮齿保持紧密接触，配合使用的齿轮轮齿大小和齿廓形状必须一致。轮齿的大小决定齿轮传递扭矩的能力，轮齿越大，能力越大。轮齿的大小称为齿轮的模

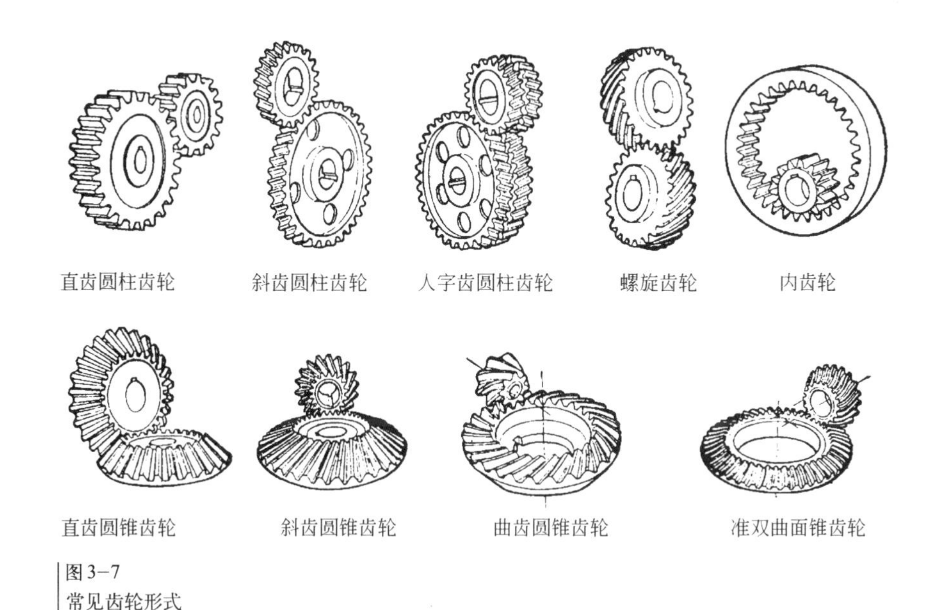

图3－7
常见齿轮形式

数，模数不是任意的，在国家标准中已标准化、系列化。齿轮制造时，使用相应标准模数的刀具加工。

齿轮配对使用构成齿轮机构。一对齿轮中靠近驱动源的称为主动轮，另一个称为从动轮。两齿轮的齿数比(从动轮齿数除以主动轮齿数)称为传动比，传动比是齿轮传动的一个基本参数。齿轮的转速比与传动比成反比；齿轮承受的扭矩比与传动比成正比。

蜗轮蜗杆机构属于特殊的齿轮机构。蜗轮蜗杆的传动方向是单向的，即蜗杆只能作为主动件，蜗轮只能作从动件。蜗杆的头数为主动轮齿数，一般蜗杆头数较少(常用头数为1)，因此，蜗轮蜗杆机构的传动比较大。常见蜗轮蜗杆形式如图3－8所示。

齿轮齿条机构是齿轮机构的另一个特例，相当于大齿轮直径无限大的齿轮传动，如图3—9所示。齿轮齿条机构可实现旋转与直线运动间的转换。

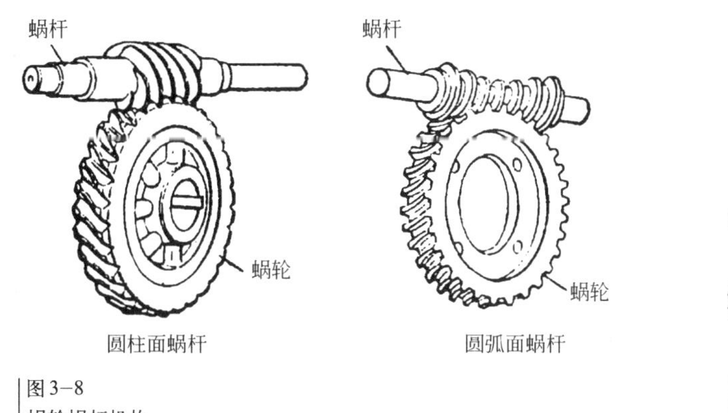

图3－8
蜗轮蜗杆机构

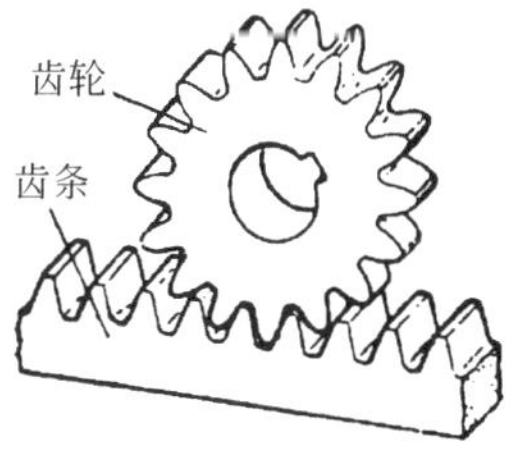

齿轮
齿条

图3－9
齿轮齿条机构

制造齿轮的材料常见的有钢、黄铜、尼龙、塑料等。机械设备和一些重要的传动机构常用钢材作为齿轮的制造材料，配对使用的一对齿轮中，小齿轮转速高、轮齿磨损快，表面硬度需比大齿轮高。仪表、钟表等机构中，齿轮传递扭矩小，常采用黄铜制造的齿轮，工作摩擦小且加工比较容易。尼龙齿轮传动噪声小，常用于轻载、高速的轻工设备和机电一体化产品中，如照相机、复印机、打印机等。塑料齿轮柔性好、运转噪声小，且可铸塑生产、成本低，但传动载荷小、使用寿命短，常用于电动玩具等不重要场合。

蜗轮蜗杆机构运动摩擦较大，工作状况较差，因此，蜗杆常采用钢材制造，蜗轮则选择铸铁材料。

实际产品结构中，为满足传动要求，常采用多组齿轮机构组成传动链，图3-10为机械照相机的卷片机构，读者可自行分析各齿轮机构的作用。

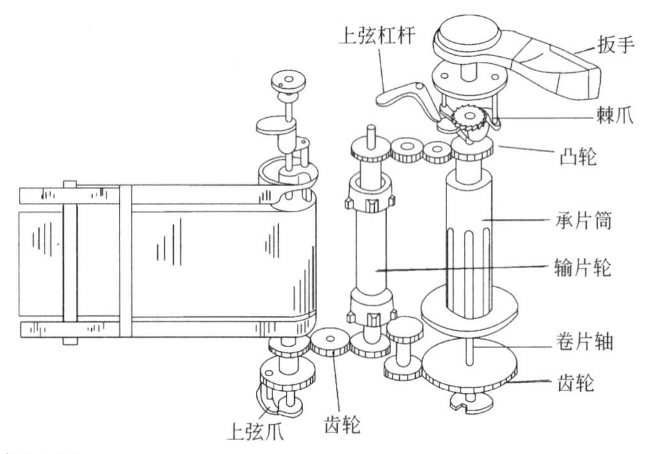

图 3-10
照相机卷片机构

轮系是采用两个以上齿轮构成的一类齿轮传动机构，其中一个齿轮轴为输入轴，一个齿轮轴为输出轴，其他齿轮负责逐级传递运动。根据轮系传动时齿轮轴线相对机架是否变化，轮系分为定轴轮系和周转轮系两类。

图3-10中，各齿轮直线式排列构成的轮系最简单，属于直排定轴轮系，相当于一对一对齿轮机构的逐级传动，传动比和结构变化较小。图3-11为一较简单的周转轮系示意图，两个中心轮分别为输入、输出周。周转轮系中，围绕固定中

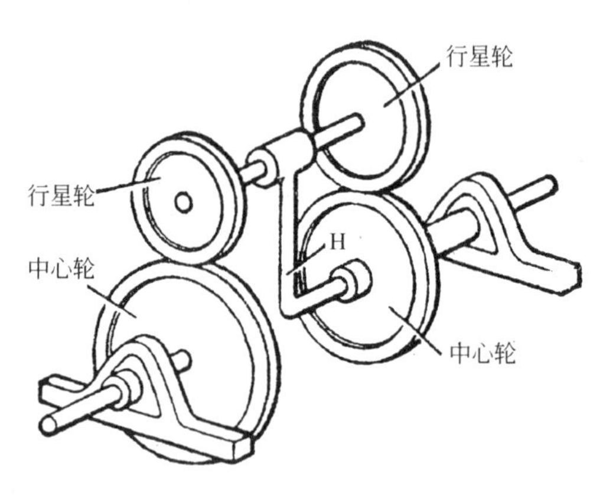

图 3-11
周转轮系示意图

心轴转动的齿轮称为中心轮，轴线绕中心轮或其他轴转动的齿轮称为行星轮，其运动仿佛行星绕太阳转动，因此，这类轮系也称为行星轮系。

周转轮系的运动分析和计算比较复杂，在此，我们不做深入讨论，有兴趣的读者可参阅有关专业书籍。周转轮系的用途很多，特殊之处主要有：实现大传动比(可达几千)，满足特殊传动需要，且结构紧凑，节省空间；实现运动的合成与分解，典型的例子是汽车后桥变速器装置，将发动机的转动以不同的速度分配给左右两轮，用于汽车转弯变速。

作为周转轮系的一个例子，图3-12为自行车后变速轴的结构，通过操纵链控制可实现三级变速。采用行星轮系变速，结构紧凑。读者可将其作为一个综合练习，画出运动机构简图并分析其工作原理。

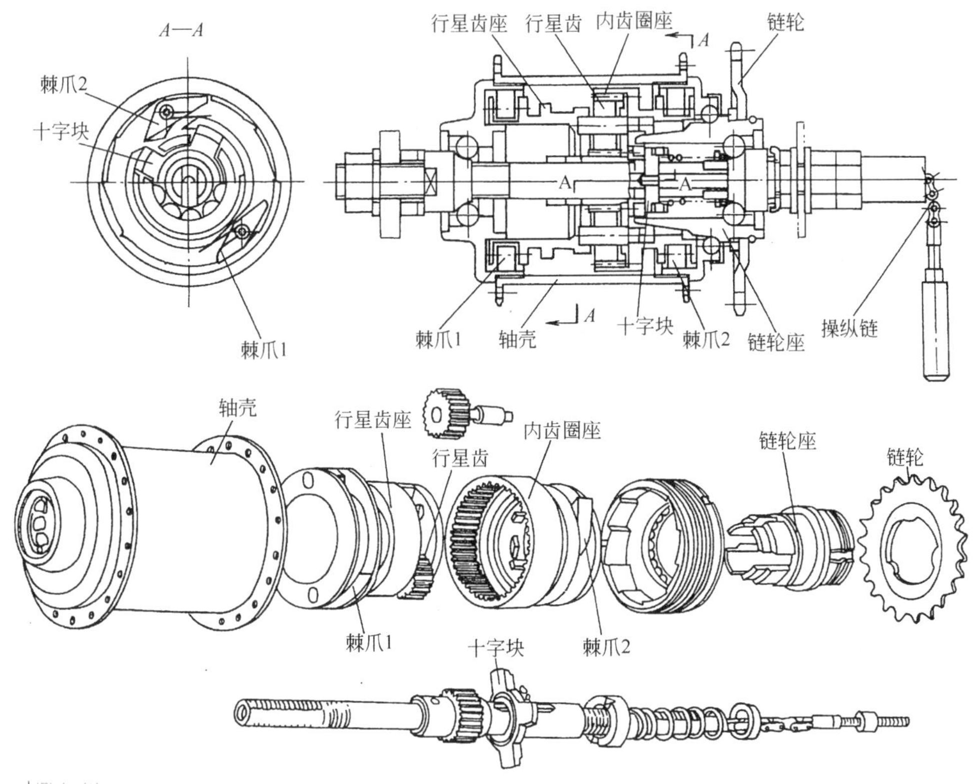

图3-12
自行车后轴变速器结构

3.2.2 带传动机构

带传动又称皮带传动，是一种历史悠久但目前仍广泛使用的传动结构形式。带传动结构简单、成本低，在很多现代机械设备和工业及家用产品中得到使用，如机床、汽车、洗衣机、缝纫机、录音机等。

如图3—13所示，带传动机构由主动带轮、从动带轮及传动带构成，传动带以一定张力套在两个带轮上。主动带轮转动时，依靠带轮与传动带的摩擦力使从动带轮转动，实现传动。摩擦力的大小取决于带轮与传动带间的接触压力、接触长度和摩擦系数。

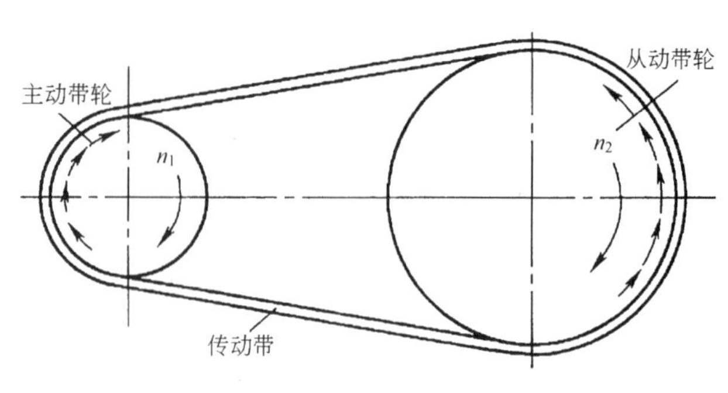

图3—13
带传动结构原理

带传动机构的主要特点有：传动轴中心距较大；靠摩擦传动，过载打滑，可防止过载对系统重要零部件的破坏；运转平稳、吸振、噪声小；结构简单、成本低、维护保养容易。由于在正常传动过程中也存在打滑现象，且与负载的变化有关，因此，带传动可靠性较差，不能保证恒定传动比，传动效率较低，传动带使用寿命较短；另外，带传动机构结构尺寸较大，实现大传动比困难，也不适于高温、易燃、易爆的使用场合。

带传动机构使用传动带的类型与传动的效果和能力关系很大，常见传动带有平皮带、圆形带、V形带、多楔带等，如图3—14所示。

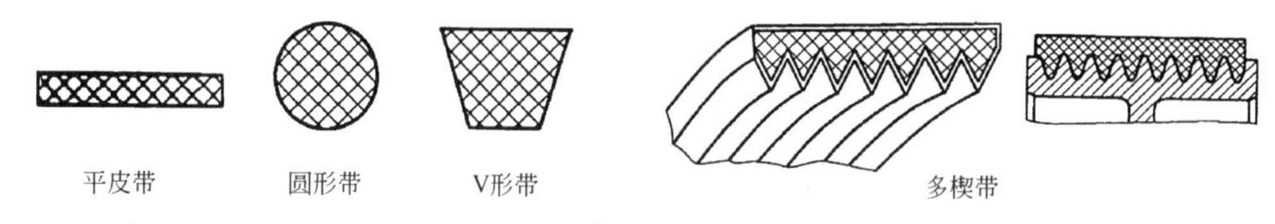

图3—14
常见传动带类型

平皮带最早使用牛皮制作，故而得名。现代常用平皮带有胶带、钢带和复合材料带等几种，各适于不同场合。胶带又称橡胶带、帆布带，由纤维织物与橡胶粘结而成，抗拉强度大、制造容易，但耐油性能较差，常用于简单的传动系统。钢带用冷轧薄钢片制成，强度大、变形小，用于特殊场合。复合材料带常用高强度尼龙或聚酰胺等材料作强力层，以皮革作摩擦面，另一面使用耐磨橡胶。复合材料带承载能力强、传动性能好、使用寿命长，是目前应用最多的平皮带。

圆形带有皮制、麻制、钢丝制等几种。圆形带结构简单、传动力大，常用于工作状况恶劣的场合，如起重设备、建筑工地设备等。

V形带以棉线、化纤绳等为芯外裹橡胶制成。V形带一般制成环状无接头带，断面呈梯形，两斜面与带轮槽接触，摩擦力大，滑动小、工作可靠、运转平稳。V形带应用最广泛，属于标准化、系列化生产的部件。

多楔带综合了平皮带与V形带的优点，运转速度高、可达传动比大，主要用于传动要求高、功率大等重要的工作场合。

带传动突出的缺点是工作中的打滑问题，不能保证稳定、可靠的传动比。同步齿形带的出现有效地解决了这一问题。如图3—15所示，齿形带使用时需采用相应的同步齿形带轮，其传动为啮合传动，传动带与带轮间无相对滑动，相当于用齿形带将两个齿轮连接起来，兼有齿轮传动和带传动的优点。齿形带传动比可达10，适于高速传动，主要用于传动要求准确的中、小功率传动系统中，如测量仪器、轻工机械、绘图仪、平板扫描仪等。图3—16为用于激光雕刻机激光头移动装置的实例照片。

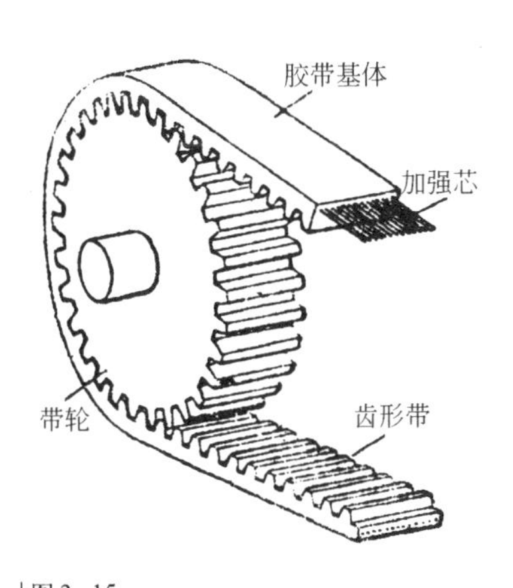

图 3—15
同步齿形带

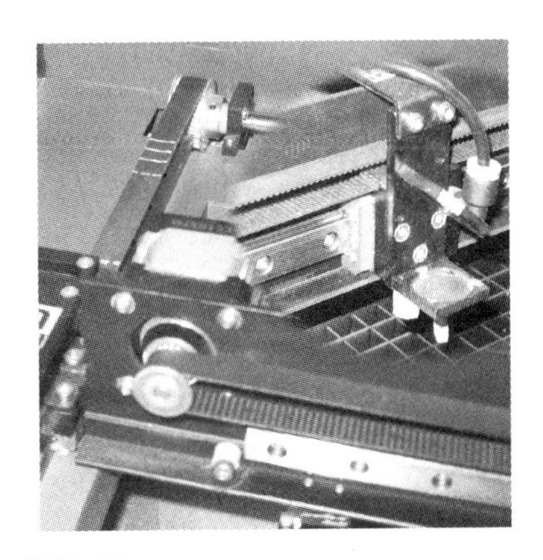
图 3—16
激光雕刻机的齿形带传动

带传动机构中，两带轮轴线可以在同一平面内平行或交叉，也可不在一个平面内，利用传动带与带轮的不同缠绕方法，可构成不同的带传动形式，如图3—17所示。

带传动机构一般设有张紧装置。张紧装置可增加带轮与传动带间的接触压力和接触长度(包角)，也能避免因传动带松弛产生的影响。张紧的方式一般采用施力机构作用在传动带上，通过传动带的环状路径改变实现。根据张紧作用的方式，张紧装置有定期张紧、自动张紧、恒力张紧等几种，如图3—18所示。

3.2.3 链传动机构

链传动机构由主动链轮、从动链轮及环绕在链轮上的封闭链条组成，如图3—19所示。链条由用销轴连接的相同的链节组成，传动工作时，链轮与链条节相啮合，将主动轮的转动和扭矩传递给从动轮。两链轮的轴线一般应保持平行。

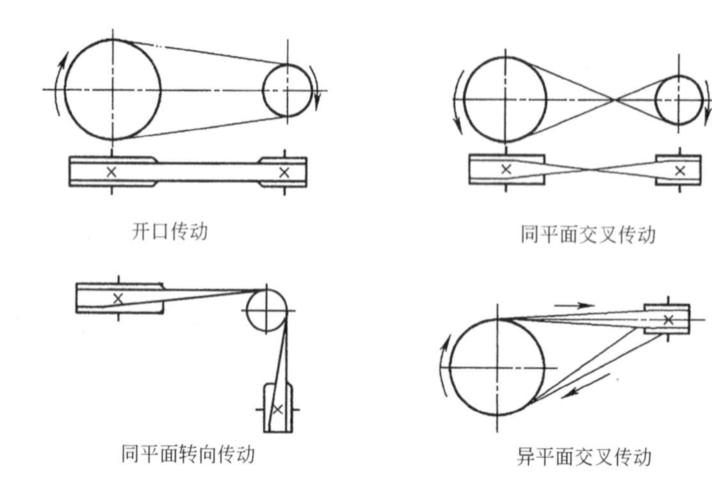

图 3–17
带传动的传动变化形式

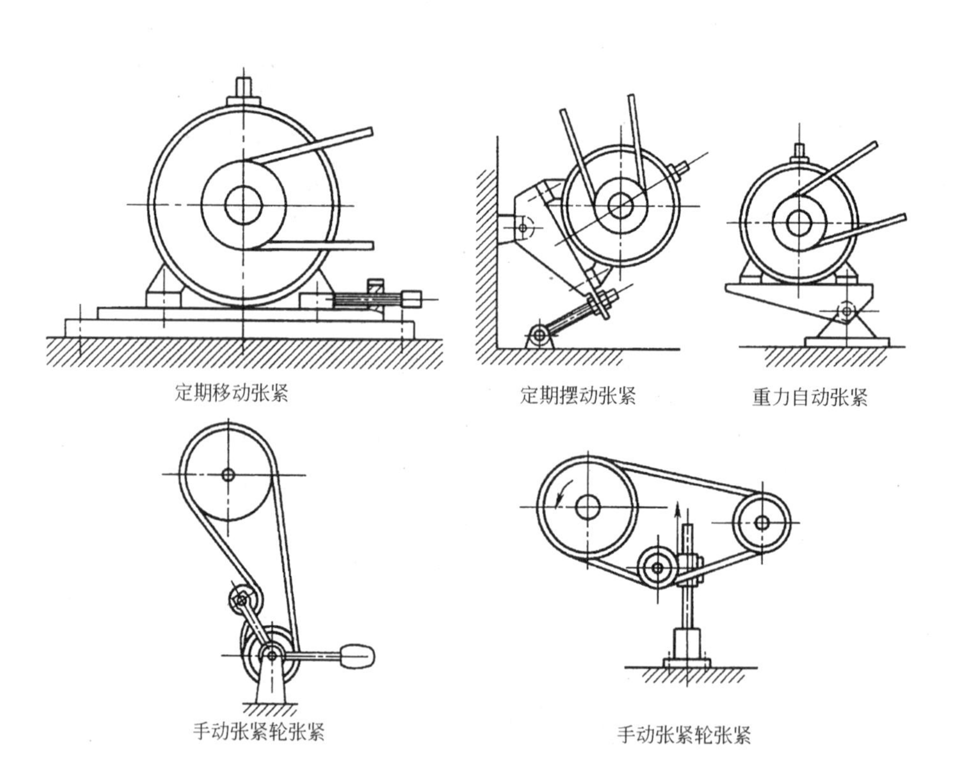

图 3–18
常见带传动张紧装置

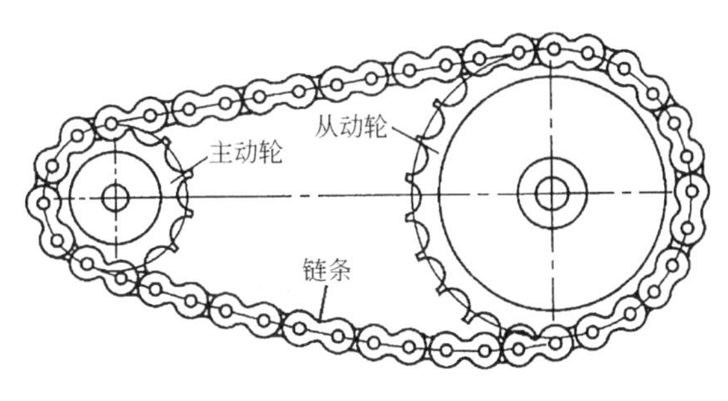

图3-19
链传动机构

链传动属于啮合传动，传动扭矩大、速度高，传动稳定可靠，传动比准确。链传动应用广泛，常见的如自行车、摩托车的传动机构。此外，在大型工程输送设备、轻工自动机、自动生产线等方面也是很重要和常用的传动形式。

链条的种类较多，按用途可分为起重链、牵引链和传动链三种，前两种分别适于起重机械和输送机械使用，其中，用于输送机械的牵引链我们将在下一节结合直线运动机构介绍、讨论。用于旋转传动机构中主要适用传动链。传动链按结构分为滚子链和齿形链两种，如图3-20所示。

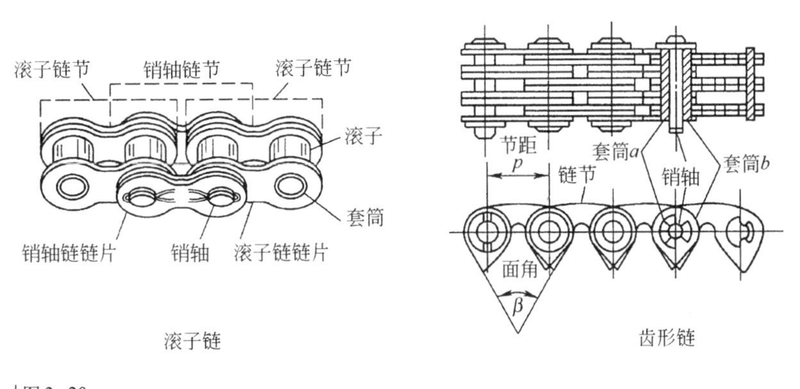

图3-20
传动链结构

滚子链由滚子链节和销轴链节交替连接而成，结构简单、成本低、重量轻，但在传动使用过程链节伸展、节距变化产生振动和噪声。滚子链主要用于中、轻载荷及非高速运转的普通传动场合。齿形链链节两端有与链轮齿面相配合的齿廓翼板，保证啮合时轮齿与链条啮合面紧密贴合接触，运转时噪声小，传动平稳。齿形链的主要缺点是结构复杂、重量大、成本高。齿形链主要用于高速、高精度的传动系统。

用于传递连续旋转运动的链轮，一般主动链轮与从动链轮大小（齿数）不同，以实现转动速度变化。链轮齿的大小及齿廓形状与齿轮类似，在国家标准也已作了标准化和系列化的规定。轮齿大小用节距表示，大节距链轮适于重载传动。

链轮齿数一般选择为奇数，以便磨损均匀。

从动轮与主动轮齿数之比定义为链传动的转速比。由于链传动存在同时参与啮合齿数（包角）问题，链传动的转速比不宜太大，通常取5～6以下。

链传动机构两链轮的回转平面必须在同一平面内，两轴线相互平行。

与带传动相似，链传动也要考虑张紧问题。链传动的张紧主要有调节中心距和在松边设置张紧装置两种方式。采用第一种方法需在传动结构上设计相应的调节装置，如自行车、摩托车链传动中后轮中心位置的调整机构等。对于链轮位置固定、中心距不可调的链传动机构，一般多采用结构简单、有效的张紧轮结构。张紧轮应设在链传动松边，置于链条内侧或外侧均可，通过压迫链条松边、改变链条的行走路径实现张紧，如图3－21所示。张紧轮采用可自由转动的链轮或圆柱滚轮，直径等于或略小于小链轮直径。

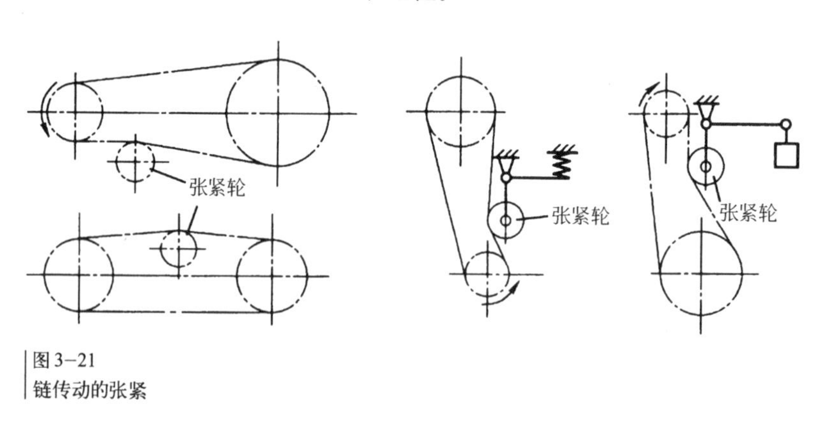

图 3－21
链传动的张紧

3.2.4 摩擦轮传动机构

摩擦轮传动是采用以一定压力保持相互接触的旋转轮，依靠接触摩擦力实现由主动轮向从动轮传递转动和扭矩的传动机构。

如图3－22所示，基本的摩擦轮传动机构由两个相互紧密接触的摩擦轮组成。两轮轴线交叉布置的圆柱摩擦轮，由于圆平面上不同半径处线速度不同，通常圆周面用于摩擦的轮子轮缘倒角或做成圆角形式；将同平面平行轴布置的摩擦轮轮面设计为V形槽式，可增大接触面积，从而增大摩擦力。

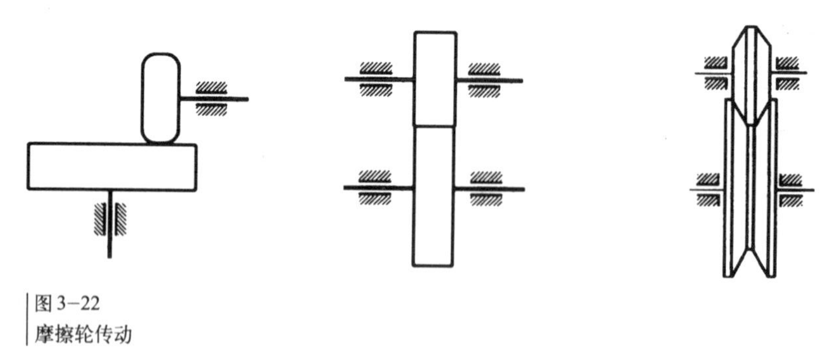

图 3－22
摩擦轮传动

摩擦轮传动的扭矩传递能力主要决定于接触面产生的摩擦力大小，而摩擦接触面积、接触正压力和材料摩擦系数是摩擦力的主要影响因素。因此，在摩擦轮机构设计上，首先考虑选择合适的材料，特别是摩擦轮接触面的材料和表面状况，可在制造、加工时进行特殊的处理，在机构运转中，注意避免接触油脂、粉尘等影响摩擦效果的物质吸附在摩擦面上；其次，在结构设计上，应保证摩擦面大小满足要求，在可能情况下，尽可能加大摩擦接触面积，可采用增加轮宽、改变接触面形状等方法；此外，在结构上，设计合理、可靠的施加压力机构和压力调节装置是保证摩擦轮传动机构有效工作的保障措施。

摩擦轮传动机构最突出的特点是实现变速方便，通过改变摩擦接触位置即可实现变速。特别是，可实现无级变速，并可在系统运转时变速。摩擦轮机构在无级变速装置中应用较多，轮子的形状有多种变化，如图3—23所示。

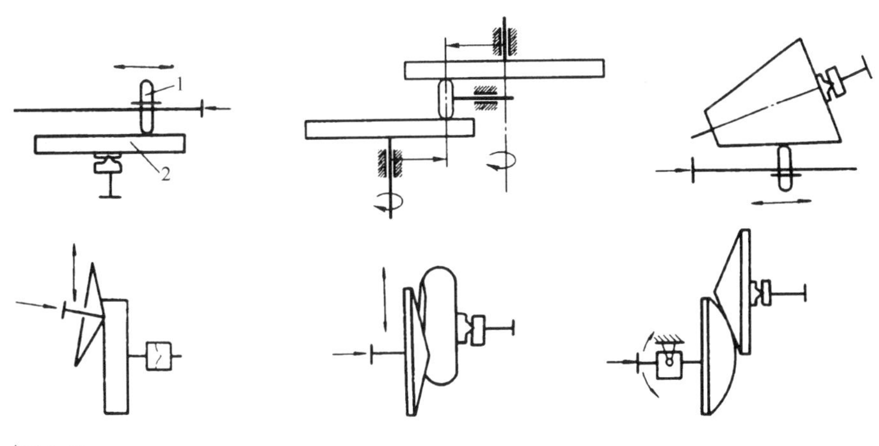

图3—23
几种采用摩擦轮机构的无级变速装置

3.3　直线运动机构

工业产品中需要产生和形成直线运动的情况很普遍，仅次于旋转运动。如车床刀架系统的进给、自动生产线物料和成品的传输、家具推拉门的开合、光盘机光盘架的送进与弹出、打印机(针式和喷墨式)打印头的移动及丝网印刷机刮板的运动等。直线运动机构在产品中主要用于执行机构，由于传动不如转动方式方便，因而采用较少。各种机构中，能产生和提供直线运动的机构很多，本节主要介绍和讨论用于以直线运动方式执行工作或在直线运动过程中完成作业的有关机构，将直线往复运动机构归入下一章介绍。

3.3.1　螺旋传动机构

螺旋传动机构由螺旋轴和螺母组成，螺母为工作执行构件，传动中螺旋轴转动，螺母沿螺旋轴作直线运动，如图3—24所示。

螺旋传动机构一般需设置防止螺母转动装置，如导向轨道、挡铁等，以确保螺母可靠地实现直线移动。主要用于传递运动的螺旋传动机构，螺旋轴又称为丝杠，螺母称为丝杠螺母。

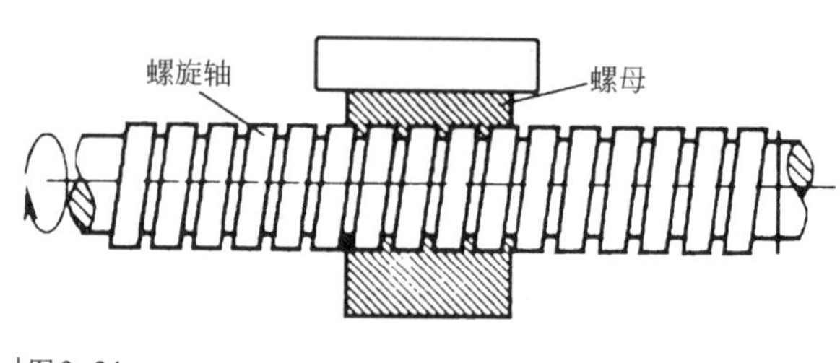

图 3—24
螺旋传动原理

用于螺旋传动机构螺旋轴及配套螺母可采用的螺纹牙形有多种，各有不同的特点、适于不同的工作场合，如图3—25所示。三角牙形螺纹加工容易、自锁性好，但摩擦力大、传动效率低，不适于传递动力的机构。方牙螺纹传动效率高、自锁性较好，但加工困难，磨损后间隙影响传动精度且无法补偿，常用于功率大、精度要求不高的场合，如千斤顶、压力机等。梯形牙螺纹的摩擦力和传动效率介于三角牙形和方形牙螺纹之间，其优点是加工容易，磨损后易于补偿，牙根强度较高、对中性好，广泛用于传递较大功率件的螺旋传动机构。锯齿牙形是方牙和梯形牙的结合体，具有方牙螺纹传动效率高和梯形牙螺纹牙根强度高的特点，主要用于单向承受载荷和传递力的传动机构或机械，如压力机、轧钢机等。

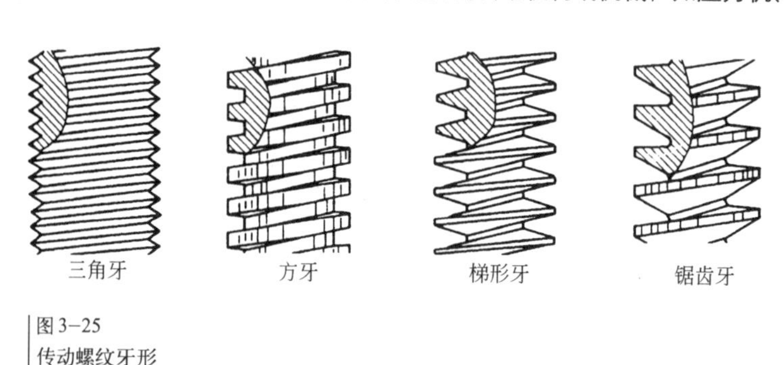

图 3—25
传动螺纹牙形

螺旋机构用于高精度传动时，传动间隙的影响很大，需配合定位、导向装置。如图3—26、图 3—27所示车床的传动系统，采用光杠和导轨与丝杠配合。

螺旋千斤顶主要用螺旋传动动力，执行直线移动的构件可以是螺旋轴或螺母。图3—28所示的千斤顶，螺母为机架，螺旋轴移动顶起负载重物。

普通螺旋传动机构，螺旋轴与螺母的接触面运动方式为滑动，因而摩擦大、效率低，且易磨损，磨损后，影响传动精度，使用寿命低。滚珠螺旋机构采用滚动方式代替滑动，摩擦、磨损大大减小，运转平稳。目前，在很多高速、高精度的传动系统中已得到使用，如数控机床、测量仪器等。滚珠螺旋机构有多种结构形式，图3—29为其中一种。滚珠丝杠机构的主要缺点是加工制造工艺复杂、成本高，自身不能自锁。

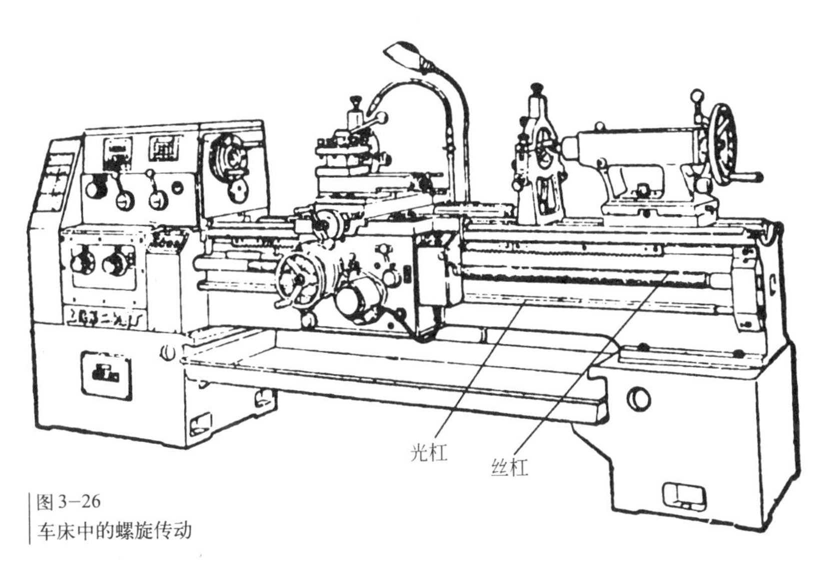

图 3–26
车床中的螺旋传动

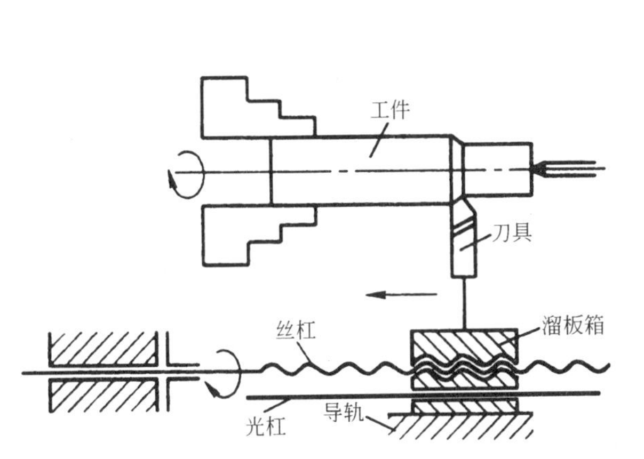

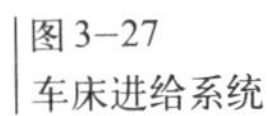
图 3–27
车床进给系统

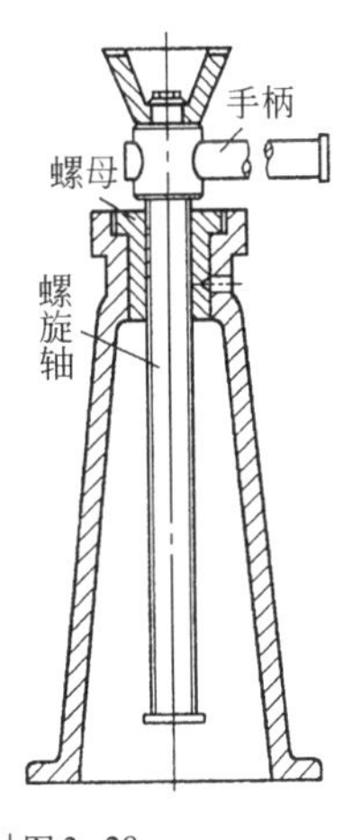

图 3–28
螺旋千斤顶

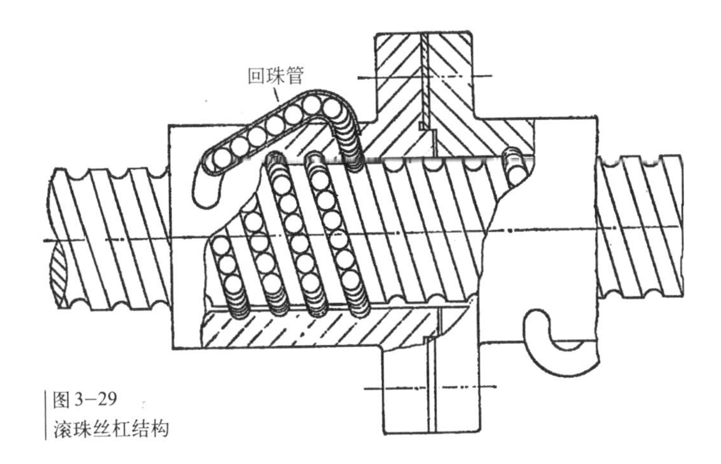

图 3–29
滚珠丝杠结构

3.3.2 链输送、牵引机构

链传动机构是将链条作为传动构件，将主动链轮的转动和扭矩传递给从动链轮，链轮作为工作执行部件。链输送、牵引机构是将链条作为工作执行构件，链轮作为传动构件，将主动链轮的旋转运动转换为链条的直线运动，再通过链条实现输送、牵引等功能、目的。

链输送机构在机械设备上应用广泛，如煤炭、矿石输送机，自动生产线的传送机(带)，物流、仓储系统的货物传送带(机)，印刷机的自动输纸装置等。

最简单的链输送机构是直接用链条托载、输送，如图3-30所示。

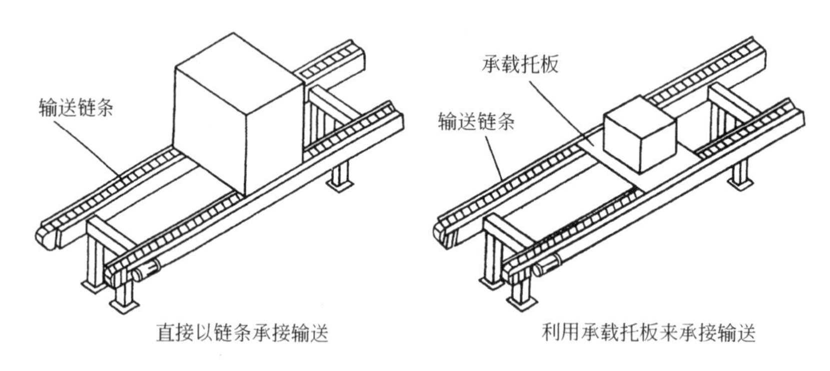

图 3-30
链条输送机

链输送机的链条一般需用导轨支撑并在导轨上移动，轻载时可采用滑动方式，用滚动式链条可大大减小摩擦和动力消耗，如图3-31所示。

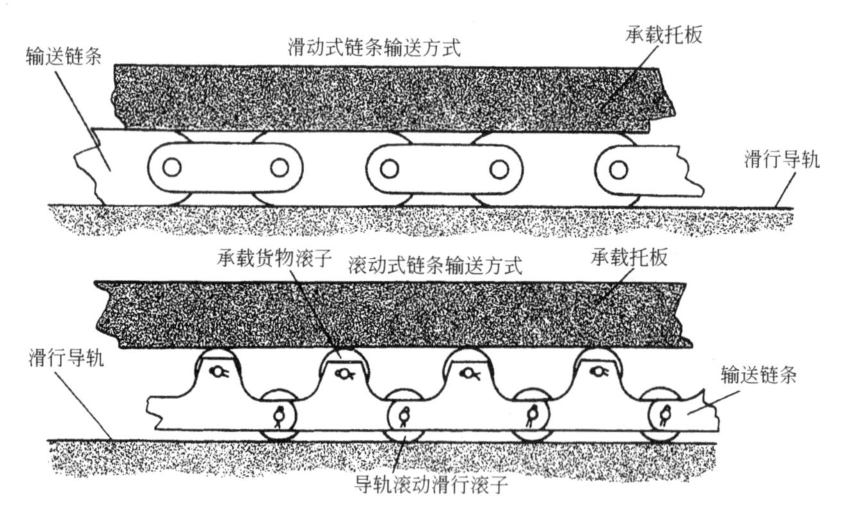

图 3-31
链条在轨道上的支撑方式

输送用链条可选种类较多，应根据使用条件和要求选用。建筑、矿山等工程用输送机工作条件特殊，需使用特制的链条，图3–32为几种承载能力强、用于恶劣工况的链条。

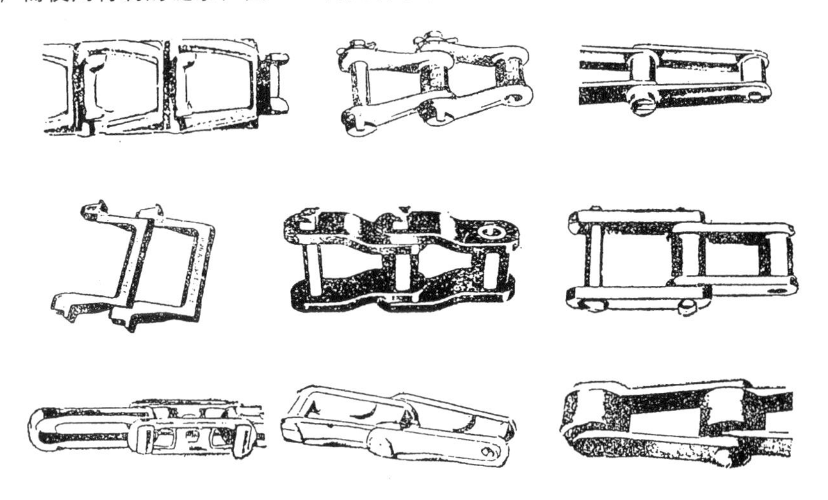

图 3–32
输送机械中使用的链条

各类用途不同的输送机，通过在链条上安装相应的附件满足不同的输送需要。例如，滚动式电梯采用带沟槽整体式平板安装于两侧的链条上，啤酒、饮料及日化产品等轻工自动生产线用输送机则常采用分段式不锈钢片形成一个移动输送平面，输送包装容器及生产成品等，电器组装、香烟包装等工序分段作业生产线采用链条上安装隔离定位推板（杆）输送半成品。图3–33为几种链条附件图。

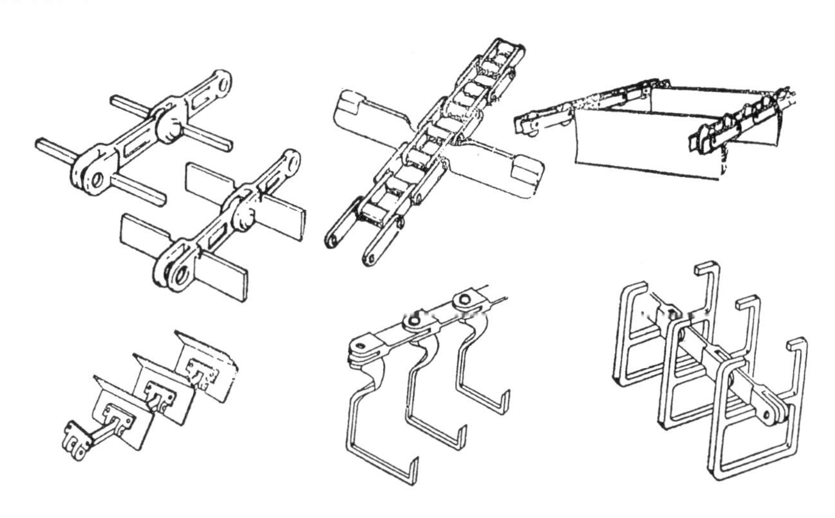

图 3–33
几种链条附件

图3－34为两种用于粉料的链式刮板输送机。

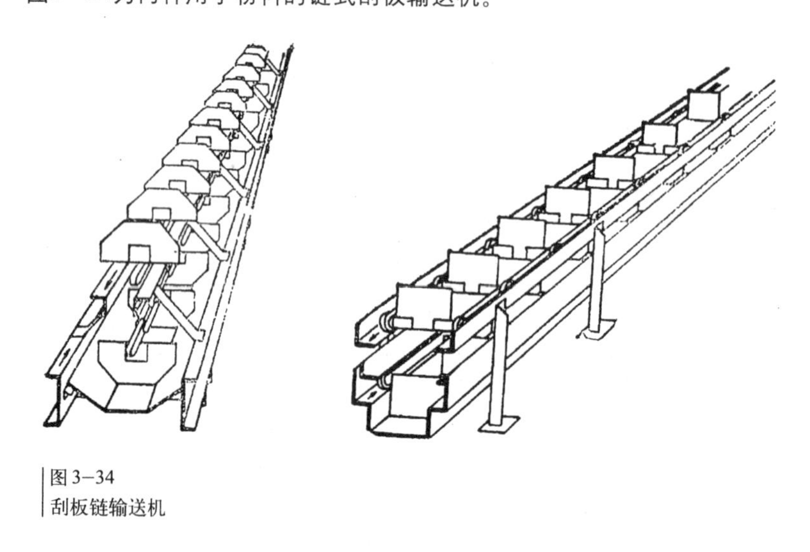

图 3–34
刮板链输送机

图3–35为用于矿山输送矿石或电厂输送煤、炉渣的鳞板输送机。

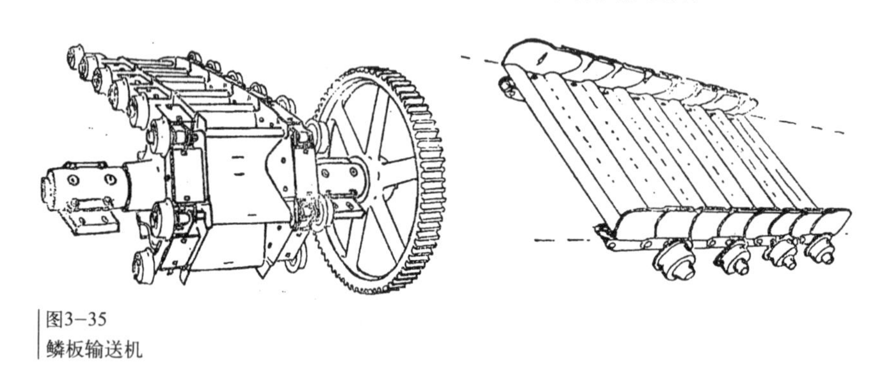

图3–35
鳞板输送机

3.3.3 带输送、牵引机构

与链输送、牵引机构类似，带输送、牵引机构是将皮带作为工作执行构件，带轮作为传动构件，将主动轮的旋转运动转换为皮带的直线运动，利用皮带实现输送、牵引等功能、目的。

皮带输送机采用平皮带，利用皮带外表面输送粮食、化工原料等粉状或粒状散料。皮带输送机结构简单、维护方便、使用广泛，除作为输送原料外，在自动生产线、物流系统分拣中也经常采用。

近年来，在普通皮带输送机的基础上，又发展出了气垫带输送机、磁垫带输送机、封闭管式带等新形式输送机，解决了普通皮带输送机输送过程动力损耗大、皮带跑偏、输送距离有限等问题，大大扩展了带式输送机的应用范围，提高了输送效率。

图3–36为粮库、码头、货运站等广泛采用的皮带输送机，中间等距布置的托辊用于支撑皮带。

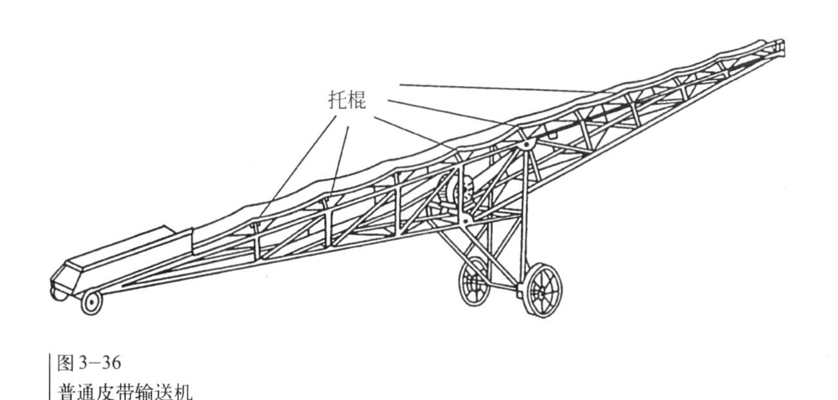

图3–36
普通皮带输送机

普通输送机输送距离越长则皮带张力越大，对皮带的要求越高。在普通皮带输送机皮带下中间位置安装几个较小的胶带机，为输送机增加驱动力，可较好地解决上述问题，如图3–37所示。

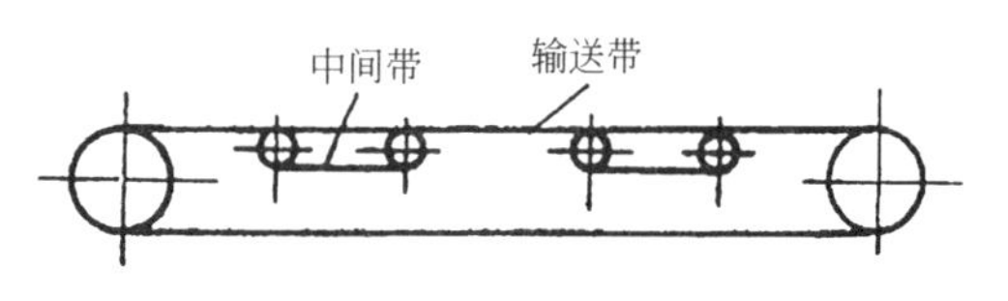

图3–37
中间带驱动的皮带输送机

气垫带输送机的设计思想是在输送皮带下构造一个气床，减少输送带的运动摩擦阻力。图3–38为气垫带输送机的结构和工作原理。

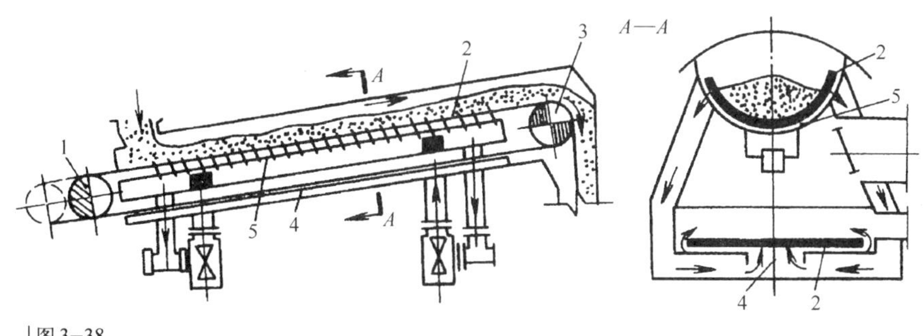

图3–38
气垫带输送机工作原理
1—张紧装置；2—胶带；3—驱动滚筒；4、5—气室

磁垫带输送机是利用磁悬浮原理使输送带处于悬空状态，减少输送带的运动摩擦阻力。磁垫带输送机使用的皮带为特制的具有磁性的胶带。图3–39为磁垫带输送机的工作原理。

封闭管式带输送机采用特制的皮带，在输送机两端带轮滚筒处，皮带为展平状态，中间段封闭于吊具上，如图3–40所示。封闭管式带输送机输送距离可达数千米，且可转弯、越障。

最常见的带传动牵引机构是用于起重机械的滑轮组绳牵引装置。在现代很多机电产品中，使用皮带牵引定位工作装置。例如，收音机频率调谐指针的移动、绘图机的绘图笔的定位和移动、上一节给出的激光雕刻机激光头的移动等均采用了皮带同步牵引。需指出的是，对运动精度要求高的运动牵引，移动装置最好利用刚性导轨导向，图3-41的扫描仪就是例子。

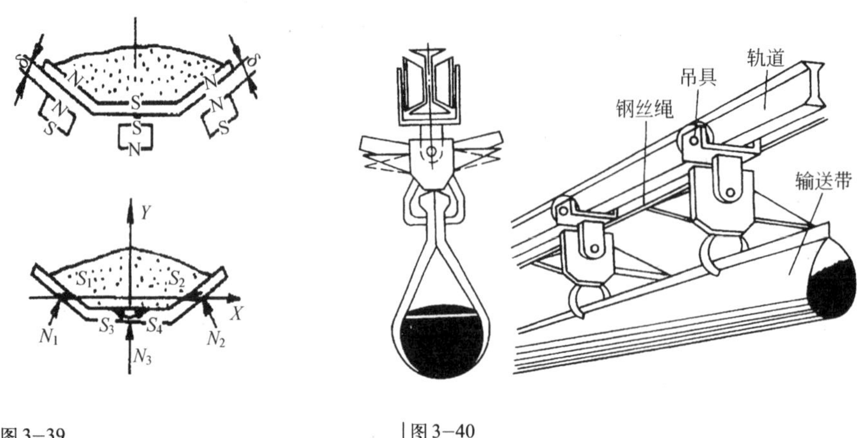

图 3-39
磁垫带输送机工作原理

图 3-40
封闭管式带输送机

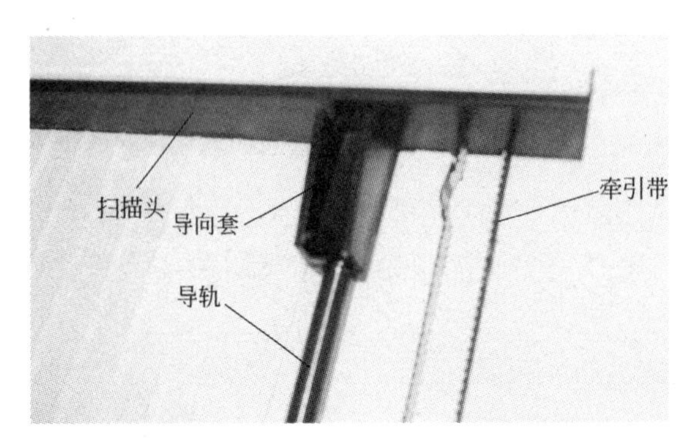

图 3-41
平板扫描仪的皮带牵引机构

3.3.4 滚筒、滚轮输送机构

滚筒、滚轮自身的运动方式是转动，但将多个滚轮或滚筒较密集地同方向规则排列在一个平面内，置于其上的物品将随着滚筒、滚轮的旋转产生移动，从而实现物品的输送。

图3-42为滚筒输送机工作示意图，通常，用于传送的物品以底面长度占3个滚筒为宜。

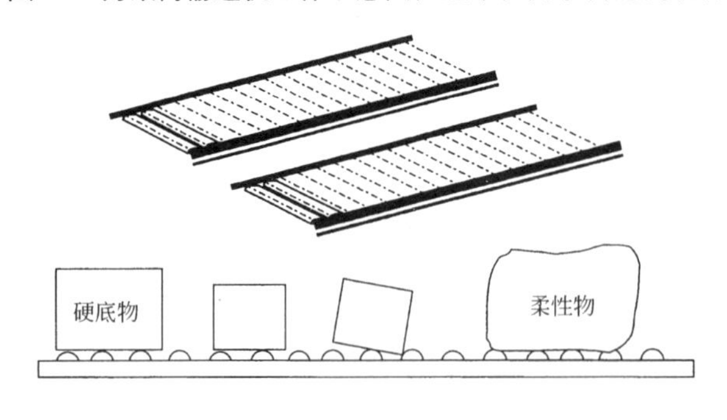

图 3-42
滚筒输送机工作原理示意图

滚筒输送机分为有动力和无动力两种，后者一般需要与水平面呈一定角度倾斜安装，利用重力实现传输。图3—43、图 3 —44为常见的滚筒驱动方式。扇形排列滚筒，可实现输送过程物品的转弯。

滚轮输送机采用无动力重力输送方式工作，图3—45为滚轮输送机的设计要求和结构组成。

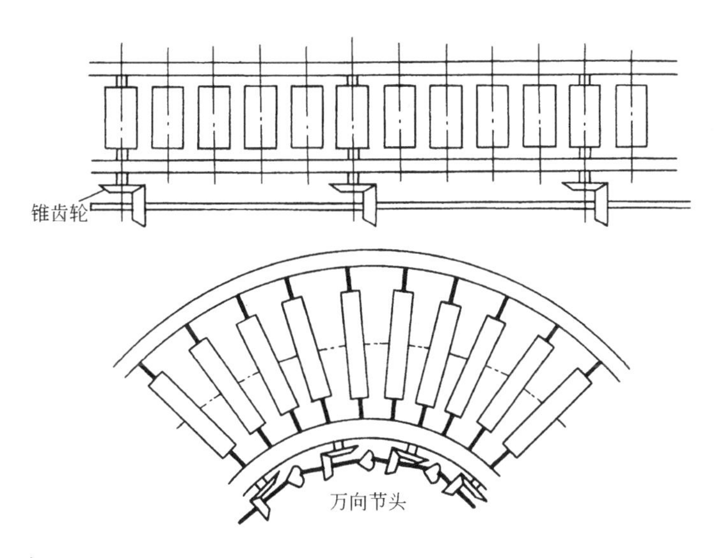

图 3—43
滚筒输送机的齿轮传动

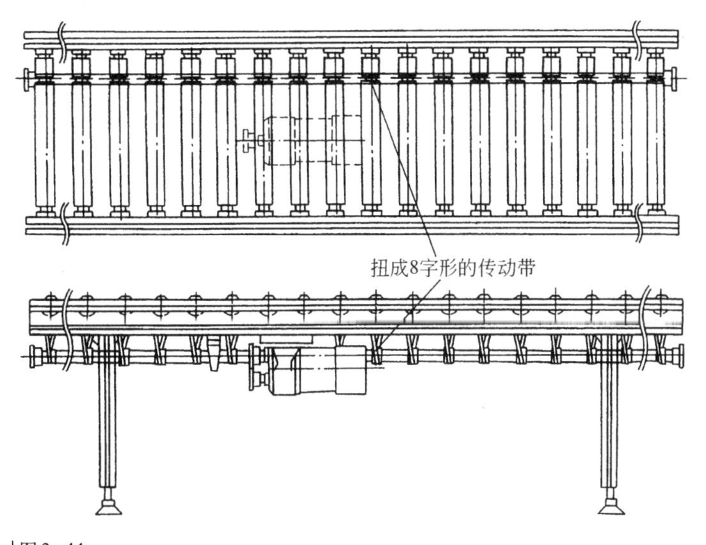

图 3—44
滚筒输送机的皮带传动

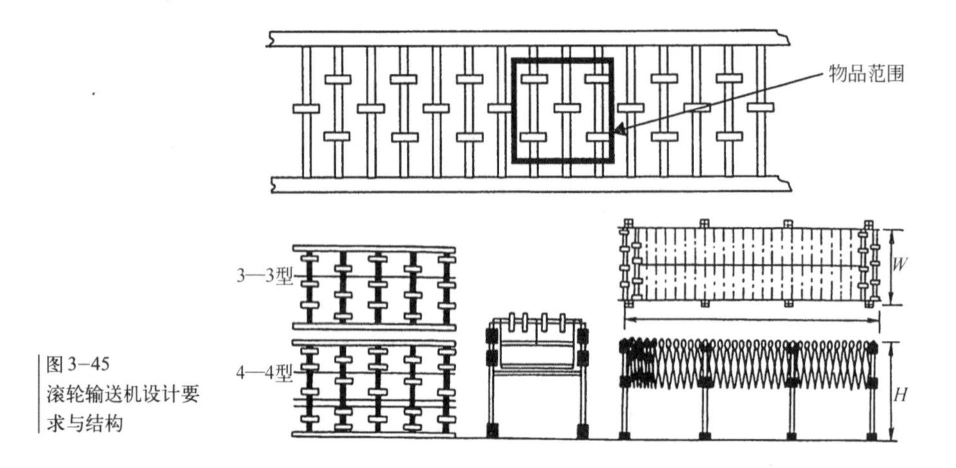

图 3−45
滚轮输送机设计要求与结构

3.4　曲线运动机构

曲线运动主要用于一些有特殊需要的机械上，利用曲线运动机构可实现、完成一些特定和巧妙的执行动作。

四连杆机构三个活动连杆构件中间的连杆构件上某些点的运动规律随各构件尺度的改变，可能形成各种各样的特殊运动轨迹，如图3−46所示，往往在机械中可得到应用。机械中需要的曲线运动主要是利用连杆机构获得。

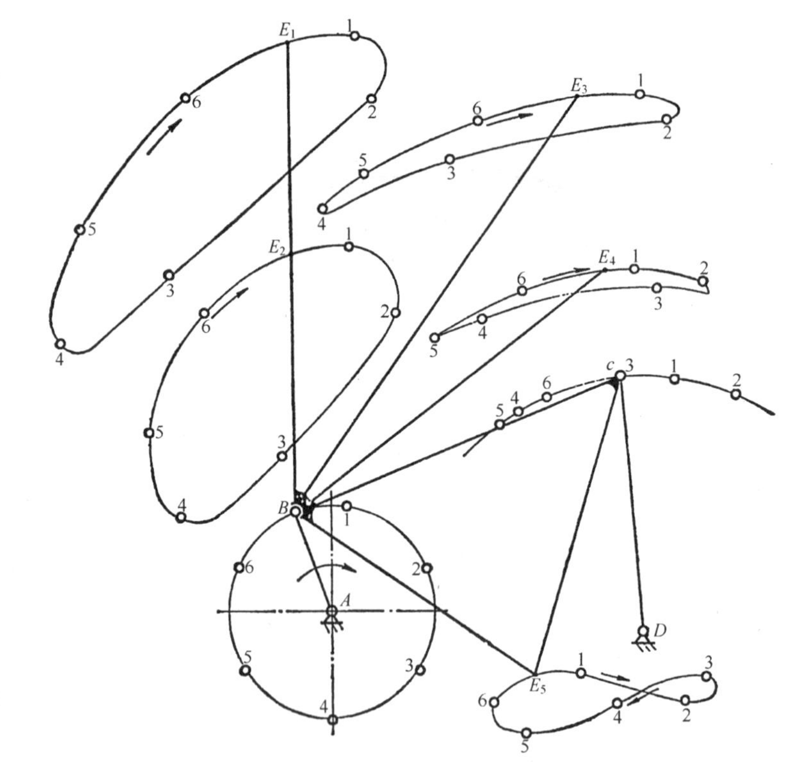

图 3−46
连杆机构产生的曲线运动轨迹

图3-47为电影胶片放映机的拉片机构。电影胶片放映时，要求胶片快速间歇移动。机构中利用四连杆机构中间连杆末端行走的近似字母D形的轨迹，将拉片爪安装在2杆末端，机构运动时，拉片爪近似垂直插入胶片两侧的孔中，然后拉动胶片直线移动一段距离，最后，拉片爪垂直退出胶片齿孔，胶片在拉片爪沿曲线回程时保持静止不动，拉片爪回到初始位置完成一个运动循环。

图3-48为一多排辊冷轧机的轧辊摆动机构。轧钢机轧制工件时，轧辊沿不同的轨迹行走轧制工艺效果差别很大。图中所示的轧钢辊摆动机构是利用四连杆机构形成的，连杆2上的E、E_1、E_2、E_3、E_4点分别行走出程度不同的扁椭圆形（近似），若在这些点分别安装多个轧辊，在机构连续运转时，这些轧辊的行走轨迹包络线将形成图中工件的变形曲线，这正是设计所希望的。由此在工件两边各设置一个这样的连杆机构就形成了所谓的多排轧辊轧钢机轧辊机构。利用这一机构可进行连续冷轧作业，轧制工艺性得到保证。

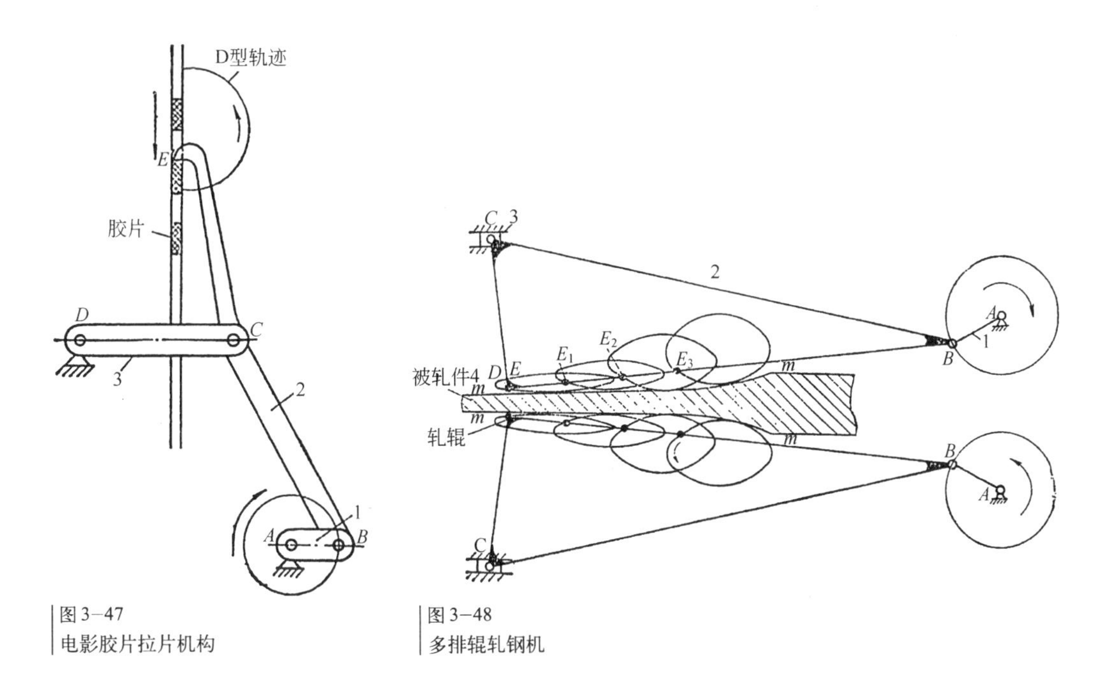

图3-47
电影胶片拉片机构

图3-48
多排辊轧钢机

值得指出的是，上面的机构图用于分析很有效，但不能直接作为轧钢辊机构的结构，需变化为可行的运转结构，才能制造出所需的机构。

图3-49为另一轧钢机轧辊的曲线运动驱动机构。图中虚线表示轧辊的运动轨迹，轧辊行走图示的轨迹可更有效地一次完成轧制作业，工艺性好。这一机构的本质是5连杆机构。

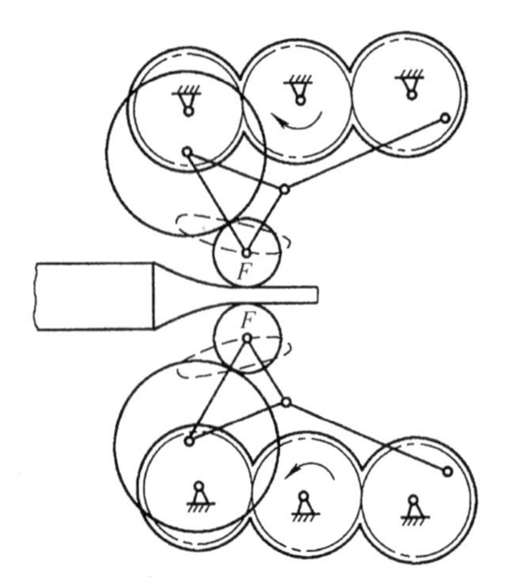

图 3-49
单辊轧钢机

第4章 往复、间歇运动机构设计

产品对运动功能的需要是复杂多样的，大量机械、电子产品要求执行机构完成和实现一些往复循环简单动作或按照一定的节拍工作，如电风扇的自动摆头运动、空调器送风叶的往复循环摆动、自动生产线按一定节拍的间歇运动及安装、加工机械手按设计既定程序重复执行规定动作和作业等，这就需要在产品结构上采用合适的机构配合实现。

本章主要围绕实现往复运动、间歇运动介绍、讨论有关的各种实现机构，此类机构种类较多，使用中形式变化灵活，但了解、掌握这些机构对于产品开发与创新、合理实现产品设计功能等都很重要。

4.1 概述

往复运动从形式上有往复直线运动、往复摆动、往复曲线运动和往复复杂运动等几种，其中往复直线运动和往复摆动最常见，应用也最广。

机构通常按机构结构特征命名，实现往复运动的常用机构主要有凸轮机构、曲柄滑块机构、曲柄摇杆机构等。此外，气缸、液压缸可实现直线往复运动，摆动液压缸可实现往复摆动。

利用电磁原理也可实现往复移动和摆动，在现代电子产品特别是数字控制产品中，使用电磁原理的机构可实现精密的运动控制，图4－1为计算机硬盘结构，其寻道机构的运动控制就是利用电磁原理实现的。

往复曲线运动通常由连杆机构实现，主要用于有特殊执行动作要求的连续循环工作机械，如缝纫机的缝纫引线动作、织布机的编织运动等。图4－2为两种实现往复曲线运动的连杆机构，可用于实现缝纫机引线运动的执行机构等。由于曲线往复运动机构的设计、分析比较复杂，对于工业设计师而言，在产品设计中应重点关注设计概念、实现原理和运动的可实现性等，具体结构设计可与产品相关专业设计工程师或结构设计师配合完成，因此，本章对往复曲线运动机构将不再作进一步的介绍和分析。

图 4—1
计算机硬盘的摆动寻道装置

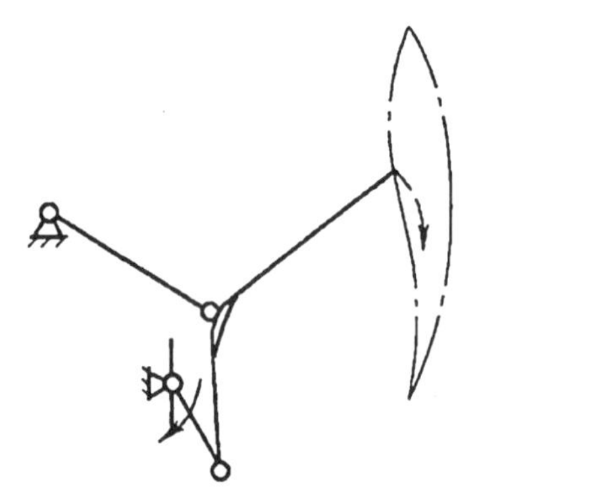

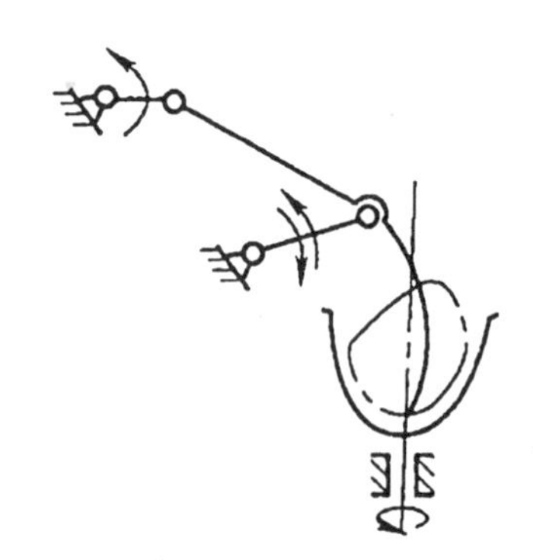

图 4—2
两个实现往复曲线运动的连杆机构

间歇运动是机构或机械设备、产品随时间的推移顺次规律地执行运动和静止，按一定的工作节拍循环作业或完成工序步骤。产品根据功能需要对运动动作的要求是多种多样的，如钟表的指针作间歇的跳动，电影放映机胶片作高速的间歇移动，发动机的气门按规律开启、闭合，这些都属于间歇运动。

现代化机械设备能完成很复杂的工作且自动化程度很高，特别是自动生产线，须协调执行很多工序动作，图4－3为裹包机执行的工序动作分解图。这些工序均需要一定的时间，很难实现连续运动完成，因此，多按间歇运动方式工作。

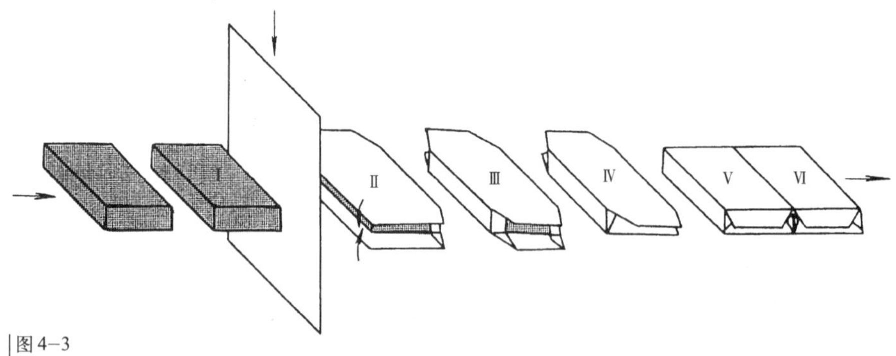

图 4—3
裹包工序执行动作顺序分解图

设计中，将复杂工作分解工序后，需结合各工序的完成时间和顺序安排空间布置，如图4－4所示，进而采用合适的间歇运动机构实现设计。

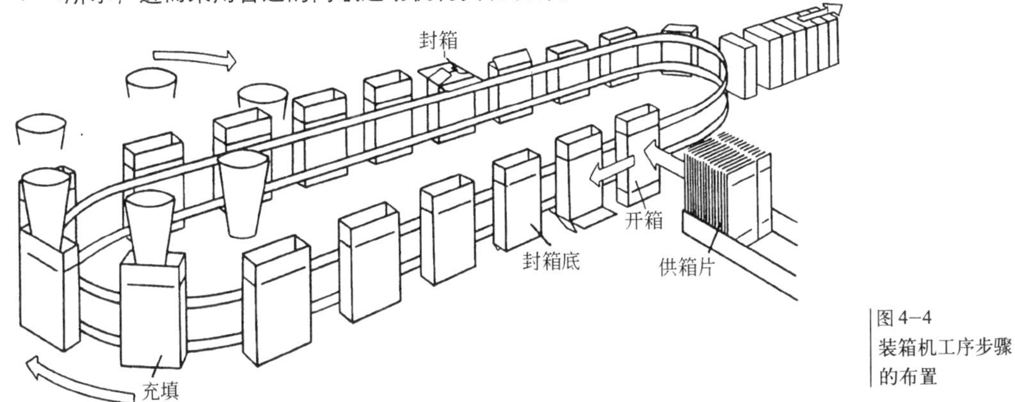

图4－4
装箱机工序步骤的布置

实现间歇运动的常见机构主要包括槽轮机构、棘轮机构、圆柱凸轮机构、欠齿轮机构、连杆机构和各种组合机构等，可分别实现旋转间歇运动、直线间歇运动、间歇曲线运动及复杂间歇运动等。

间歇运动机构停留位置的准确性对很多机械而言更重要，特别是强调高速运转效率的机械设备，如啤酒、饮料灌装机、贴标机、香烟盒包装机等。从定位的角度看，这些机构也称为分度机构。

4.2　往复运动机构

4.2.1　凸轮机构

基本的凸轮机构由凸轮和从动杆件组成，凸轮轮缘与从动件紧密接触，凸轮为主动构件，凸轮旋转驱动从动件作往复直线运动，如图4－5所示，杆件上的弹簧是用于保持杆件与凸轮接触作用的。

凸轮机构的种类很多，有不同的性质和特点，使用于不同情况。图4－6为在基本凸轮结构基础上，从动杆接触端头的常用变化形式。

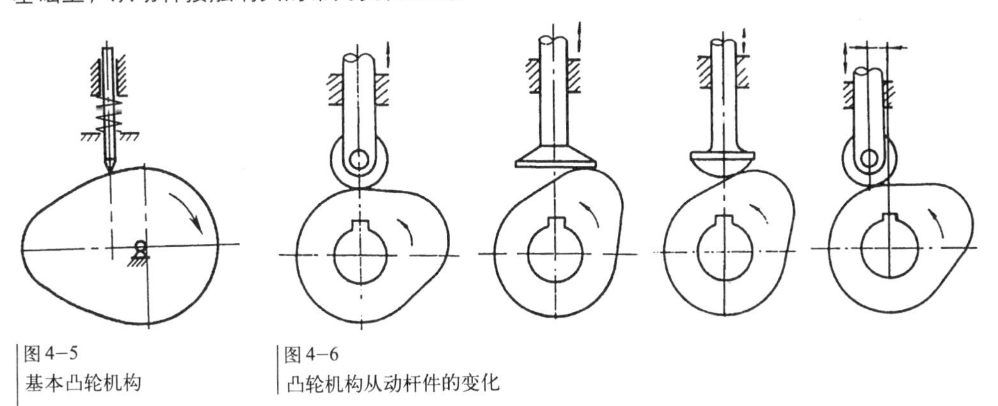

图4－5
基本凸轮机构

图4－6
凸轮机构从动杆件的变化

凸轮的形式变化对凸轮机构的功能、性质影响很大，如图4－7所示。其中，可调凸轮是在圆柱滚筒表面用螺钉安装一些形成凸轮曲线的零件，调整、更换这些零件即可达到调整凸轮运动的目的；移动凸轮用的主动件运动为移动；反凸轮是将凸轮曲线制作在从动构件上。

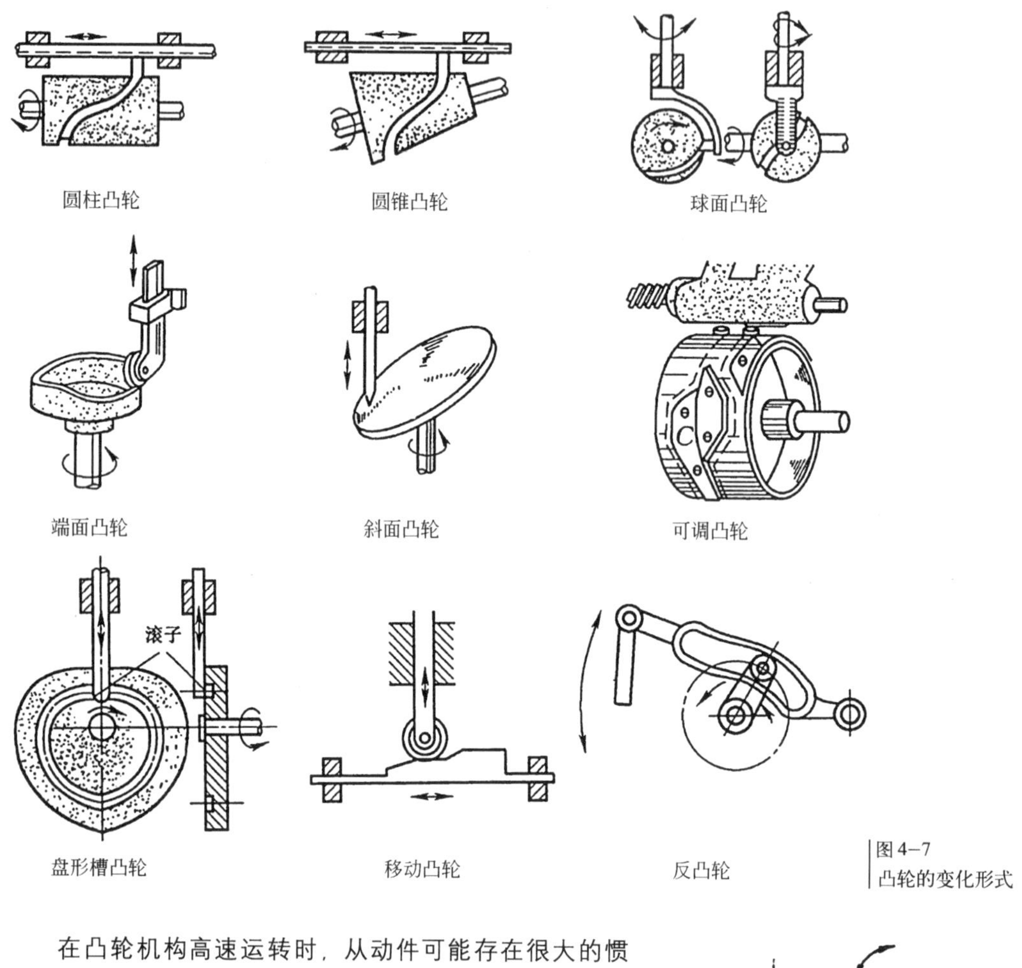

图4－7
凸轮的变化形式

在凸轮机构高速运转时，从动件可能存在很大的惯性力，利用施加于从动部件上的弹簧弹力无法确保凸轮和从动件不脱离接触。在凸轮上开设沟槽，将从动构件端部夹在凸轮沟槽内，可避免上述现象发生，使凸轮机构准确、稳定、可靠地工作，这种形式的凸轮机构称为确动凸轮机构。图4－7中的圆柱凸轮、圆锥凸轮、球面凸轮、盘形槽凸轮、反凸轮等都属于确动凸轮。

将凸轮机构从动构件解除导向限制，自由端用活动铰链连接固定，从动件可实现往复摆动，如图4－8所示。

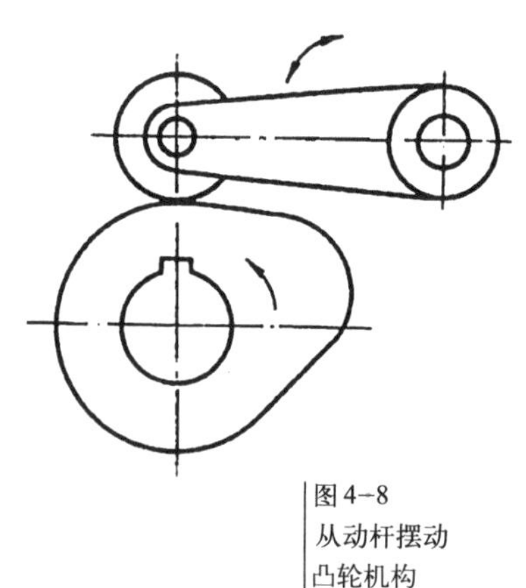

图4－8
从动杆摆动
凸轮机构

图4－9所示的凸轮机构属于一类特殊的凸轮机构，称为圆柱分度凸轮机构，其输出为间歇转动，运动准确、可靠，可实现高速、精确分度定位，详见后面有关章节。

利用凸轮机构可由简单的转动、移动获得复杂的往复移动、往复摆动和间歇运动，从动构件的运动规律取决于凸轮曲线形式。凸轮曲线的设计比较复杂，一般需根据所要求的构件运动规律反算，利用计算机计算凸轮曲线是目前较有效的常用方法，详见有关专门讨论凸轮设计的书籍、资料。

凸轮的应用很广，以下列举几个实际例子。

图4－10为发动机气门启闭的实例，凸轮旋转推动从动杆件往复移动，杆件再通过摇臂压迫气阀开启，气阀的关闭靠弹簧作用。气阀的开启、关闭时间决定凸轮的轮廓曲线。

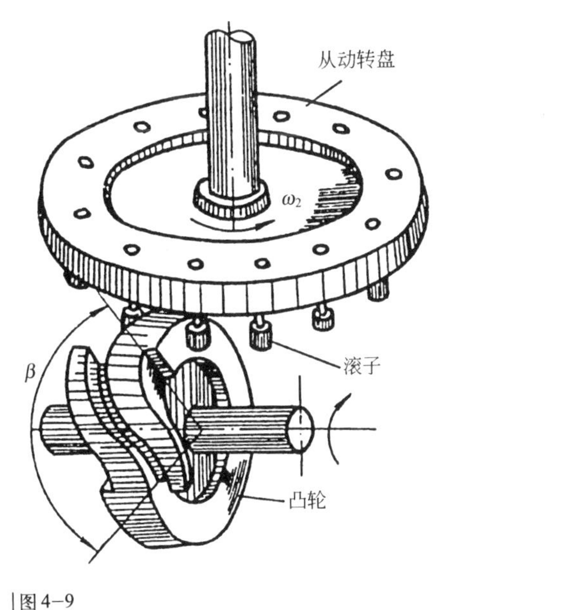

图4－9
圆柱分度凸轮机构

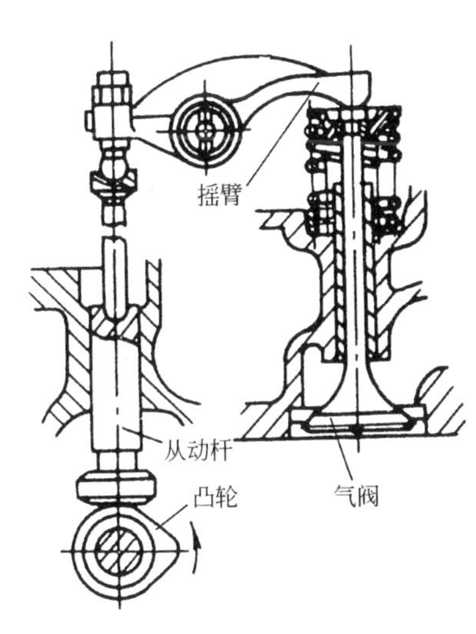

图4－10
凸轮在发动机的应用

图4－11为机床床头箱变速的操纵机构。两组多联齿轮在变速时各只有一个进入传动链起作用，共有六种组合，圆柱凸轮上有两组曲线对应控制两组齿轮，在曲线的不同位置组合对应六种齿轮组合状态，圆柱凸轮与控制手柄相连，旋转手柄转到不同的位置则对应某一速度档位。

图4－12为自动车床刀架进给的机械控制机构。安装在分配轴16上的3个凸轮同步转动，分别推动3个摆杆摆动，摆杆4通过扇形齿轮7和齿条10驱动后刀架13，摆杆5通过齿条8驱动前刀架15，摆杆6通过扇形齿轮9、连杆12和齿条11驱动上刀架14。各凸轮轮廓曲线控制各刀架协调配合运动。

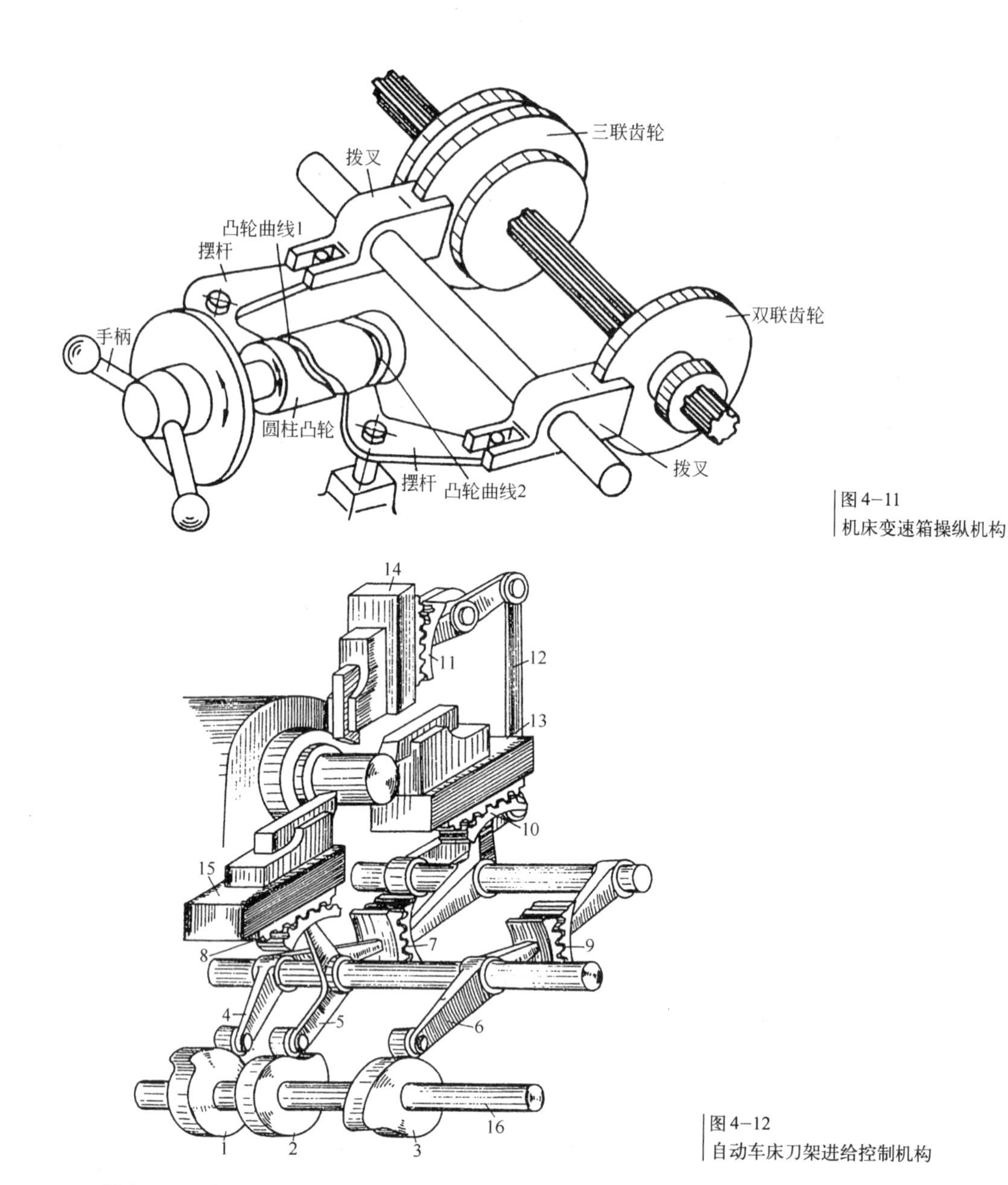

图 4－11
机床变速箱操纵机构

图 4－12
自动车床刀架进给控制机构

图4－13为包装机上纸盒折叠成型机构应用凸轮的例子。纸盒折叠成型是模仿手工折叠的动作进行的，四个折臂分别由四个凸轮控制协调工作。

图4－14、图4－15为另外两个凸轮在机械设备上的应用实例，请读者自己分析其工作原理。

4.2.2 连杆机构

往复运动的常用连杆机构主要有曲柄滑块机构、曲柄摇块机构和曲柄摇杆机构，分别可实现往复直线运动和摆动。

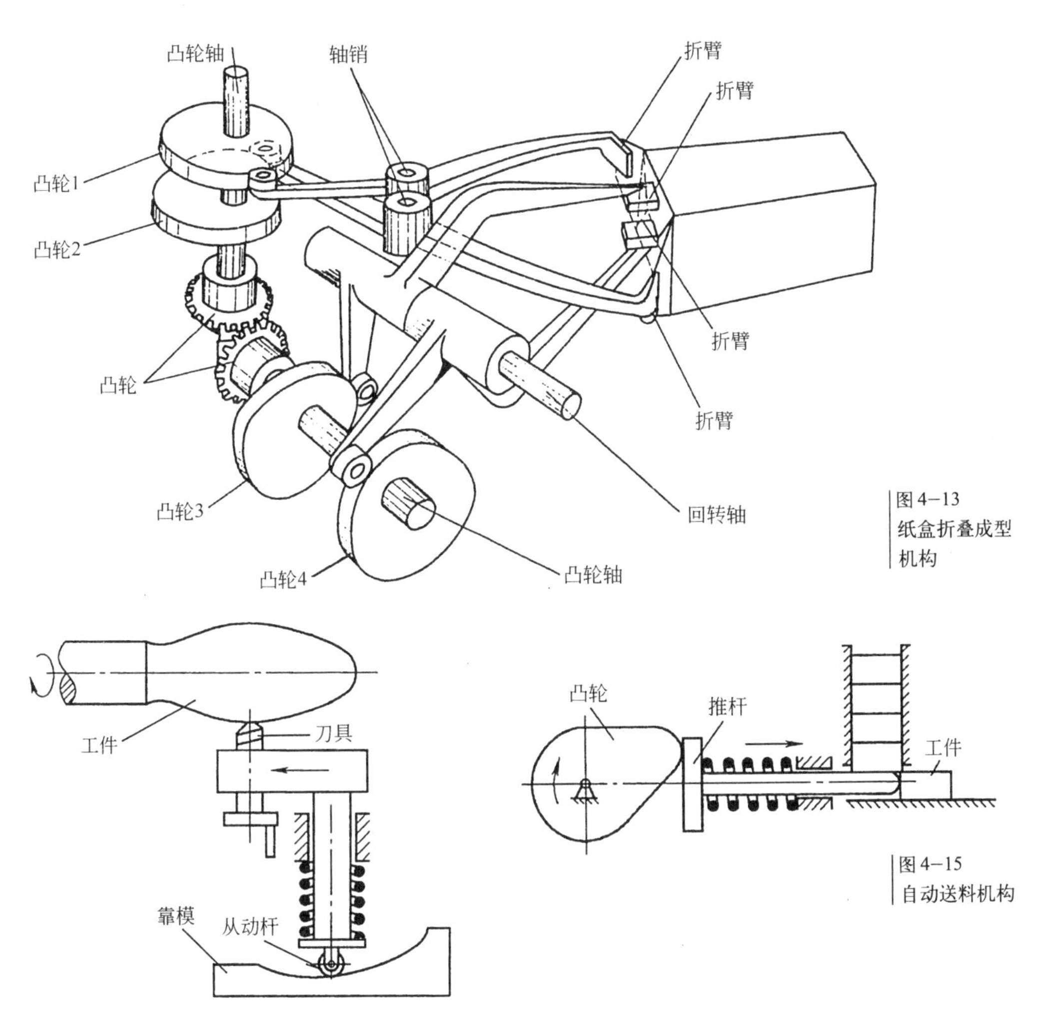

图4-13
纸盒折叠成型机构

图4-14
靠模切削装置

图4-15
自动送料机构

如图4－16所示，曲柄滑块机构将来自曲柄1的连续转动转换为滑块3的直线往复运动。反过来，若滑块3作为原动件，曲柄滑块机构可用于将直线移动转化为曲柄1的转动。

类似地，对于图4－17所示的曲柄摇杆机构，来自曲柄1的转动可通过机构转换为摇块3的摆动及杆2的伸缩。若以杆2的伸缩作源驱动，则可获得杆1的转动和摇块3的摆动。

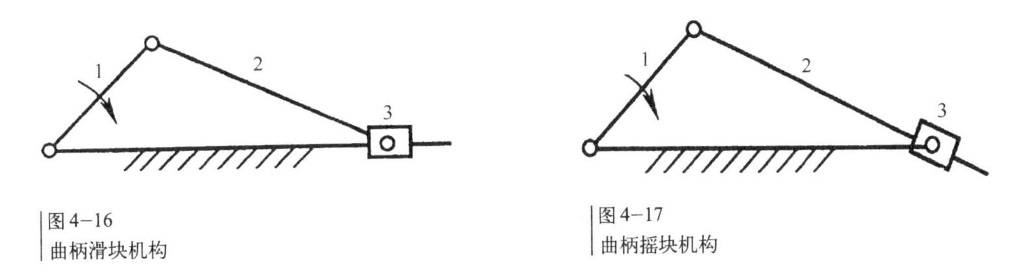

图4-16
曲柄滑块机构

图4-17
曲柄摇块机构

值得指出的是，在具体产品设计应用实践中，应根据具体情况灵活运用基本机构原理。事实上，很多产品中，都是采用连杆机构的变化形式进行工作的。

下面，我们来看几个具体应用实例。

图4－18的汽车车门启闭机构本质为一曲柄滑块机构，但是曲柄用气缸作为转动的动力源，车门相当于曲柄滑块机构中的连杆。气缸推动与活塞杆铰接的角形摆杆3绕固定销轴A转动，滑块C在滑道内移动，作为连杆的车门作平面运动，由关闭位置Ⅰ到开启位置Ⅱ。

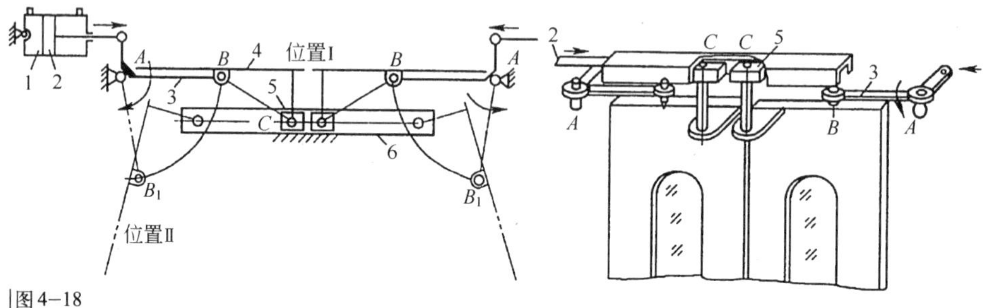

图4－18
汽车车门启闭机构
1—气缸；2—活塞；3—角形摆杆；4—车门；5—滑块；6—滑道
A—固定轴心；B—活动轴心；C—滑块

图4－19为一种新型曲柄滑块往复活塞式车用空压机。该机无连杆，用一短圆柱形滑块将曲柄与活塞相连，滑块随曲轴旋转，同时在活塞上的圆筒形导轨上滑动，迫使活塞作往复运动。

图4－20的手摇唧筒机构采用的机构属于曲柄滑块机构的变种，是将滑块作为机架，也称之为曲柄滑块导杆机构。

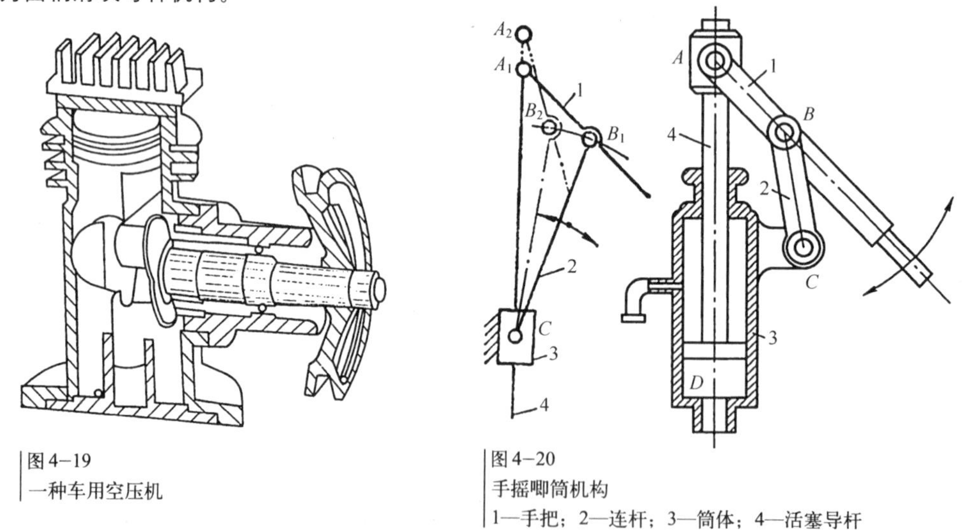

图4－19
一种车用空压机

图4－20
手摇唧筒机构
1—手把；2—连杆；3—筒体；4—活塞导杆

图4－21载重汽车的自卸结构为曲柄摇块机构的反用，以连杆（液压缸）为驱动源，曲柄（车厢）为执行构件。

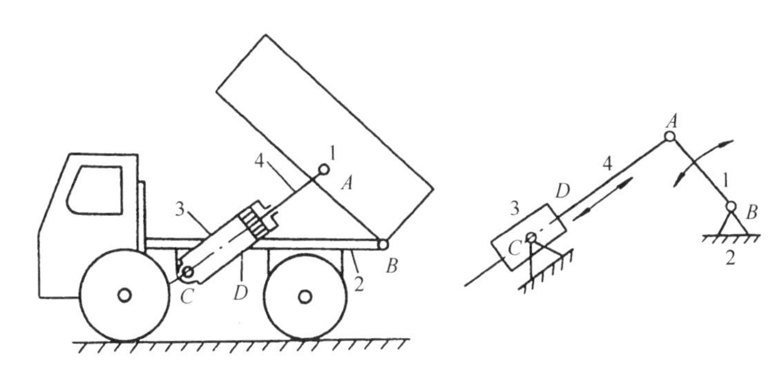

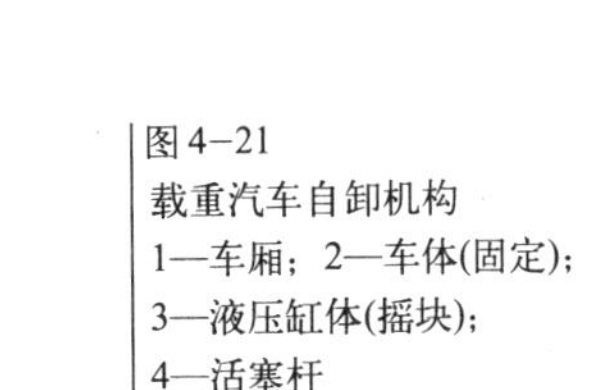
图 4–21
载重汽车自卸机构
1—车厢；2—车体(固定)；
3—液压缸体(摇块)；
4—活塞杆

图4－22的自动送料机构采用标准曲柄滑块机构实现。

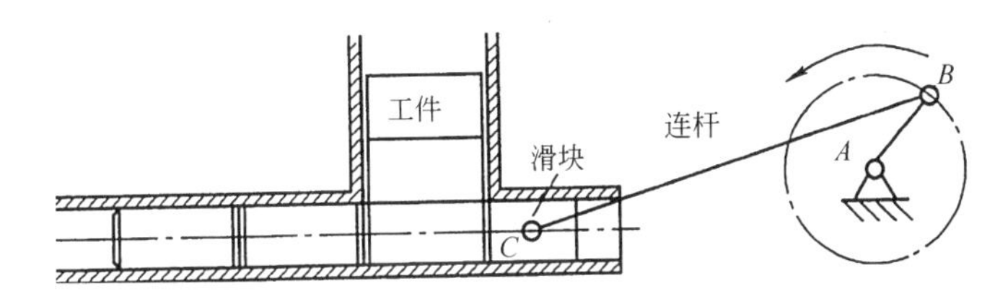

图 4–22
自动送料机构

四连杆机构根据从动杆的运动特点可分为曲柄摇杆机构、双曲柄机构和双摇杆机构。曲柄摇杆机构可将连续旋转运动转换为往复摆动，反之，以摇杆作为动力源，可由曲柄获得连续转动。图4－23缝纫机的脚踏机构就是典型的曲柄摇杆机构应用实例，踏板摆动驱动曲柄杆转动，再通过固连于曲柄连杆上的皮带轮驱动缝纫机运动。

图4－24的插齿机传动系统采用曲柄摇杆机构实现插齿刀的往复直线运动。值得注意的是，由于扇形齿轮固连在摇杆3上，设计中各连杆的尺度需合理，保证扇形齿轮、齿条啮合部正确。

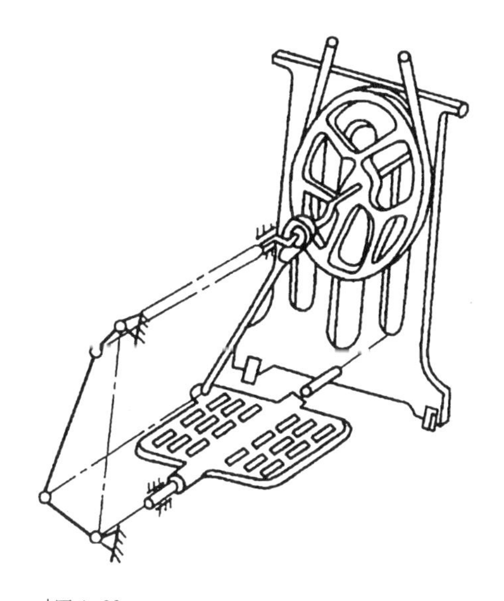
图 4–23
缝纫机脚踏驱动机构

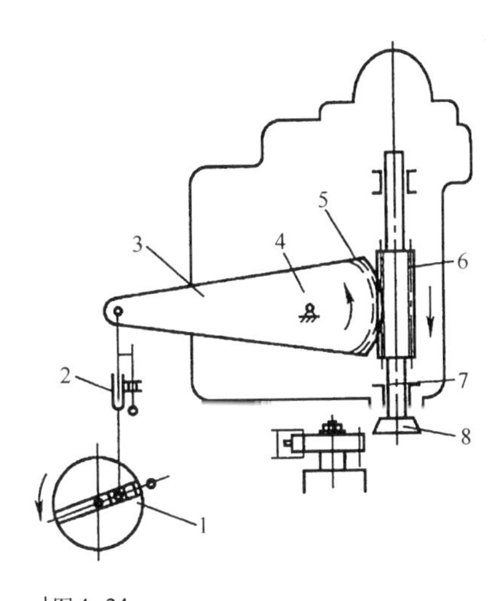

图 4–24
插齿机传动机构
1—偏心轮(曲柄)；2—连杆；3—摇杆；4—铰支点；5—齿轮；6—齿条；7—主轴；8—插齿刀

仅利用单一的连杆机构，变化是有限的，不能满足产品功能设计要求。产品设计中，经常组合使用基本连杆机构，以实现产品功能设计要求。

图4－25所示机械式气压测量表采用串接在一起的曲柄滑块机构和曲柄摇块机构构成多杆复合机构实现测量压力功能。两个机构都是基本机构变化使用，曲柄滑块机构由气囊1推动滑块驱动机构运动，使杆件3(曲柄)转动，杆件3为两个机构共用构件。由构件3、4、7和机架构成的反用曲柄摇块机构中，杆件3(基本曲柄摇块机构中的机架)作为转动驱动构件，使杆件4转动，再通过固连于4的齿轮机构驱动表针运动，读出压力值。后面的机构主要起放大作用。

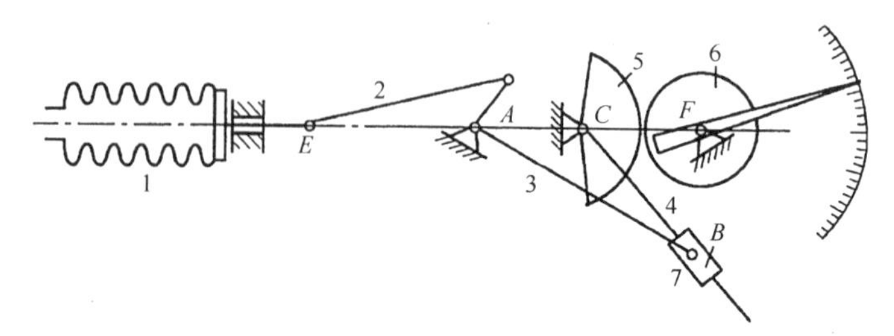

图4－25
气压测量表机构
1—移动导杆；2—连杆；3—曲柄；4—导杆；5、6—齿轮；7—滑块

图4－26的汽车刮水雨刷装置，为座6杆双机构。1－2－3－4－5－6构成的6连杆机构带动

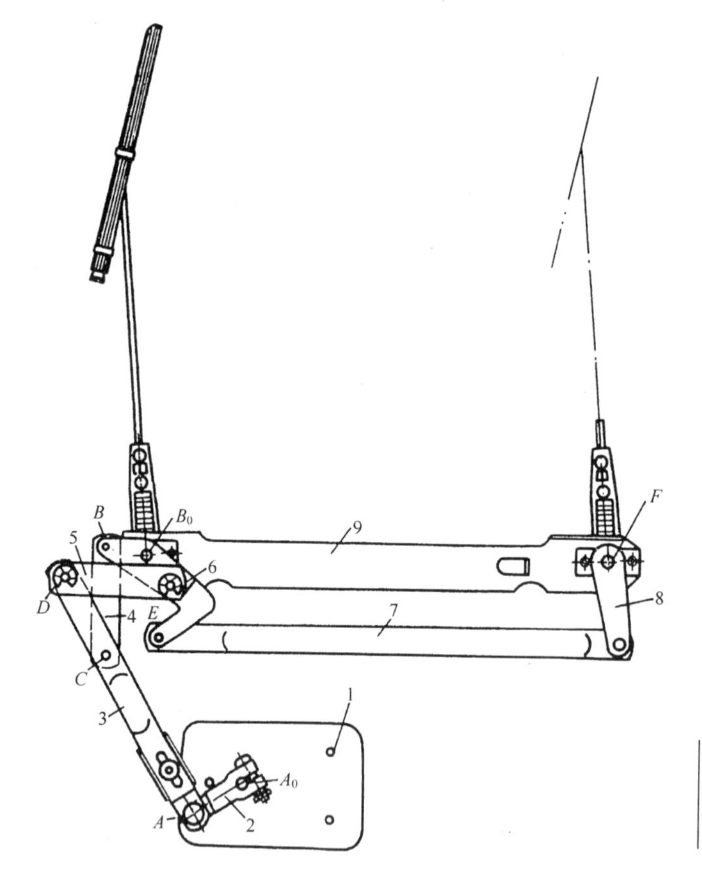

图4－26
汽车刮水雨刷机构
1、9—机架；2、6、8—曲柄；3、4、5、7—连杆

由6－7－8－9组成的4杆机构运动。两刮水板摆杆分别与B_0、F处的轴固连。主动件2回转时通过杆3、4使杆6摆动，通过杆7、8使右边的刮水板同步摆动。

图4－27的缝纫机针杆导引装置采用的是一个复杂七杆机构，该机构从原理上属于0自由度机构。这个机构能够工作的前提是，铰链C的运动轨迹曲线与直线导路间的偏差应在移动杆运动副间隙范围内。因此，这类机构连杆等构件的尺度关系必须满足特定的条件，还要求有高的制造精度。

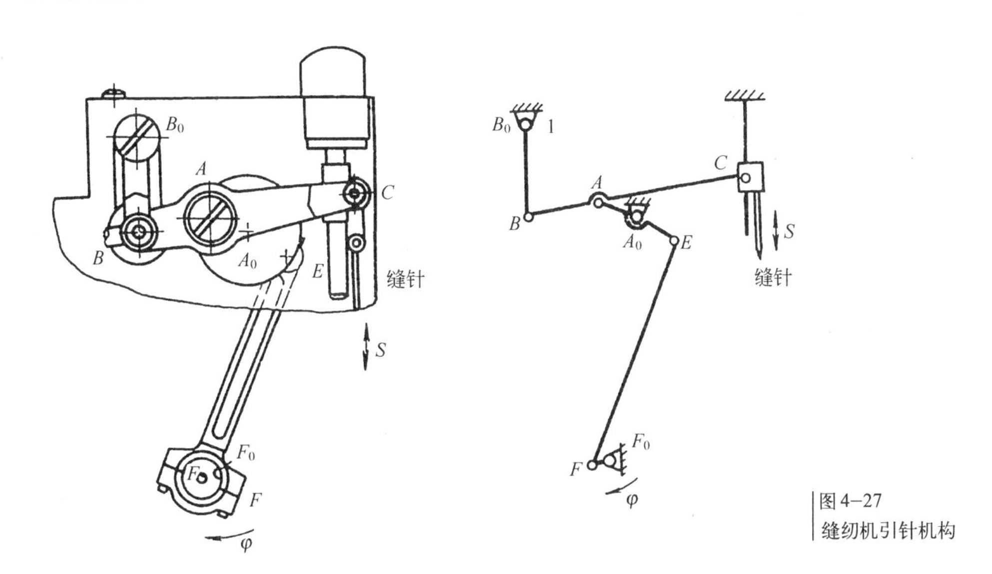

图4－27
缝纫机引针机构

4.2.3　其他往复运动机构

很多产品上采用齿轮齿条传动机构，特别是手动调节控制，如钻床的进给机构、照片冲扩放大机的对焦机构等。事实上，用齿轮作主动件，则齿条相对于齿轮轴作直线运动，齿条长度是有限的，齿条的运动为往复运动；反过来，齿条作为主动件，则齿轮作摆动，如图4－28所示。

对于螺旋转动机构，事实上，丝杠也有一定的长度，在工作中，螺母作往复直线运动，特别是对于照相机镜头对焦机构这样的手调机构。

气缸、液压缸本身的运动，从整个工作循环上看也属于直线往复运动。气缸在自动生产线上常用于往复托举或推移工件。如图4－29所示，在这种气动机械手结构中，下面的两个气缸往复运动，通过齿条带动齿轮，使机械手整体摆动；上面的气缸伸缩驱动机械手指摆动，完成夹、放动作。

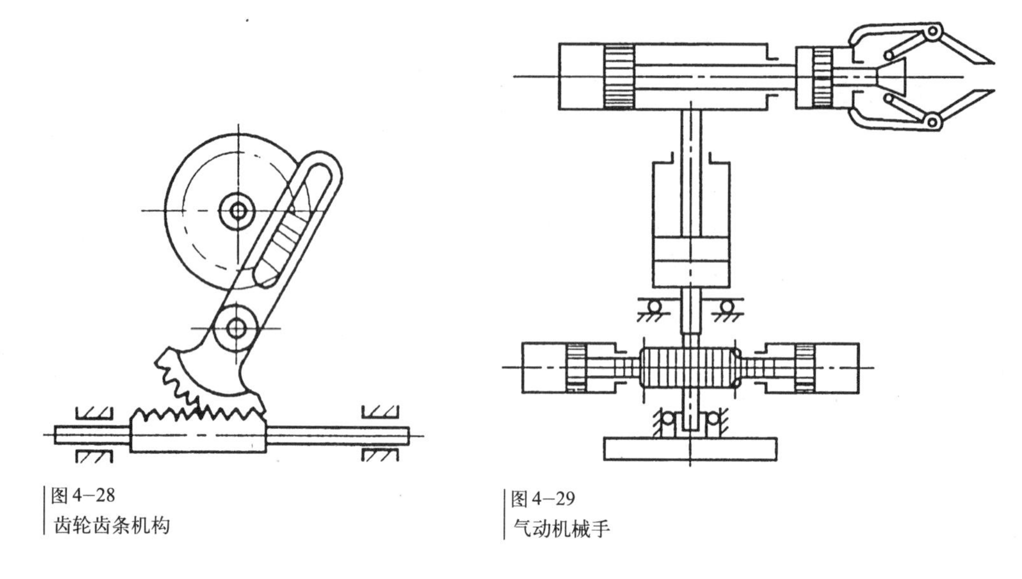

图4−28
齿轮齿条机构

图4−29
气动机械手

4.3　间歇运动机构

按运动方式划分，常用间歇运动可分为间歇直线运动和间歇转动两种。间歇转动的获得比较方便，槽轮机构、棘轮机构、圆柱分度凸轮机构等都可以可靠地实现间歇转动，甚至还可以使用步进电机等通过合理的控制方式实现。直接能够实现间歇直线运动的机构几乎没有，因此通常通过一定的传动方式将间歇转动转换为直线间歇运动。如直线式自动生产线，通常由槽轮机构带动链轮，利用链传动，在链条上获得直线间歇运动。

4.3.1　槽轮机构

槽轮机构也称马耳他机构，是分度、转位等步进、间歇传动中应用最普遍的一种机构，特别是在分工序进行作业的自动机、自生产动线中广泛采用槽轮机构作为运动的基础传动机构。

如图4－30所示，槽轮机构由槽轮和驱动轮组成。驱动轮上固连转臂，当驱动轮旋转时，带动转臂旋转，转臂进入槽轮的轮槽中运动时，驱动槽轮转动。当转臂转出槽轮时，槽轮静止，直到转臂再次进入下一个轮槽，重复一个运动循环。可见，槽轮机构可实现将连续运动转换为间歇旋转运动，转臂脱离轮槽的行程越长，间歇的时间比例越大；槽轮上开槽越多，间歇频率越高，在圆周内实现分度位置越多。

图4－30所示的外槽轮是槽轮机构的最简单和基本形式。图4－31为内槽轮的结构，其工作原理与外槽轮相似。

槽轮的变化形式和种类较多，分别适于不同的场合。外槽轮主要用于转速较高、间歇短及机构负荷比较重的场合。内槽轮机构运动内冲击小、动力性能好，适于要求运转平稳的场合。特殊槽轮主要用于对转、停时间比例有特殊要求及不等速间歇转动等场合。

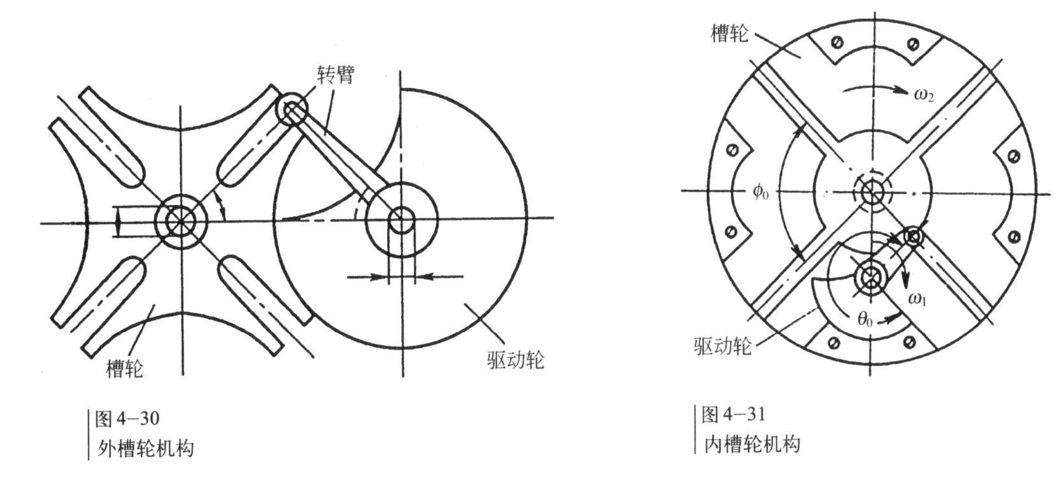

图4–30
外槽轮机构

图4–31
内槽轮机构

图4－32为一种球面槽轮，其转动与间歇时间相等。

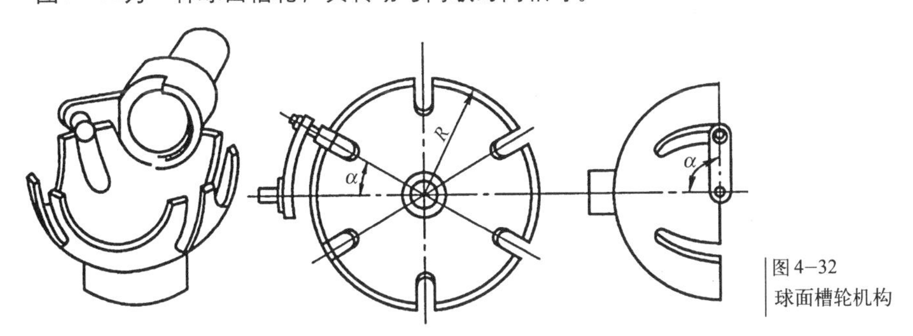

图4–32
球面槽轮机构

图4－33、图4－34所示的两种多销外槽轮动停比均为1。

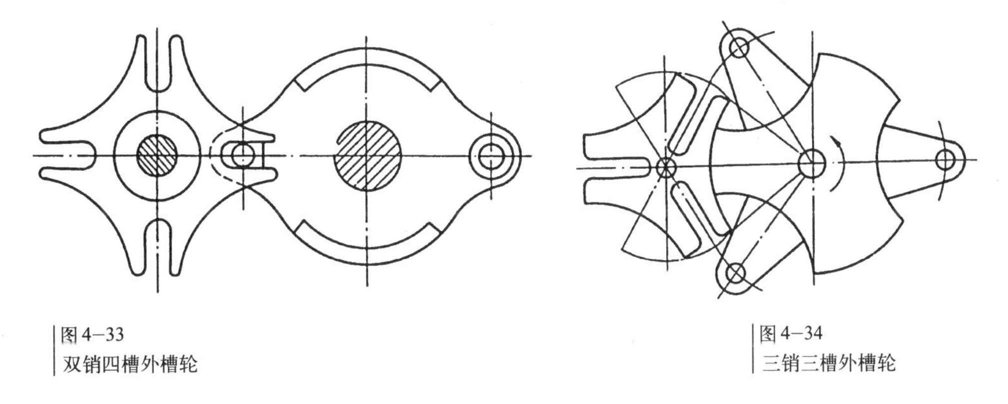

图4–33
双销四槽外槽轮

图4–34
三销三槽外槽轮

转臂脱离槽轮期间，槽轮处于停止状态时，也是自由状态。对于定位精度要求较高或存在扰动载荷的场合，需考虑槽轮的定位问题。图4－35为两种配合槽轮使用的常用定位机构。

下面，结合图例方式，介绍几个槽轮在实践中的应用实例。

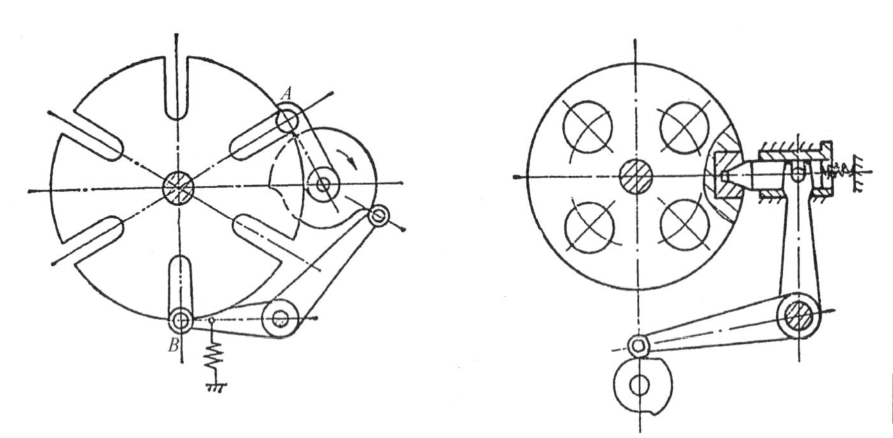

图4－35
槽轮的定位机构

图4－36为槽轮在齿轮磨床上的应用。槽轮机构用于磨齿分度运动。分度时，电机17的转动经齿轮16、15和蜗杆2、蜗轮3使凸轮5转动，抬起滚子6和杠杆8，将定位齿块9从分度盘10中拔出。滚子6在凸轮5表面滑动，凸轮5上的拔销4带动槽轮12回转，经交换齿轮及齿轮13、14和分度盘10，使工件11转过1个齿。凸轮5转过180°后，槽轮转过1/6转，定位齿块9在弹簧7作用下重新插入分度盘10的定位槽中。至此，完成一个齿的分度。

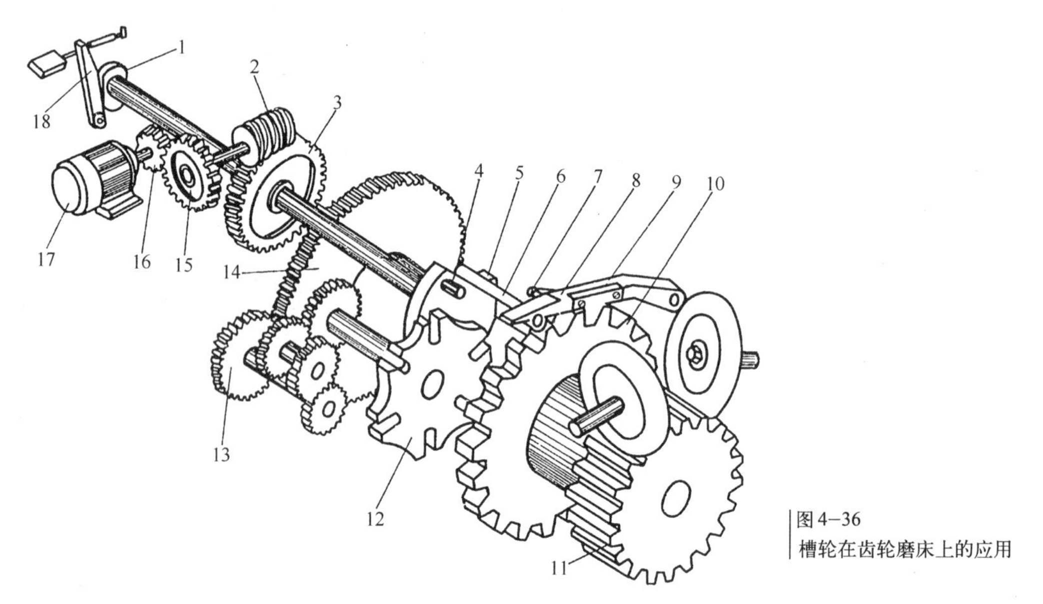

图4－36
槽轮在齿轮磨床上的应用

图4－37为一种采用槽轮机构的重型回转台。动力由驱动轴1经蜗杆5同时传递给蜗轮2及15，两蜗轮分别带动驱动臂14与凸轮3，凸轮3经动滚子4控制定位锁栓6，当6脱开工作台时，驱动臂带动驱动销13使槽轮分度经齿轮传动工作台转位。

图4－38为录音磁带盒自动包装机中使用的内槽轮步进输送机构。动力传给曲柄5，带动内槽轮4，经齿轮3使回转盘2作间歇回转。

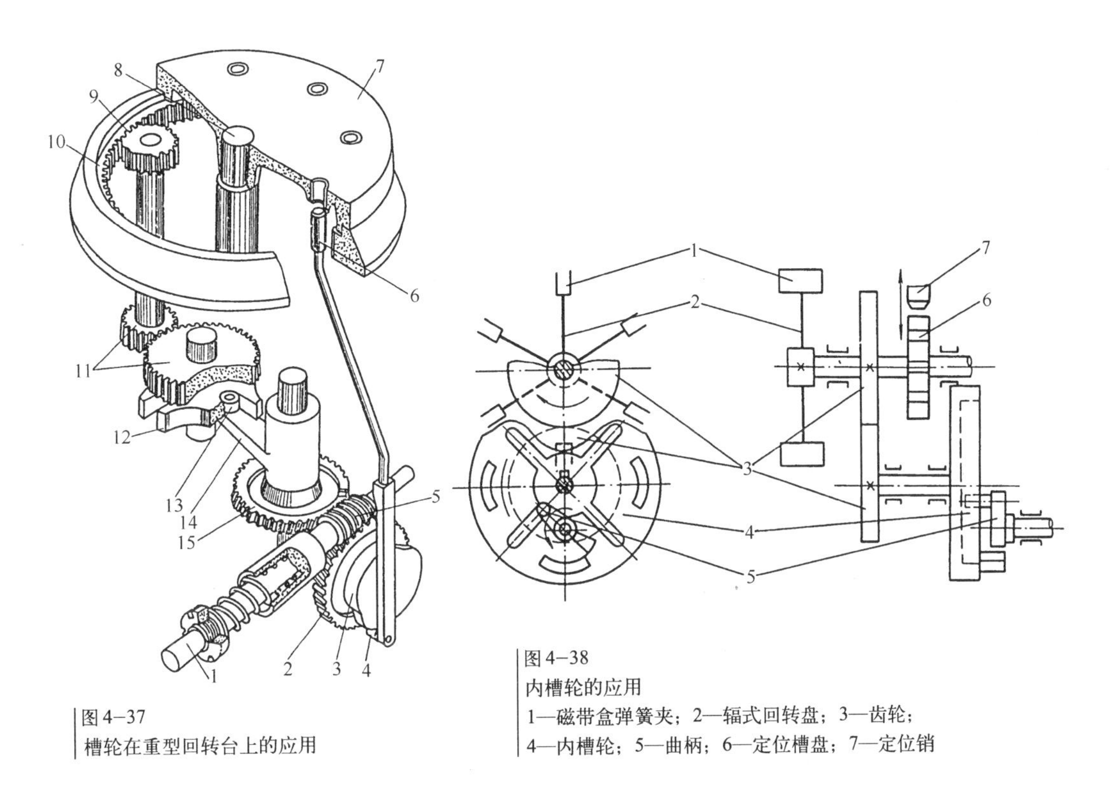

图 4—37
槽轮在重型回转台上的应用

图 4—38
内槽轮的应用
1—磁带盒弹簧夹；2—辐式回转盘；3—齿轮；
4—内槽轮；5—曲柄；6—定位槽盘；7—定位销

4.3.2 棘轮机构

棘轮机构由棘轮和棘爪组成，如图4－39所示，为防止棘轮逆转，棘爪上安装有弹簧，常见棘轮机构有外啮合、内啮合两种。

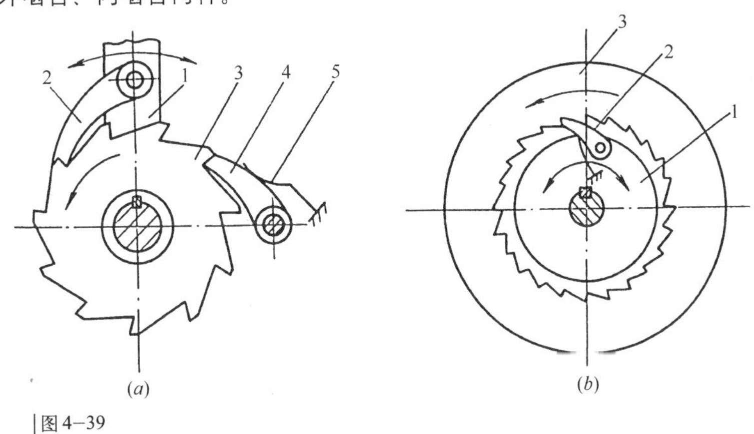

图 4—39
棘轮机构组成与形式
1—摇杆；2—棘爪；3—棘轮； 4—止回棘爪；5—弹簧
(a)外啮合齿式棘轮机构；(b)内啮合齿式棘轮机构

当棘轮作为主动件时，棘轮机构为单向转动机构。通常，棘轮机构由棘爪驱动，棘轮实现单向间歇转动。

图4－40为棘轮机构的常见驱动方式。

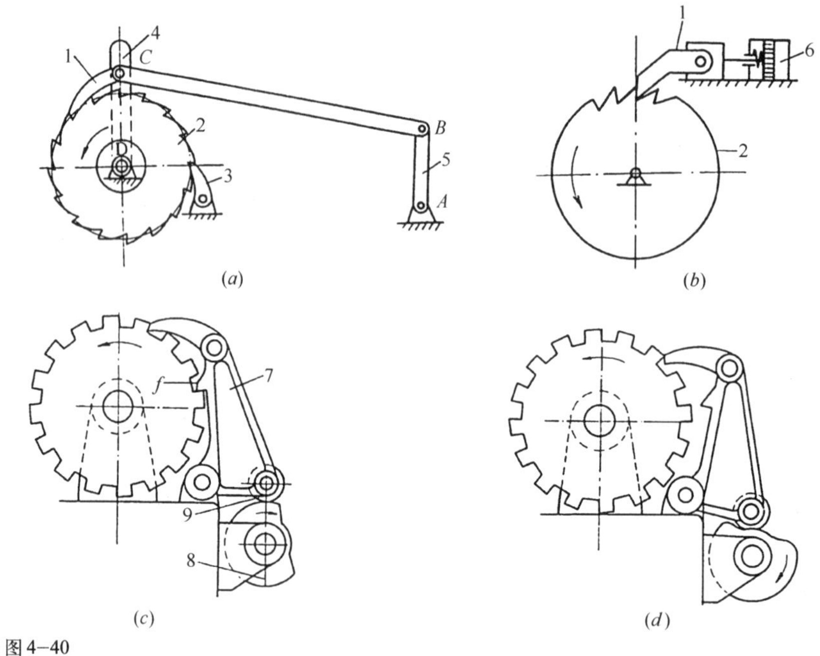

图 4-40
棘轮机构的常见驱动方式
(a)曲柄摇杆机构驱动；(b)液压驱动；(c)凸轮机构驱动；(d)凸轮机构驱动
1—棘爪；2—棘轮；3—止回棘爪；4—摇杆；5—曲柄；6—液压缸；7—摆杆；
8—凸轮；9—滚子

棘轮机构在运转中棘轮齿和棘爪的磨损较大，对棘轮机构可靠性有影响。棘爪的形状和与棘轮的配合方式，对棘轮机构的可靠工作很重要。

图4－41为几种较特殊的棘爪形式。

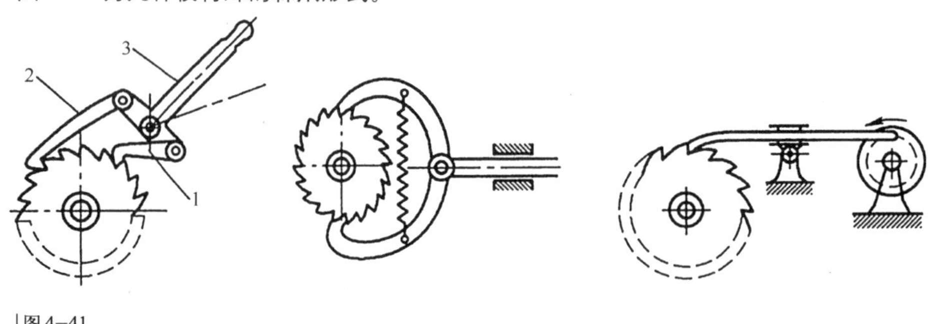

图 4-41
几种可靠的棘爪形式

棘轮机构结构简单、加工制造方便、工作可靠，应用很广。

图4－42为棘轮机构用于射砂自动线浇铸和输送装置的实例。工作时，气缸使带有棘爪8的摆杆10摆动一定角度，棘爪推动棘轮9及与之固连的输送辊11转过一定角度，输送带完成一次步进。

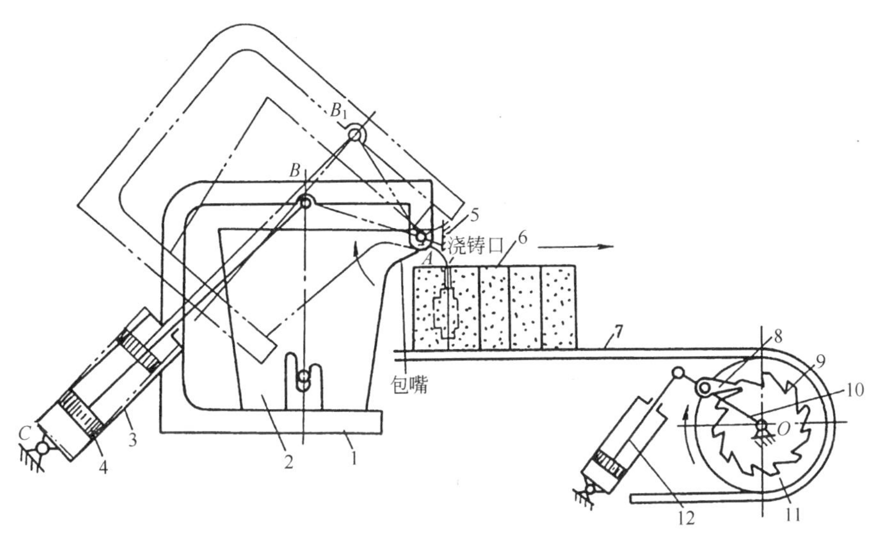

图4–42
射砂自动线浇铸和输送装置
1—包架；2—铁水包；3—摆动气缸；4、12—活塞杆；5—固定机架；
6—砂型；7—传送带；8—棘爪；9—棘轮；10—摆杆；11—输送辊

图4－43为一棘轮驱动的回转工作台，适用于从下向上的装配操作，工作速度达每小时2400次。

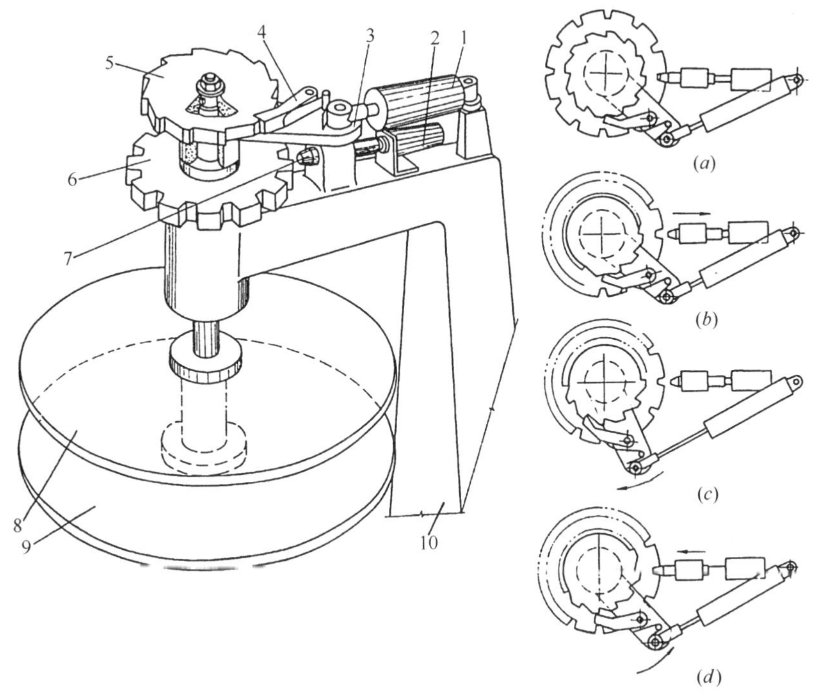

图4–43
棘轮驱动的回转工作台
(a)起始位置；(b)定位气缸缩回，锁栓脱出；
(c)驱动气缸活塞杆伸出使分度极转位；(d)两缸先后复位
1—驱动气缸；2—定位气缸；3—转臂；4—止回爪；5—棘轮；
6—分度板；7—锁栓；8、9—工作台；10—机架

图4－44为一种适合于加工、组装等作业自动机或生产线的气动棘轮步进传送机构。其中，气缸通过齿条、齿轮驱动棘轮机构间歇运动，棘轮再将运动传给同轴链轮，从而使固于链条上的工件存放架进行间歇直线移动。

图4－45为另一种常见于轻工、包装自动生产线的直线转位机构。其中，气缸为驱动源，棘轮4上有摩擦止回装置，链轮系统有尼龙张紧滚轮。相信读者很容易看懂、理解这一机构的工作原理。

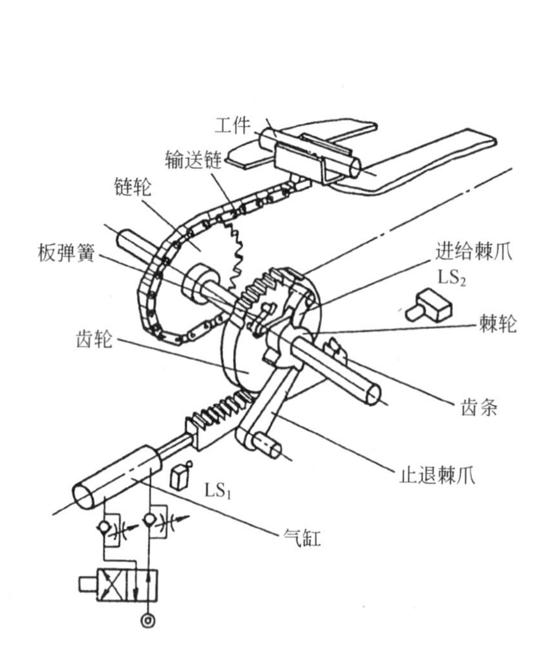

图4－44
气动棘轮直线步进输送机构

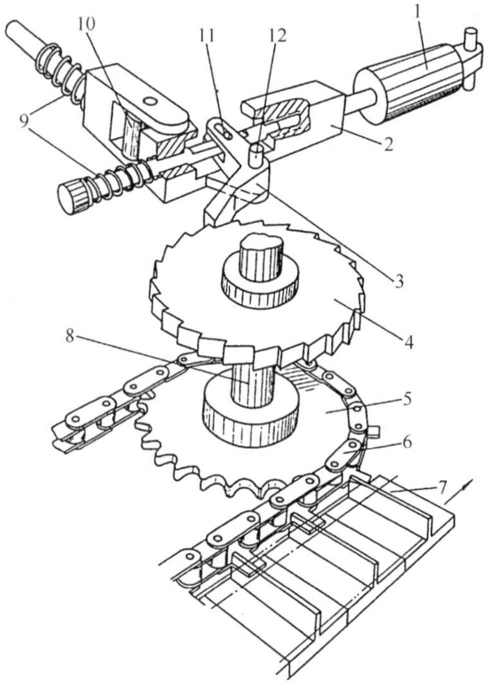

图4－45
用棘轮驱动的直线转位机构
1—气缸；2—棘爪座；3—棘爪；4—棘轮；5—链轮；6—链条；7—传送板；8—轴；9—压缩弹簧；10—压紧滚子；11、12—销子

4.3.3 针轮机构

针轮机构由针轮和星轮组成，如图4－46所示，沿圆周装有针销的称为针轮，具有摆线齿廓的称为星轮。一般情况下，针轮是机构中的主动件，作等速连续转动，星轮作间歇运动。

针轮机构有内啮合型和外啮合型之分，常见外啮合型针轮的种类如图4－46所示。

针轮机构运转平稳、可靠，在很多涉及瓶、罐类的自动生产线上使用针轮机构实现转位，如啤酒、饮料灌装机和筒、罐类贴标机等。

图4－47为使用星轮实现转位的筒形容器加盖机构。

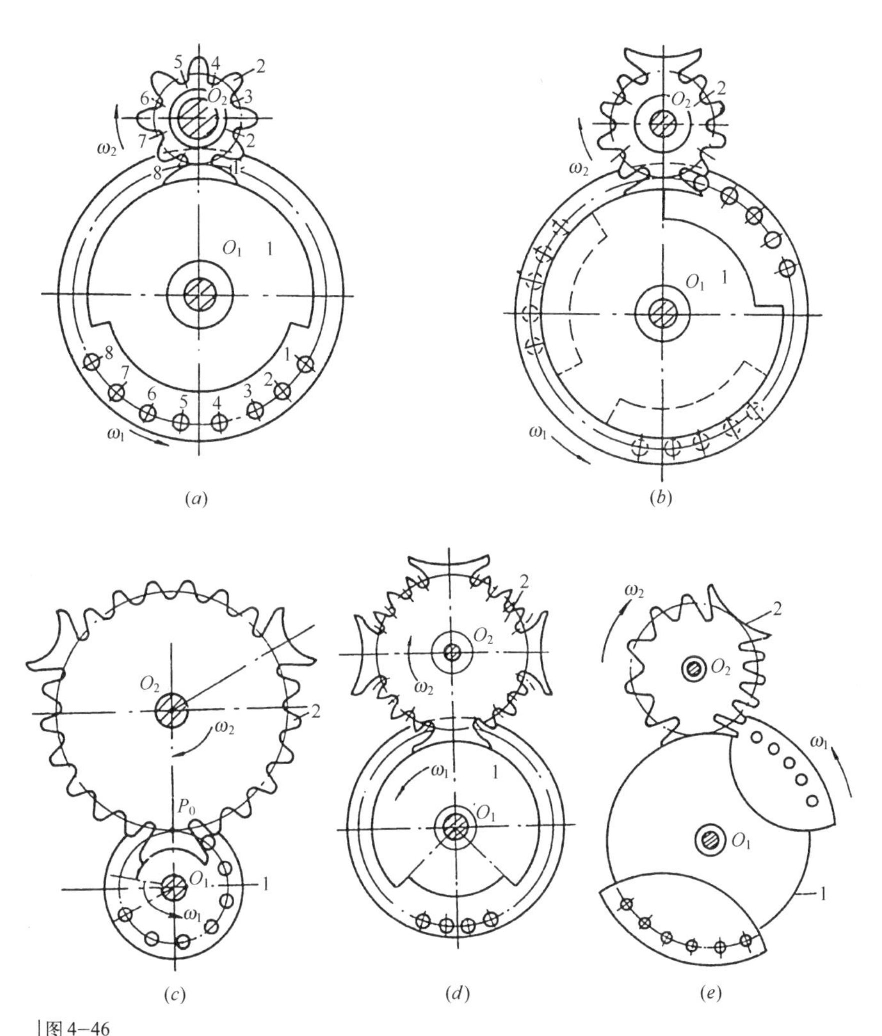

图4−46
常见外啮合针轮机构类型
(a)单停歇型；(b)双停歇型；(c)三停歇型；(d)四停歇型；(e)具有不同停歇时间和轮动时间型

图4−48为一利用星轮的分度工作装置的送进机构。送料机构由星轮、固定送料板、链轮和装在分度工作台上的装配夹具等组成。当分度工作台5旋转时，装配夹具4和驱动链轮6啮合，带动星轮1旋转，此时由垂直送料槽7送来弹簧停留在星轮轴套2内，与固定送料板3上的平端面弹簧顺序被推进固定送料板孔，然后卜落进入装配夹具中。

4.3.4 不完全齿轮机构

不完全齿轮机构也称欠齿轮机构，由一对特殊设计、加工的齿轮组成，如图4－49所示。不完全齿轮机构的主动轮上只有部分位置有轮齿(可以是一个或几个)，其他位置为锁止圆弧的圆弧面，从动轮沿圆周布满轮齿，并由几段锁止圆弧分割成数段。当主动轮等速连续转动时，从动轮作间歇转动。不完全齿轮每段轮齿的首齿和末齿比标准正常齿高小一些，以避免发生干涉。

不完全齿轮机构分为内啮合和外啮合两种类型。图4－49所示的外啮合机构，主动轮转一周，从动轮反向转90°后停歇，即从动轮一周有4次停歇；图中的内啮合型机构，主动轮上有两个齿，主动轮转半周，从动轮同向转45°，即从动轮每周有8次停歇。

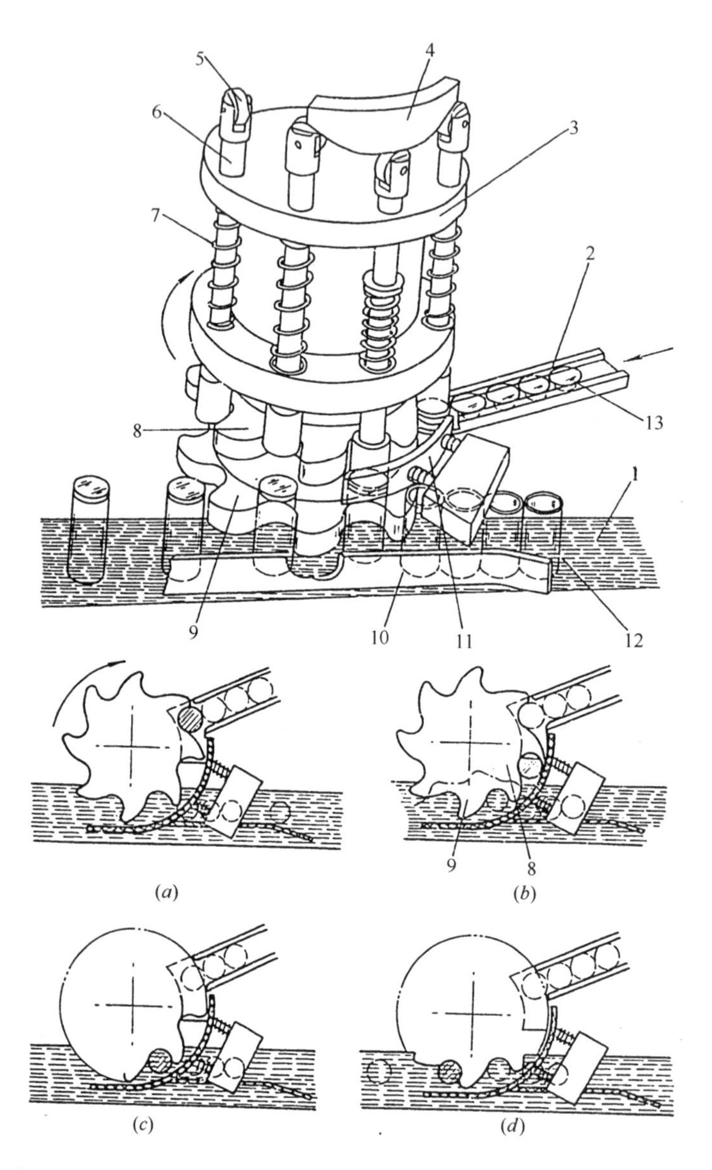

图 4－47

圆筒容器加盖机构

(a)盖子位于上星轮中；(b)盖子转位离开进给槽，并被压板挡住；(c)盖子由上星轮带动转位，压杆下降，把盖子压入筒形容器；(d)松开完成的工件，送下个工位

1—传送带；2—进给槽；3—驱动转塔；4—固定凸轮；5—从动滚子；6—压杆；7—压缩弹簧；8—上星轮；9—下星轮；10—导向板；11—压板；12—筒形容器；13—盖子

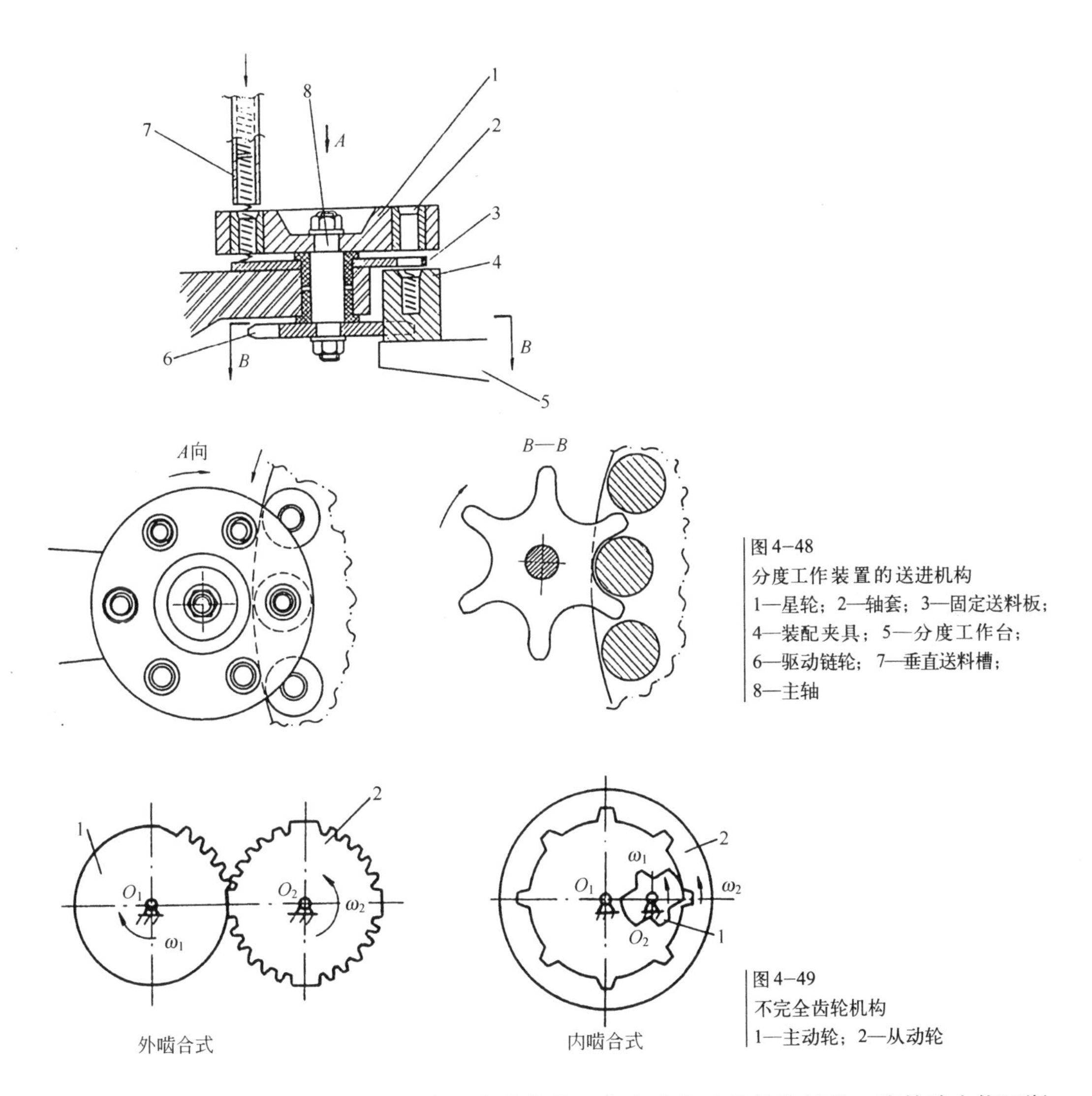

图4－48
分度工作装置的送进机构
1—星轮；2—轴套；3—固定送料板；4—装配夹具；5—分度工作台；6—驱动链轮；7—垂直送料槽；8—主轴

图4－49
不完全齿轮机构
1—主动轮；2—从动轮

不完全齿轮机构上设置缓冲装置可改善其首、末齿啮合时的传动特性，使其啮合能逐渐加速和逐渐减速，特别是在传动速度高或传动平稳性要求较高时，图4－50为两种常用的缓冲装置。

图4－51所示结构为采用不完全齿轮机构驱动的间歇回转工作台，结构简单，但精度不高，只能用于轻载作业。

图4－52为一种采用不完全齿轮的分度装置。转位时，先由凸轮使分度板加速运动，不完全齿轮与齿轮啮合进行转位，转位完毕时，另一对滚子与凸轮接触，齿轮啮合中断，分度板减速进入停歇位置。这种分度装置可用于线列式或回转式装配机的重载、大距离精密转位驱动，工作平稳可靠。

4.3.5 圆柱分度凸轮机构

在前面往复运动一节介绍凸轮机构时，我们已经简单介绍了圆柱分度凸轮的基本结构和特点。圆柱分度凸轮运动精度高、运动平稳可靠、动力特性好、适用性强，特别适合于高速、高精度要求的使用场合。近年来，圆柱分度凸轮机构已在高速灌装机、香烟盒包装机、机电产品加工组装自动生产线等方面得到广泛应用，国际市场上已有系列化生产的成套产品供应。

圆柱分度凸轮的优良特性主要来自于凸轮曲线的设计，在设计中除考虑基本的运动行程、动停时间分配外，对动力学的考虑是关键，设计相当复杂，需借助计算机完成。圆柱分度凸轮的加工一般需在数控设备上完成，加工制造精度要求高，因而成本较高。

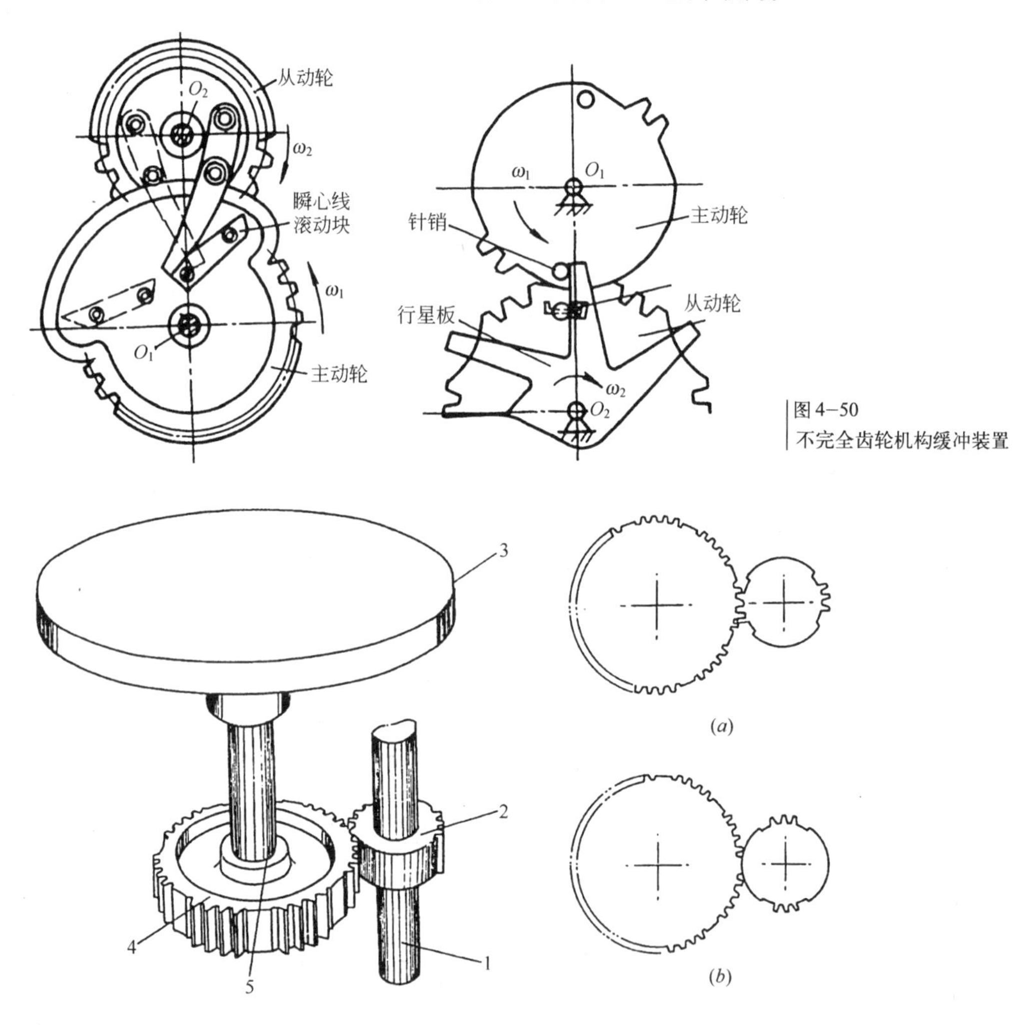

图 4-50
不完全齿轮机构缓冲装置

图 4-51
不完全齿轮回转工作台
1—输入轴；2—主动不完全齿轮；3—工作台；4—从动不完全齿轮；5—输出轴
(a)不完全齿轮啮合，工作台转位；(b)停止锁掣

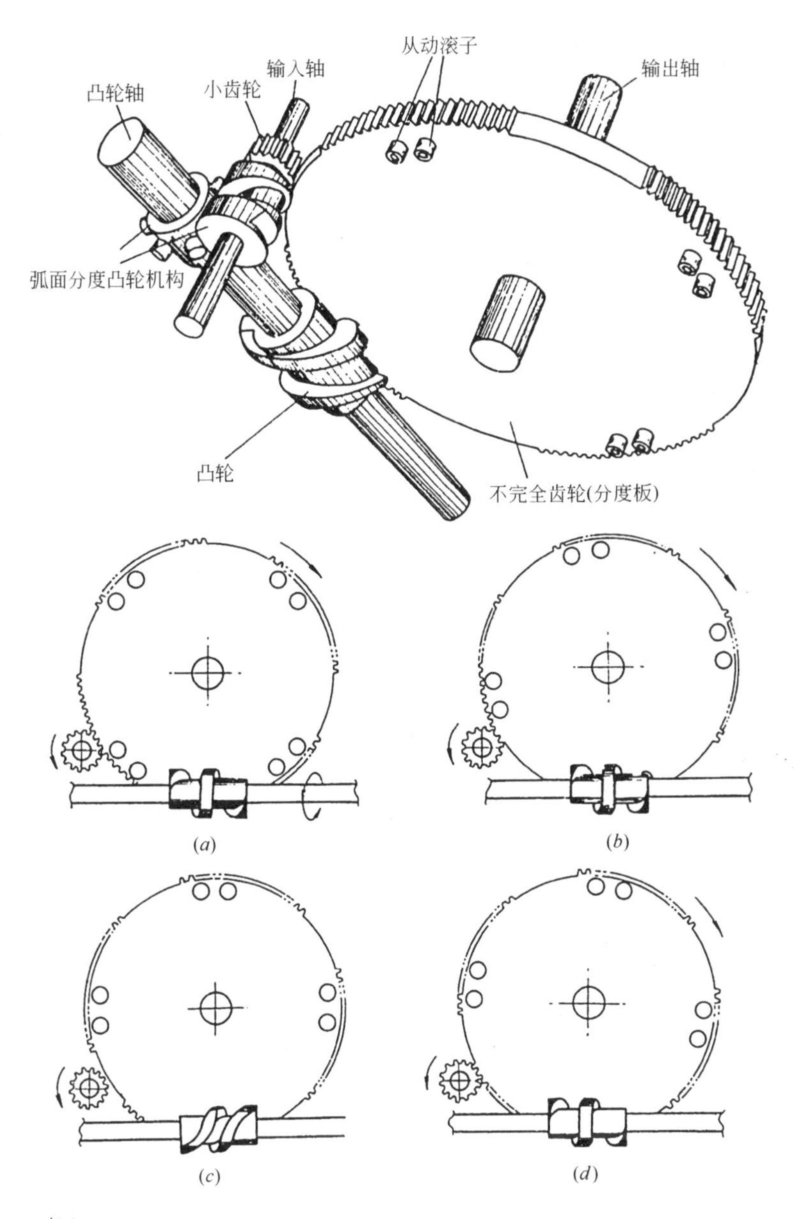

图4—52
不完全齿轮在分度装置的应用
(a)分度板由齿轮驱动；(b)从动滚子开始接触凸轮1，齿轮与不完全齿轮未脱离啮合；(c)不完全齿轮和齿轮脱离啮合，凸轮使分度板减速到停歇位置；(d)凸轮使分度板加速后，不完全凸轮与齿轮重新啮合，开始下一次转位

圆柱分度凸轮结构的工作原理类似蜗轮蜗杆机构，凸轮相当于一个变螺旋角弧面蜗杆，因此，也有人称其为蜗杆凸轮机构。

如图4—53所示为垂直交错轴布置的圆柱分度凸轮分度过程图，凸轮轮廓曲线的曲线部分对应推动滚子运动分度，直线部分对应从动盘停歇位置。在停歇位置，两个滚子跨夹在凸轮直线段环面凸脊上，定位稳定，不需附加定位装置，且可通过调整中心距消除间隙并施加预紧。

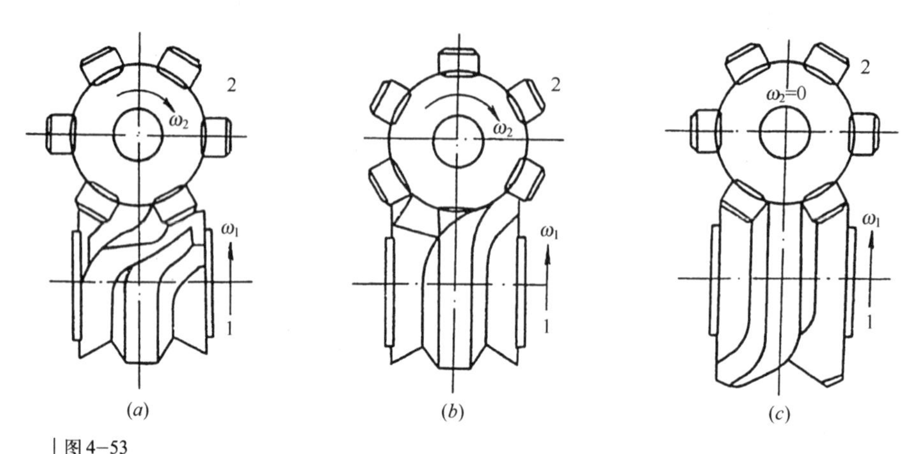

图 4-53
圆柱分度凸轮的分度过程
(a)分度期开始不久位置；(b)分度期中间位置；(c)从动转盘停止不动
1—主动凸轮；2—从动转盘

图4－54表示了两种圆柱分度凸轮圆环定位面的形式。图4－54(a)图机构，转盘在停歇时，相邻两滚子跨夹在位于凸轮中央的圆环面上定位，这种形式最常用，适合于高速、轻载和滚子数较少的场合。图4－54(b)图机构，转盘停歇时定位环面位于凸轮的两端并夹着一个滚子，此形式适合滚子数较多的中、低速和中、重载场合。

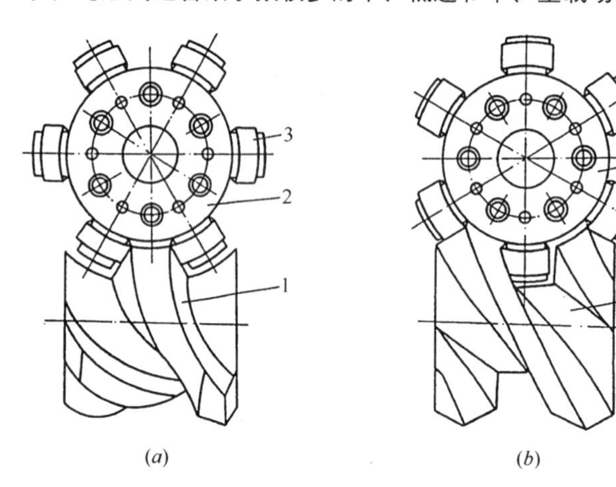

图 4-54
圆柱分度凸轮定位的两种形式
1—凸轮；2—转盘；3—滚子

第5章 | 密封结构设计

密封结构通常是产品设计中放在主体功能结构之后考虑的问题，有时甚至放在最后考虑，由此可能造成无法弥补的产品设计缺陷。在正式开展产品设计工作前，设计师应综合考虑各种因素，统筹协调、策划。对于有密封要求或可能出现影响的产品，密封结构应纳入总体结构设计考虑范畴。

5.1 概述

今天，当享受在现代化舒适、方便生活中时，我们很难容忍即便是偶尔出现的钢笔漏水、暖气漏水、冰箱缺氟、轮胎跑气等产品故障。实际上，这些故障往往都是密封出现了一些小毛病，产品的主体结构并没有什么大故障。钢笔漏水可能会把纸、本和手弄脏，空调器中的氟里昂泄漏，不能再吹出凉风，还会破坏臭氧层，影响地球的生态环境。

5.1.1 密封结构的功能与种类

密封结构的作用是造成一个相对封闭的空间。不同产品对空间封闭的严格程度要求不一，要绝对封闭，一方面难以做到，另一方面，对很多产品也没有必要，而且还要考虑成本。

对不同的产品，密封的功能和要求不同。

对于依靠封闭实现功能或进行、完成工作的产品，密封结构的主要功能是保证产品可靠工作、实现产品设计功能和效率。如液压、气压系统、发动机、空压机等的密封。通常这类产品对密封的要求较高。对于容纳、储存、传输物料(介质)的产品，密封的主要功能是防止泄漏。如冰箱门、打印机墨盒、散热器、输油管道、燃气输送系统等的密封。此类产品的密封要求主要取决于泄漏造成的影响程度，泄漏影响越大，密封要求越高。

密封的方法很多，可以按密封材料、工艺、结构特征、效果等划分。由于产品的密封结构通常都是在结合面上，通常按密封结构的运动状态，将密封结构划分为静密封和动密封两种。

静密封指在相对静止的结合面上的密封结构。静密封主要用于各种固定连接处，如管道的法兰对接处、发动机机盖与机身结合面、冰箱门口等。静密封基本都需要以一定的压力密合保持密封效果。

静密封又可按具体实施方式与方法分为垫片密封、填料密封、胶密封、螺纹密封、管箍密封、自紧密封等。

动密封指运动接触面间的密封，典型例子是活塞与缸筒之间的密封。动密封因运动需要在结合面处留有间隙，密封的要求和方法比较特殊，密封状况对产品的功能和工作效果影响很大。

动密封方法很多，按密封状态可分为接触密封、无接触密封等；按实施方式和结构特点，可分为填料密封、机械密封、动力密封、迷宫密封等。

5.1.2 密封结构的材料

可用于密封的材料种类和形式很多，需合理选用。选择密封材料的主要考虑因素包括：产品的特点(如工作温度、接触介质、运动状况等)，密封的要求(可靠性、耐久性等)，密封方式，维护维修(装拆方便性、互换性、频繁程度)，加工、制造工艺性和成本因素等。

密封常用材料有：

金属：铜片垫、钢片垫(冲压成型，用于发动机缸体等密封)，纯铜垫(液压系统的静密封)。

聚四氟乙烯：成型件主要用于重要的阀门等；生料带，用于水暖管、燃气管道接头等螺纹密封。

橡胶：用于水节门、低压无腐蚀管道对接头等密封。

密封圈：有O形圈、V形圈、Y形圈、唇形圈等，由橡胶、聚氨酯等制成，标准化零件，广泛用于液压、气动系统的动、静密封。

毛毡：机械系统油封等。

密封胶：有环氧树脂、酚醛树脂、氯丁胶等，按连接材料和密封要求选用。

5.2 静密封结构

5.2.1 垫片密封

在密封结合面间夹入金属或非金属垫片，实现密封。

垫片密封需要一定的压力施加在垫片上，使垫片变形后充满间隙。垫片密封通常用螺纹紧固件施加预紧力，机械结构上采用法兰形式较简单、有效。

图5-1为常用的法兰连接垫片密封结构形式。其中，图5-1(*a*)～图5-1(*d*)的垫片为非金属软垫片，适于设备和管道连接密封，垫片面积大，法兰受力均匀，但需螺栓预紧力大。图5-1(*e*)采用金属垫，主要用于压力管道连接接头。

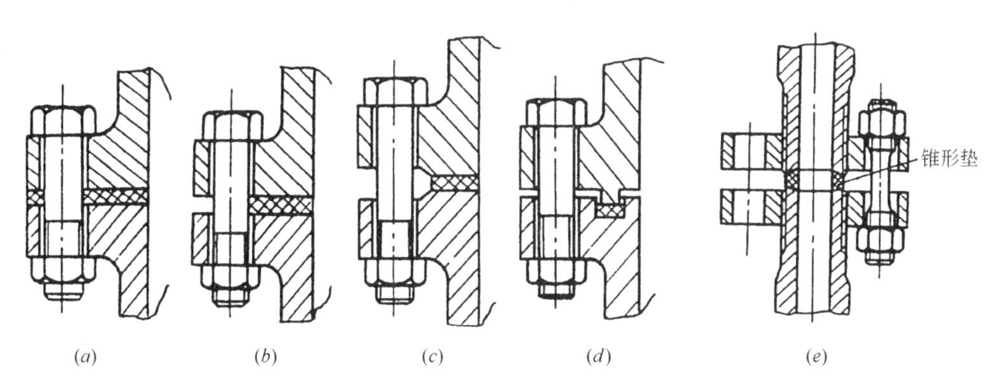

图 5-1
法兰连接垫片密封

机械设备、液压系统等使用螺纹连接的封塞、管接头也使用垫片密封，如图5－2所示，图5-2(*a*)～图5-2(*c*)用非金属软垫片，垫片在紧螺纹时易变形，用于低压场合。图5-2(*d*)、图5-2(*e*)用非金属软垫片时，适用于低压，用金属垫片可用于高压场合。图5-2(*f*)用金属锥形垫片，适用于高压管道，压力可达250MPa。

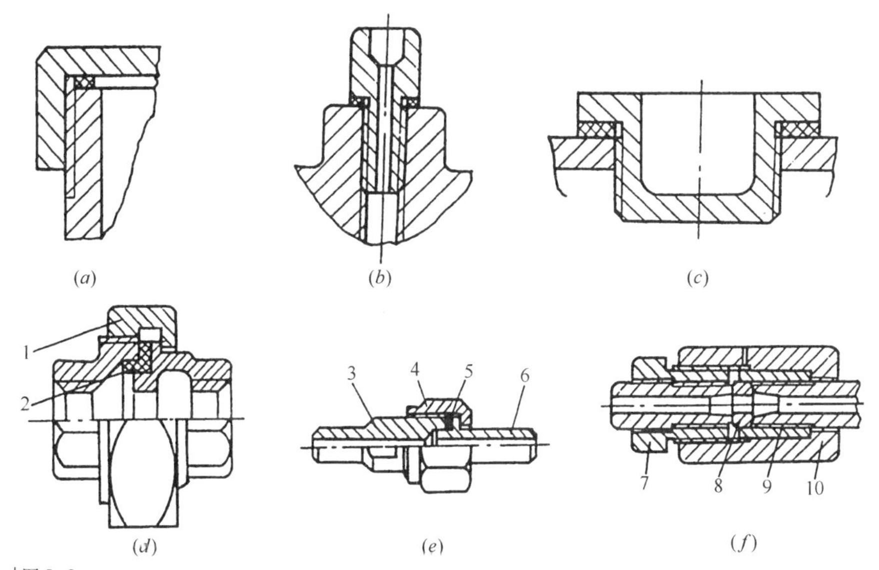

图 5-2
螺纹连接垫片密封
1、4—螺 母；2—软垫；3—接头体；5—金属平垫；6—接管；7—内外螺母；
8—锥形垫；9—螺套；10—接头螺母

5.2.2 填料密封

填料密封使用橡胶等柔软材料，通过挤压变形填充密封间隙。

图5－3为几种填料密封结构。图5－3(*a*)用于可拆刚性管连接密封，密封位置可调；图

5－3(*b*)与螺纹连接密封联合使用，用于不重要、小管径密封；图5－3(*c*)允许管道接头轴向伸缩，用于非重要的管道连接密封。

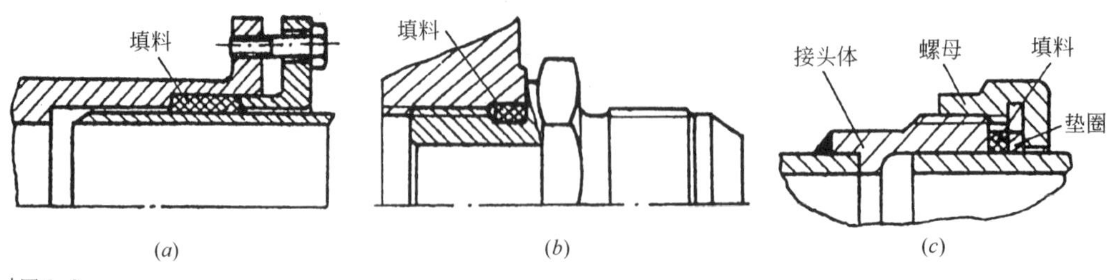

图5－3
填料密封

图5－4为两种可用于重要管道连接的填料密封结构，如啤酒、饮料、化工原料生产设备的输送管道等。

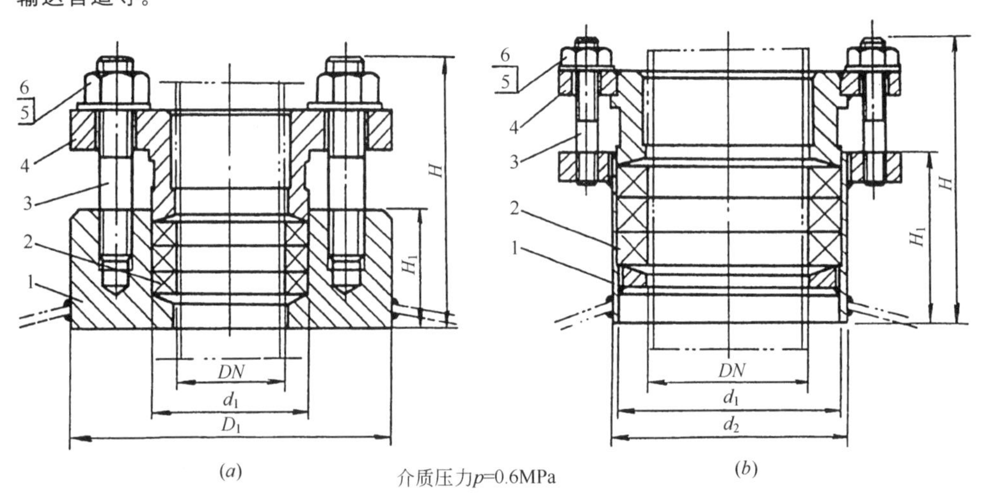

图5－4
管道用填料密封
(*a*)$DN \leqslant 50$；(*b*)$DN>50$
1—箱体；2—填料；3—螺柱；4—压盖；5—螺母；6—垫圈

5.2.3 O形圈密封

O形圈有系列化产品供应，使用方便。O形圈的材料有多种，耐油橡胶材料制品最常见。此外，还有聚氨酯、聚四氟乙烯和金属等制成的。

图5－5为非金属O形圈密封常用结构。

图5－6为金属O形圈密封的常用结构。金属O形圈一般采用圆管焊接制成，材料多为不锈钢，也可用低碳钢管、铝管或铜管制作。为提高密封性能，金属O形圈表面需镀覆或涂金、银、铂、铜及氟塑料等。金属O形圈用于密封气体或易挥发液体，选用厚管，用于密封黏性液体，选用较薄的管子。

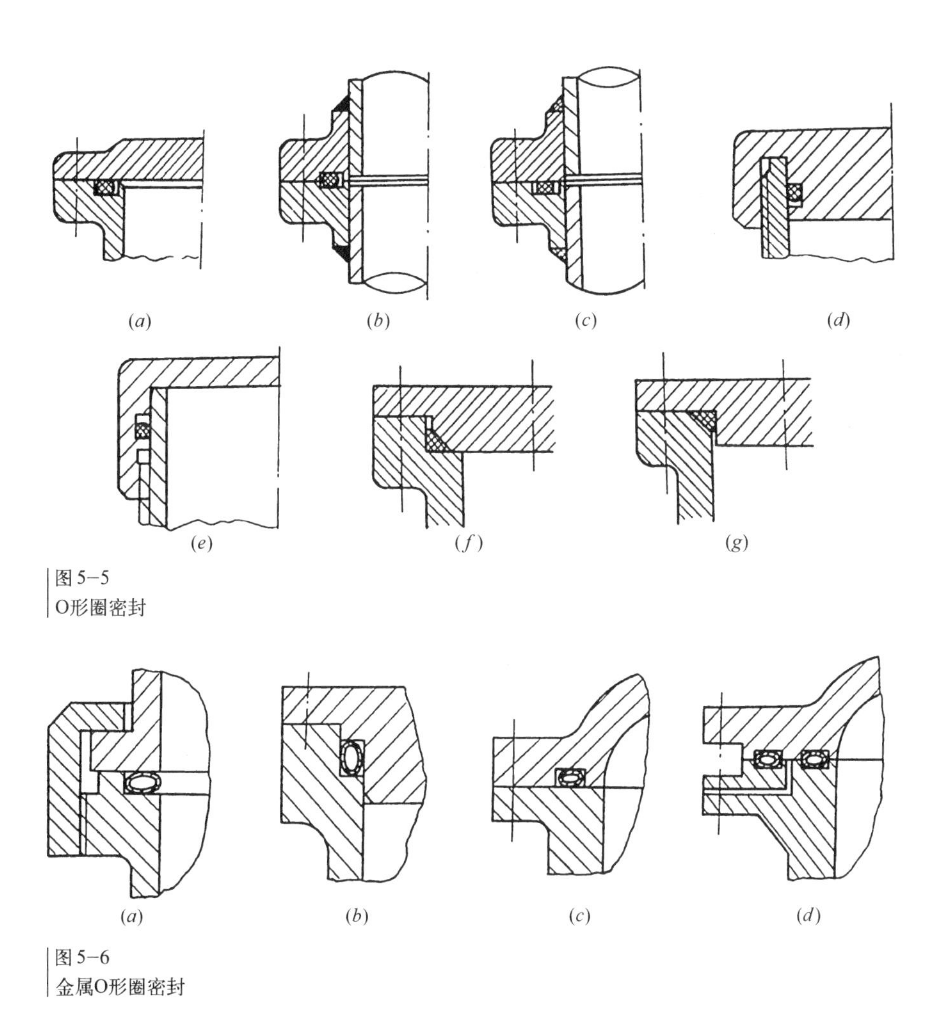

图5-5
O形圈密封

图5-6
金属O形圈密封

金属O形圈分为充气式和自紧式两种。充气式为在环内充惰性气体，可增加环的回弹力，用于高温场合。自紧式是在环的内侧圆周上制有若干小孔，介质进入环内使环具有自紧性，用于高压场合。

金属O形圈密封性能优良，适于高温、高压、高真空和低温等条件。

5.2.4　其他密封结构

自紧密封依靠介质压力增加密封性，压力越大，对密封件的作用越大。图5－7为几种自紧密封结构。

如图5－8所示，螺纹连接密封一般需在螺纹处放置密封胶、麻线或聚四氟乙烯生料带等提高密封效果，常用于水暖管件连接。

研合面密封指依靠结合面精密研配消除间隙，再通过螺栓等施加压力形成密封的结构，如图5－9所示，常用于不能用垫片密封的场合。

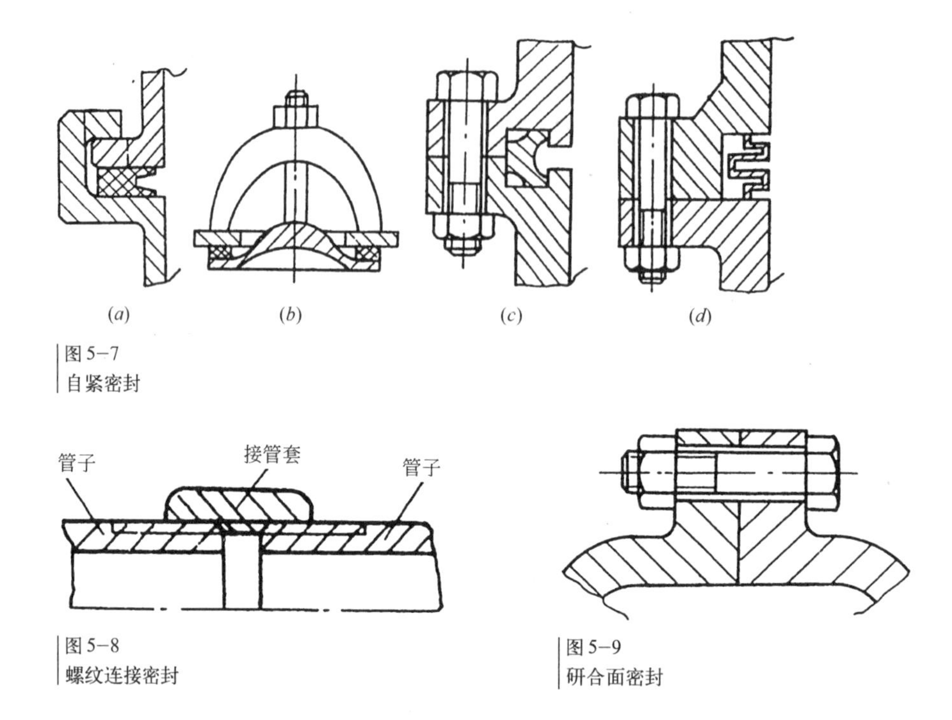

图 5-7
自紧密封

管子 接管套 管子

图 5-8
螺纹连接密封

图 5-9
研合面密封

5.3 动密封结构

5.3.1 毛毡密封

毛毡密封主要用于伸出的机械旋转轴轴承盖内、滑动部件与导轨接合的裸露端部等，起保护作用。

毛毡密封结构简单，成本低，但容易脏污失效，不适于高速场合。

图5－10为毛毡密封用于轴承盖的几种结构。

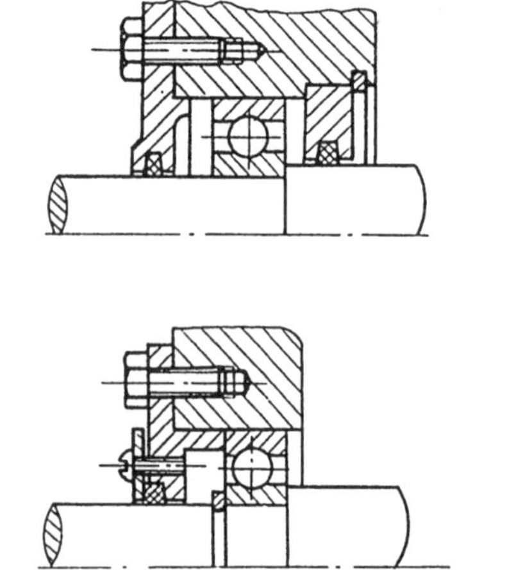

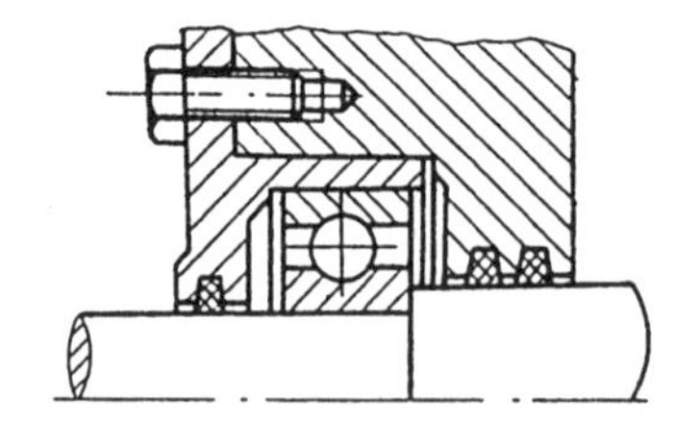

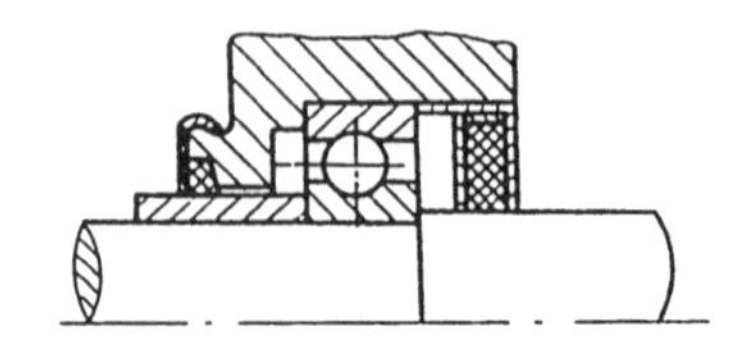

图 5-10
毛毡密封

5.3.2 唇形圈密封

唇形圈因截面形状呈唇状而得名。如图5－11所示，一般唇形圈都带有金属骨架和螺旋弹簧，起自紧作用。在自由状态下，唇形圈内径比轴颈小，当安装到轴上以后，其唇口产生一定的弹性变形，加之其自紧弹簧的收缩力，唇形圈对密封轴产生一定的抱紧力，从而堵住间隙，防止泄漏，达到密封的目的。

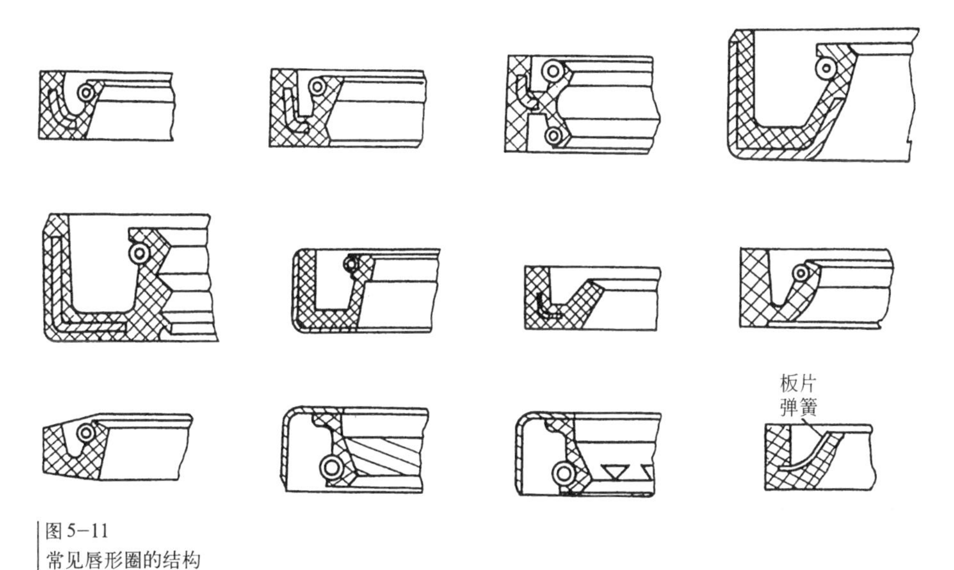

图5－11
常见唇形圈的结构

唇形圈为系列化产品，有各种截面和结构形式，尺寸系列可在设计手册中查到，图5－11为常见的唇形圈类型。

唇形圈主要用于旋转轴的密封，特别是机械内采用液体油脂方式润滑的场合，密封效果好，俗称油封。

图5－12为唇形圈安装时的要求，当然，具体使用场合，根据条件可以有变化。

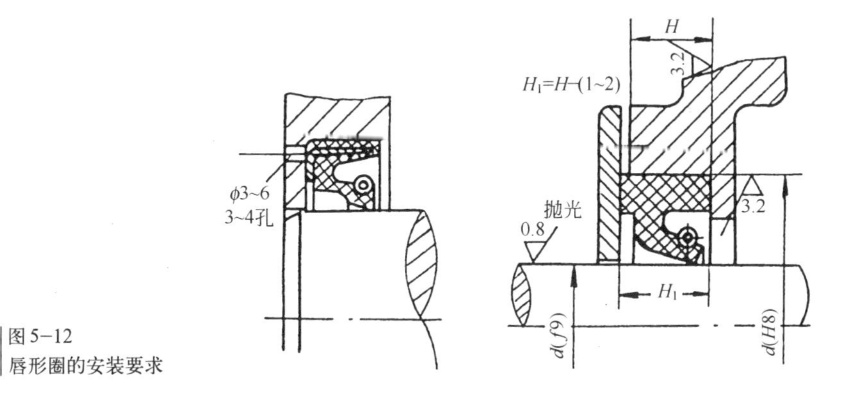

图5－12
唇形圈的安装要求

图5－13为几个唇形圈使用图例。

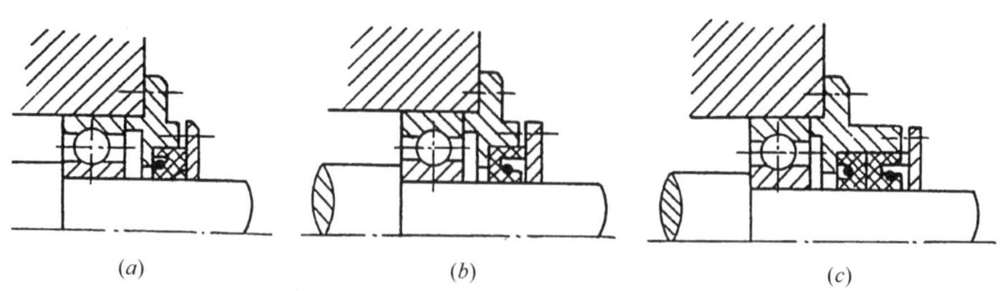

图 5–13
唇形圈使用图例
(a)防漏油式；(b)防尘式；(c)防尘防漏油式

5.3.3 成型圈密封

成型密封圈外观上与唇型圈相似，但一般没有骨架且用途与唇型圈大不相同。图5－14为常见成型密封圈的结构类型，一般成型密封圈按其截面形状命名，如V形圈、Y形圈、U形圈、L形圈等。

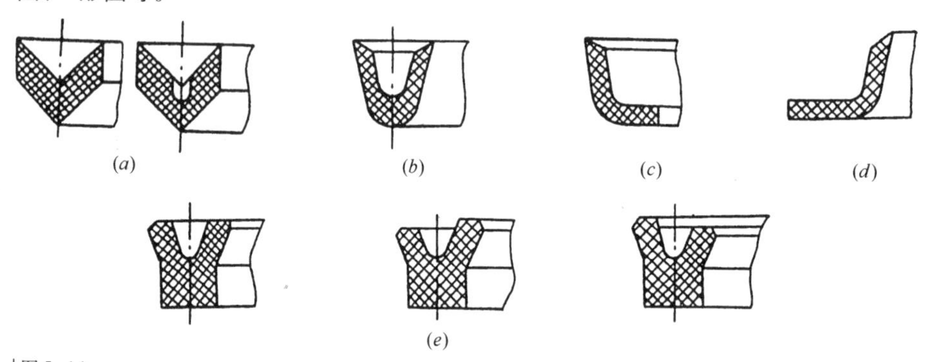

图 5–14
成型密封圈结构形式

成型密封圈常用材料为合成橡胶、夹布橡胶、合成塑料等，也可用皮革、铝、铜、不锈钢制作，一般采用模压成型，塑料、金属制密封圈也可采用机加工成型。

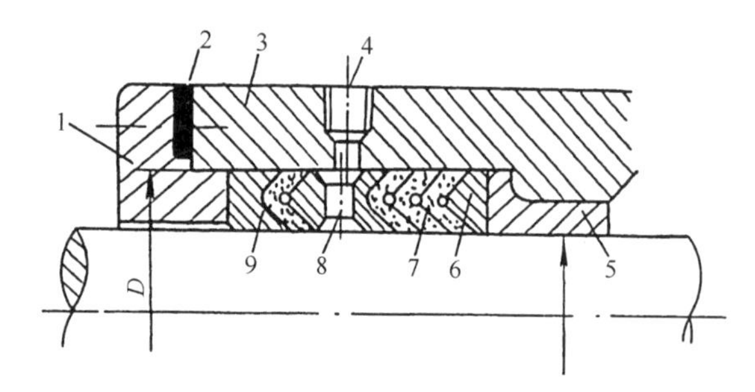

图 5–15
活塞杆的密封
1—压盖；2—调节垫片；3—缸体；4—注油孔；5—减压环；6—支承环；7—V型密封圈；8—液封环；9—压环

成型密封圈主要用于液压缸、气缸等的活塞杆、活塞的动密封，分别用于密封轴和孔。可单个使用，也可成组使用，结构简单、摩擦阻力小。成型密封圈内、外径尺寸有一定余量，安装后产生一定的变形，并可借助介质的压力形成自紧密封。轴用和孔用成型密封圈的安装结构有所不同，图5－15

为采用V形圈密封活塞杆的典型结构，图5－16为采用V形圈密封活塞的典型结构。

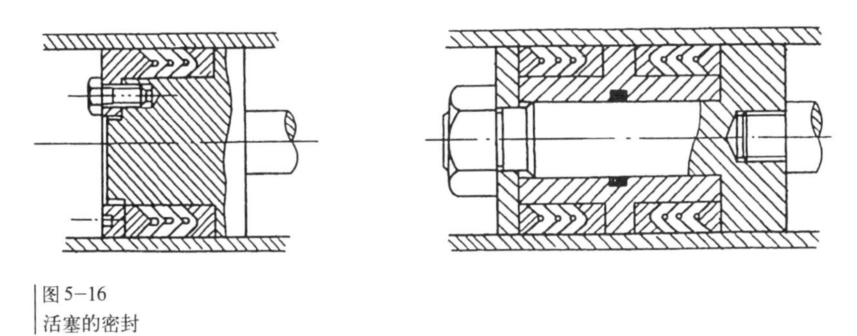

图5—16
活塞的密封

图5－17～图5－19分别为U形圈、L形圈、J形圈用于液压缸活塞或活塞杆密封的典型应用结构。

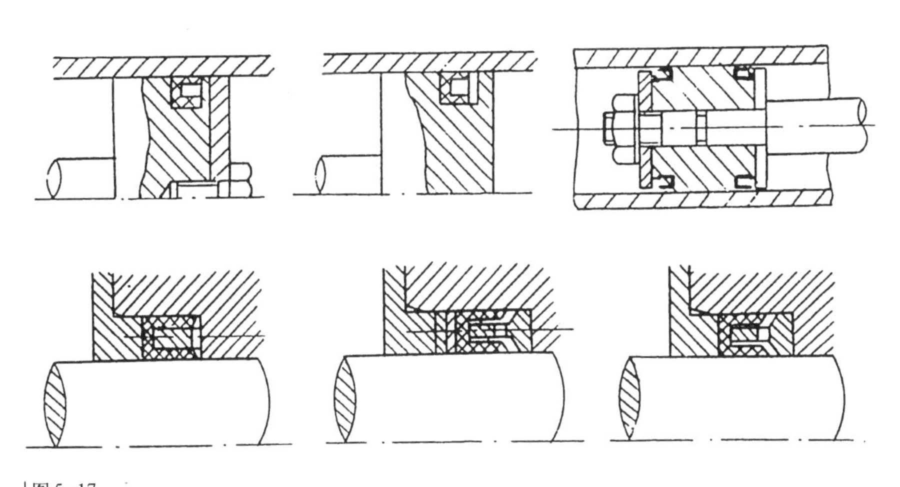

图5—17
U形圈的应用

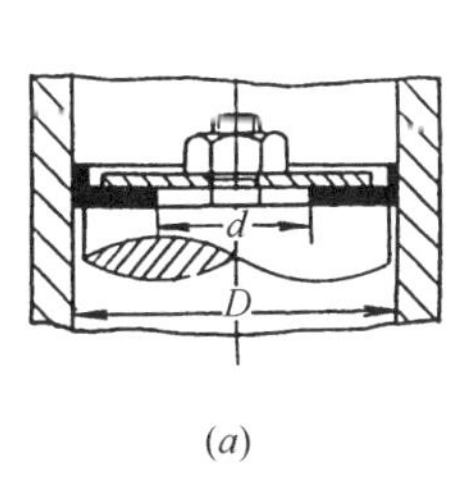

(a)

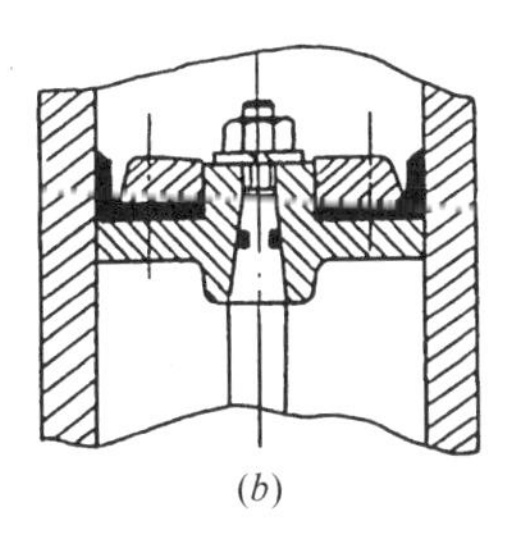

(b)

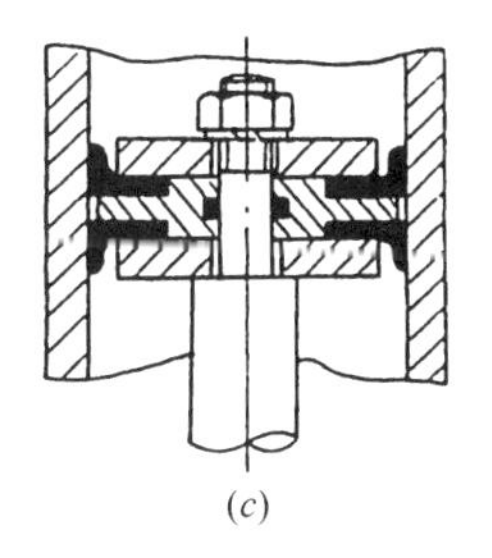

(c)

图5—18
L形圈的应用

5.3.4 非接触密封

浮动环密封是利用特殊结构形成油膜阻隔区实现气相隔离，主要用于压缩机的轴密封，图5－20为浮动环密封的工作原理示意图。浮动环密封由几个浮动环组成，浮动环重量很轻并以很小的间隙套在轴上，轴旋转时浮动环处于浮动状态。高压密封油由入口11注入密封腔中，沿图中所示箭头方向向两端溢出。图中左边为高压区，右边为低压区(大气)，浮动环的侧面间隙及与轴之间的间隙都很小，这些间隙对油的流动形成节流阻隔，从而形成一个油膜区。从两端流出的密封油经回收装置再回到油箱。

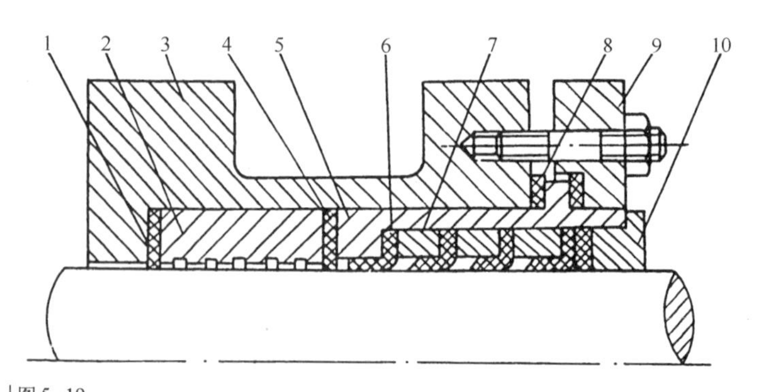

图5-19
J形圈的应用
1—石棉垫；2—减压环；3—密封箱体；4—石棉垫；5—密封盒；6—密封圈；7—金属间隔环；8—金属垫；9—压盖；10—填料压盖

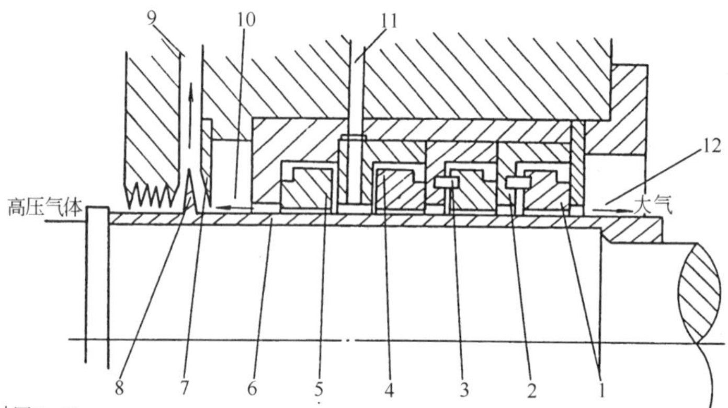

图5-20
浮动环密封
1—浮动环；2—L形环；3—销钉；4—内套；5—浮动环；6—轴套；7—挡油板；8—甩油环；9—密封油出口；10—高压腔；11—密封油入口；12—低压端

离心密封是利用转子高速旋转时带动液体产生的离心力将液体甩出从而形成阻隔区，达到密封目的。图5－21为三种不同结构形式的离心密封。

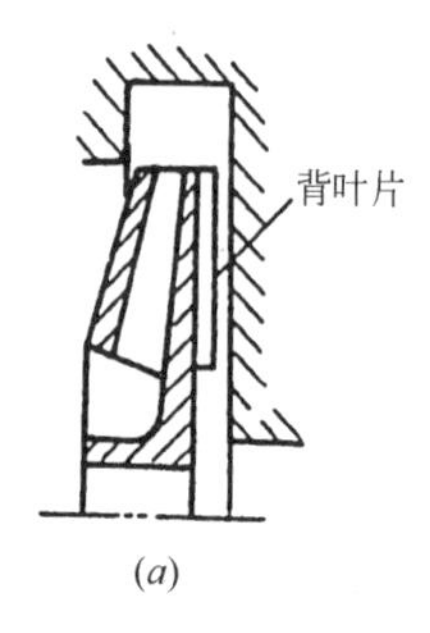

(*a*)

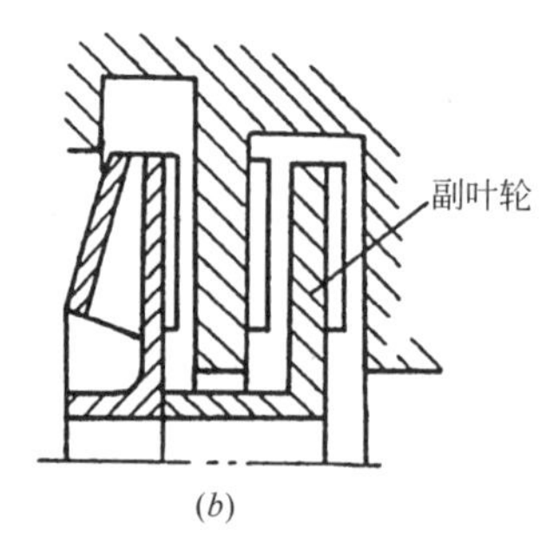

(*b*)

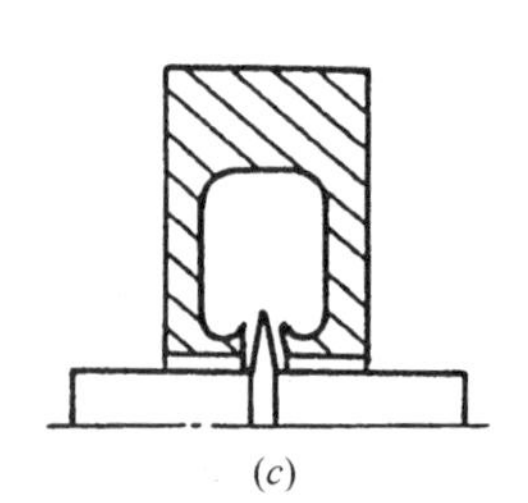
(*c*)

图5-21
离心密封

干气密封是在密封面间利用空气形成一特殊的阻隔区，达到密封目的，主要用于旋转式空压机的轴封。图5－22为干气密封的工作原理，静环3装在静环座内并通过弹簧2的压力与动环4紧密贴合，贴合面为密封面。动环通过销5与转轴8同步旋转，其端面开设有深度0.1mm的螺旋槽，如图5－22(b)所示。当干燥空气被输送到密封面时，由于动环的转动螺旋槽将气体由动环外周送到螺旋槽根部，并逐步提高气体压力，槽内压力造成贴合面形成2.5～5μm的间隙，故在正常运转状态，贴合面处于非接触状态。

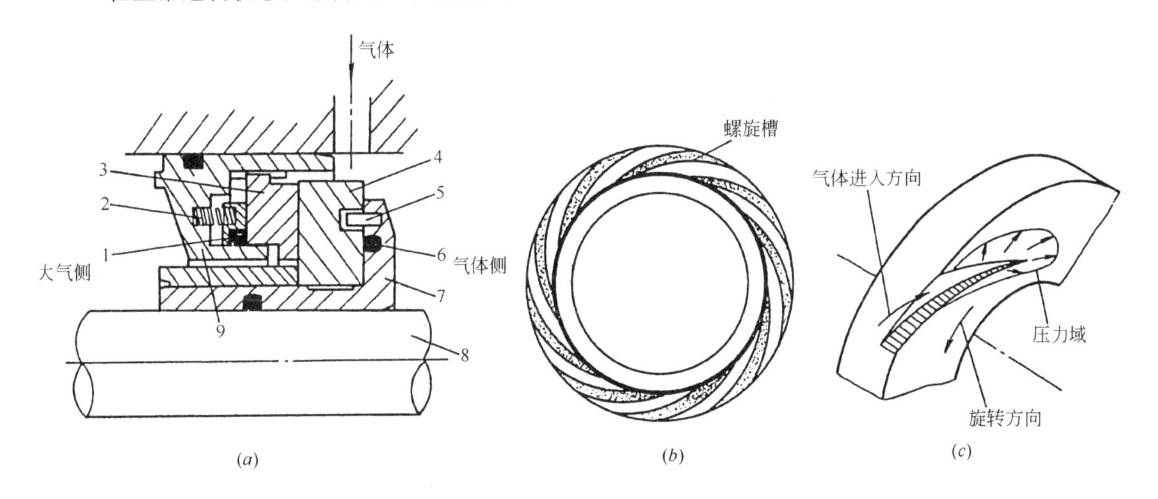

图5-22
干气密封
1、6—O形环；2—弹簧；3—静环；4—动环；5—传动销；7—轴套；8—轴；9—静环座

5.4 特殊密封结构

产品的密封要求服务于其功能需要，特殊用途的产品有特殊的密封要求。如高压管道、容器密封要安全、可靠，酱油瓶密封只要不漏就满足要求，冰箱门密封严，冰箱的冷冻、冷藏效果好且节能，但需经常开启取放物品，因此设计上须兼顾。现代冰箱门的密封一般采用镶磁性条的中空合成橡胶专用密封条解决了上述需要矛盾。

一般而言，工业机械设备的密封要求和复杂程度要比一般民用产品高的多，这也是我们在本章主要围绕机械设备密封问题讨论的原因。在普通产品上借用这些方法，设计处理起来往往显得非常简单、容易。

下面结合特定需要和产品介绍几种密封结构。

图5－23的结构称为铁磁流体密封。铁磁性超细微粒在低挥发度的液体中构成稳定的胶体溶液，即铁磁流体。铁磁流体在密封间隙中受磁场作用，形成强韧的液体膜，阻止泄漏。铁磁流体为液体，对旋转轴无摩擦。

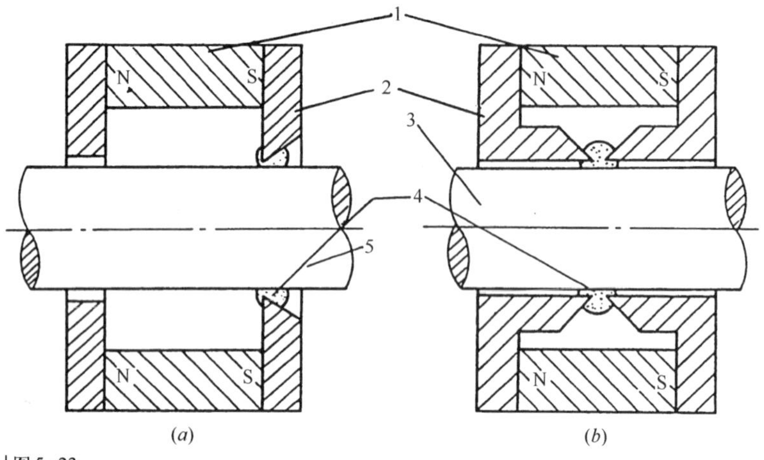

图 5-23
铁磁流体密封
1—永久磁铁；2—软铁极板；3—非导磁轴；4—铁磁流体；5—导磁轴

铁磁流体密封用于高速、高真空等密封场合。

图5－24为三种特殊的管道密封结构。图5－24(a)结构简单、密封可靠，适用于快速装拆场合使用；图5－24(b)通过螺母和锥面将连接管扩口连于锥面，适用于液压系统等薄壁金属管路连接；图5－24(c)用球头管套实现管子连接，允许两管不同轴线的连接及连接位置相对偏移。

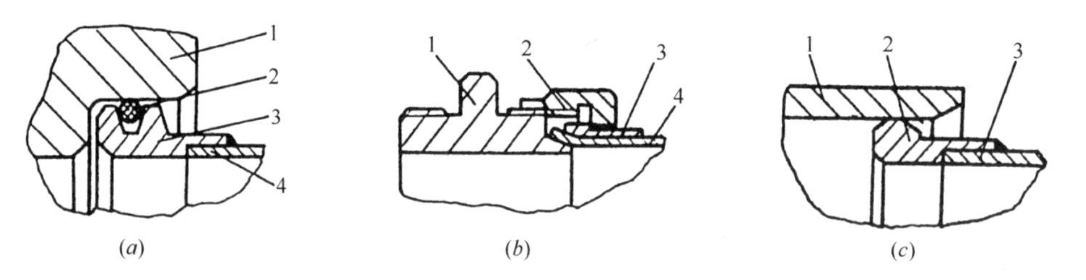

图 5-24
特殊结构管道密封
(a)1—壳体；2—橡胶圈；3—V形槽；4—管子
(b)1—接头体；2—螺母；3—压套；4—管子
(c)1—连接套；2—球头；3—管子

图5－25为高压容器密封的几种结构。图5－25(a)结构简单，使用压力20～50MPa，图5－25(b)加工精度要求不高，预紧力小，具有自紧密封作用，使用压力200MPa，图5－25(c)结构简单，有自紧密封作用，装拆方便。

如图5－26所示，桶装水饮水机的密封原理是，水桶倒坐在聪明座装置上，利用大气压力与桶内空气压差形成平衡密封，机内水位高于出水口，利用连通器原理放出水。这种密封方式非常可靠，只要水桶不漏，桶内水不会在重力作用下自行溢出。

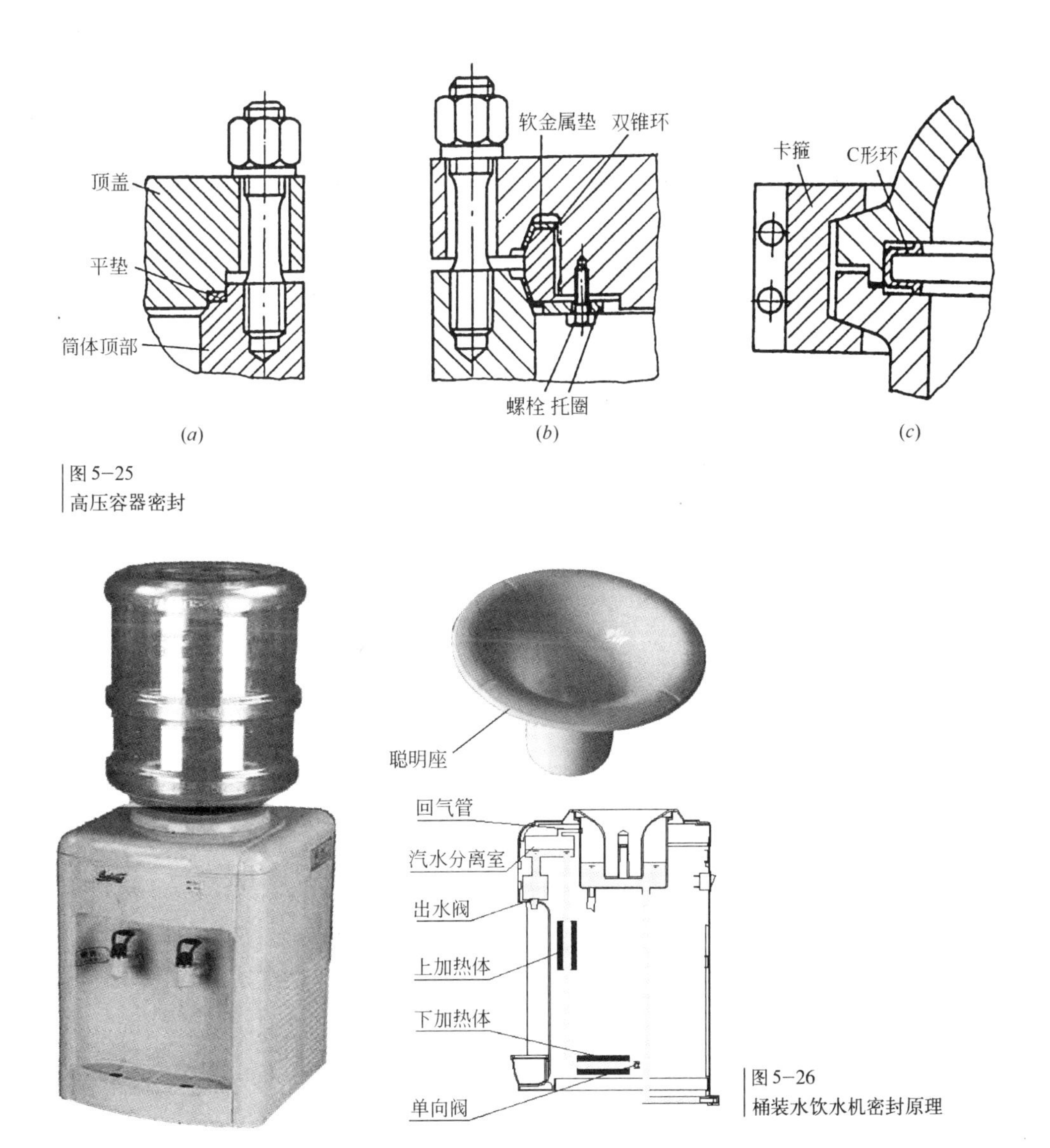

图5-25
高压容器密封

图5-26
桶装水饮水机密封原理

图5－27的药瓶，内口用铝箔复合纸用高频热封方法粘合密封，瓶盖开设方便启闭口，用环状弹性结构密封。

图5－28为两种常见的装液金属罐。左边金属罐盛装打火机用煤油，罐头部安装有塑料制煤油释放节门，节门工作原理与水龙头类似，依靠顶部的旋转头控制，旋转头转到一定角度，节门内部通道打开、接通，可将煤油倾倒出来；压下旋转头，则关闭节门。右边的金属罐为喷雾罐，盛装有压力的液体，头部装有喷射控制阀门，按下阀门，液体由阀门口喷出。

阀门的典型结构如图5－29所示，阀门闭合状态时，依靠弹簧压力闭合液体通道，此时的密封元件为阀杆肩部软垫片。

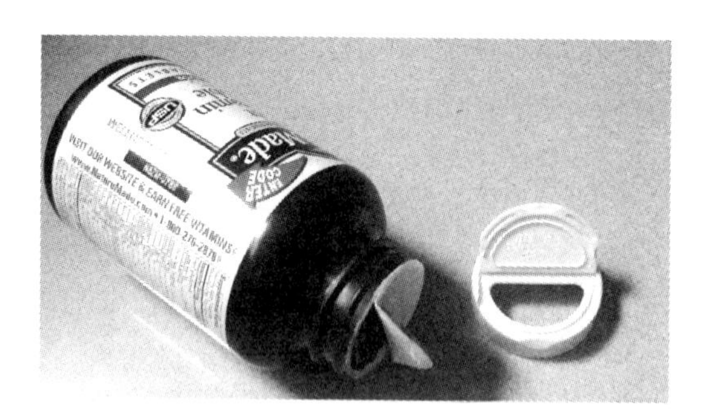

图 5–27
药瓶封盖

图 5–28
两种金属罐封口

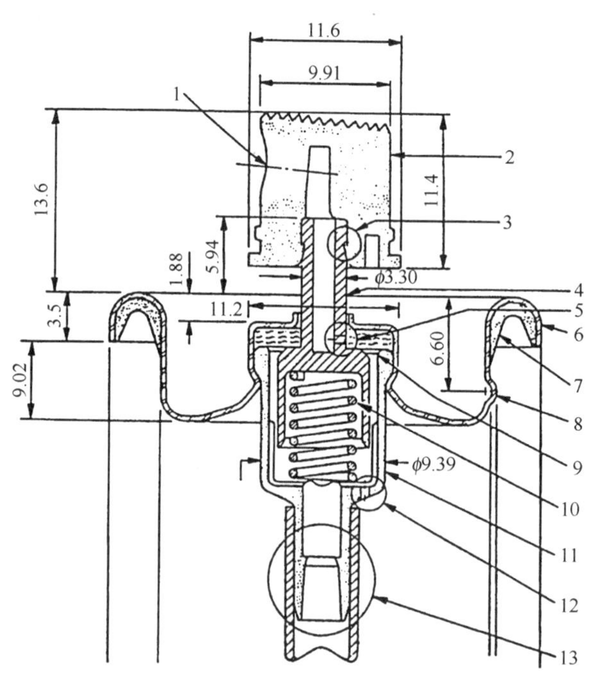

图 5–29
喷雾罐阀门结构
1—按钮喷孔；2—按钮；3—固定杆；4—阀杆；5—阀杆喷孔；6—阀杯；
7—溶胶内衬；8—陷窝；9—阀杆垫圈；10—弹簧；11—阀体；
12—排气孔；13—阀体喷孔

第6章 安全结构设计

安全结构指产品工作、使用中出现特殊或意外情况时，用于保护产品、避免发生人身事故而设计的有关结构、装置等，常见装置如汽车的安全气囊、ABS系统及高压锅的热熔安全阀等。产品的安全性越来越受到重视，成为现代产品设计中极为重要的设计内容和任务。

6.1 概述

6.1.1 安全结构的功能与设计考虑因素

安全结构的基本功能主要是在出现意外情况时保护操作或使用者人身安全和产品的安全，但以何种方式、措施实现保护、提供保护的程度和效果及所能达到的保护范围取决与具体产品的工作特点、使用环境、意外情况的出现方式及安全结构设计的策略等。

例如，对汽车的有关安全结构设计问题，保护的对象包括司乘人员的人身安全、车辆的安全、零部件和附属装置(如发动机、轮胎)的安全等；保护的范围可以包括行驶在复杂路面(冰、雪、湿、滑、坑洼等)车辆的安全稳定性，紧急制动时的安全性、局部存在故障(如多缸发动机个别缸不工作)时的安全性及意外情况时的安全性；对人员的保护方式和措施包括安全带、安全气囊、前挡风用钢化玻璃、儿童锁等，对车辆的保护方式和措施有车辆仪表、故障指示器(警告灯)、前后保险杠等；故障指示器能达到的保护效果只是提示、提醒，儿童锁能达到的保护是限制车门容易打开，ABS刹车系统能获得的保护作用是使车辆在紧急制动下不抱死，稳定减速、制动，安全带和气囊则提供在碰撞等重大事故时对人员人身安全的最大可能保护。

产品的安全结构设计一般主要考虑针对意外情况出现时，实施可能的保护。因此，首先要分析清楚各种可能出现的意外情况及其影响，然后有区别地选择，进而确定相应的设计策略，再进行相应的结构设计。

分析意外可能，一般以出现概率较高及影响较大的为主，通常从产品使用、工作条件和环境变化、产品本身有关部件失效或出现故障、操作者误操作及一些特殊情况(如故意人为、地震)等几个方面着手进行。可能出现的意外情况根据产品的具体工作方式、使用环境不同差别很大，需具体分析。以汽车为例，需考虑的意外情况包括：行驶中出现突发情况，紧急转向、制动；行驶在复杂路面时，可能出现的振动、颠簸、打滑、车身倾斜、方向暂时失控等；出现局部故障时的安全、稳定性，如个别轮毂紧固螺栓松动、发动机个别缸不工作、轮胎突然爆裂等；发生特殊意外情况，如挡风玻璃被异物打碎等。

分析意外情况造成的影响是制定安全结构保护策略和设计方案的前提。意外情况造成影响主要包括对产品的影响和对人的影响两个方面。对产品的影响相对比较简单、容易分析确定，主要是分析对产品破坏方式和程度；对人的影响需结合具体情况考虑有关的可能性(如离产品故障点距离、警觉意识状态等)、影响方式和程度及影响的时效性等。

安全结构设计的策略制定取决于可用安全措施及其效果、加工制造成本、发生意外的概率及相应的影响程度等。主要设计策略按安全结构、装置可能达到的保护程度分为：提示警告，保护程度不确定，需进一步采取措施；有限保护，尽可能减小破坏，保护主要部分和整体；完全保护，出现意外情况仍可工作或对产品、人员没有损害和影响。

6.1.2 安全结构设计原理

安全技术分为提示性安全技术、间接安全技术和直接安全技术三种。

提示性安全技术是指在事故出现前发出警报和信号，提醒注意，以便及时采取措施，避免事故发生。如指示灯、报警器等。在安全设计原理上称为警示。

间接安全技术通过保护装置或保护系统实现产品的安全可靠，如安全阀、安全带及防护罩等。间接安全保护装置按实现保护作用方式分为：发生危险时发出保护反应动作，使系统安全，如安全阀，原理上称为转换；以自身的保护能力实现安全保护，如汽车安全带，原理上称为借助；无需保护反应实现保护功能，如防护罩，原理上称为隔离。

直接安全技术指结构设计中直接满足安全要求或借助工作系统部件、结构保证产品在使用中不出现危险。主要包括以下三种原理：

(1) 安全存在原理：所有构件及其相互关系在规定载荷和工作时间内可承受所有可能事件不发生事故，处于完全安全状态。

(2) 有限损坏原理：出现意外情况，次要部件或特定部位受损，保证主体和整机安全。

(3) 冗余配置原理：重复设置多个实现功能的装置，当出现事故时，产品仍可继续工作，产品性能不受影响或能力削弱，但仍能实现功能。

6.2 采用警示原理设计的安全结构

警示性安全结构或装置设计需要对产品运行、工作过程中的有关状态参数如载荷、压力、温度、速度等特征变量进行检测、监控，通过转换装置控制相关警示装置，并预先设定参数限制阈值，当有关参数达到或超过设定阈值，意味着产品处于故障临界状态或已出现故障，警示结构或装置启动或发出反应动作，实现提示或警示功能。因此，设计时首先要确定所检测、监控的变量参数，然后确定警示的方式和反应动作，再设计转换装置，最后完成安全结构的全部设计。

警示性安全结构装置通常较其他形式的安全装置设计上方便、结构简单、对产品主体功能结构影响小，在机械设备和一般工业产品中应用广泛，如各种电子、电器产品中的电源指示器、水壶和茶炉的沸腾鸣叫装置、自动机和生产线的故障指示灯、报警器等。

图6-1为一种工程车失控溜滑报警系统，该装置由一个溜滑传感器和电气回路组成。当工程车向前运动或向后倒车时，该装置电路系统处于连通状态，发出报警声。

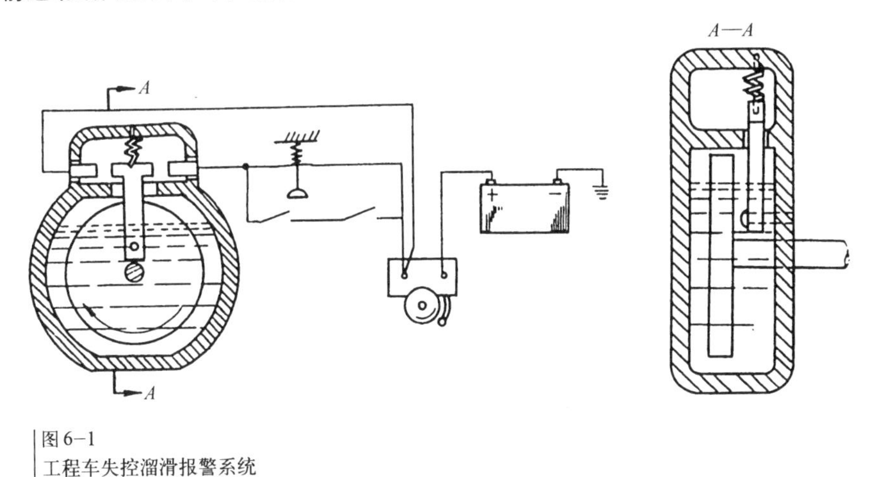

图6-1
工程车失控溜滑报警系统

图6-2为 种潜望式汽车后视镜，可扩大视野，司机在座位上可看到左下方和前部下方景物的映像，图6-2(*b*)为其视界范围。

图6-3为一种汽车用多功能、远距离操纵式外后视镜，镜面角度由司机操纵，通过一支流电机控制调节。该后视镜装有清洗器、刮水器、电热除霜除雾器，保证后视镜在各种条件下均能正常工作，可用于大型卡车、客车等。

图6-4为一种过载时可发出警示的新型切削刀具。应变计检测切削过程中的机械力，内置电子装置用于处理、传送传感器信号。

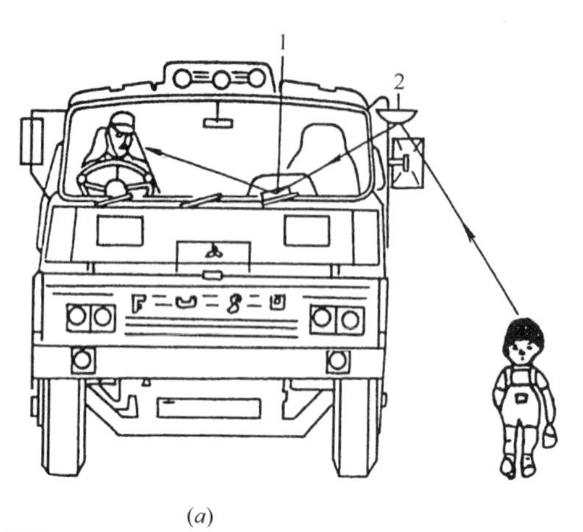

(*a*)

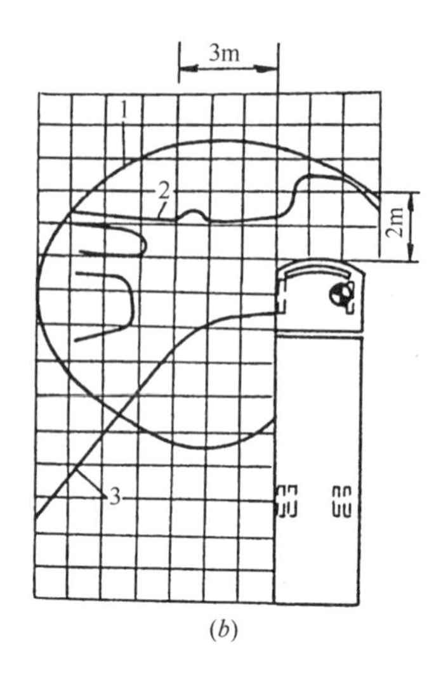

(*b*)

图 6–2
潜望式汽车后视镜
(*a*)潜望式后视镜的工作原理
1—对眼镜(平面镜)；2—对物镜(凸面镜)
(*b*)潜望式后视镜的视界
1—潜望式后视镜的视界范围；2—直接视界(地上1m)；3—外后视界的视界范围

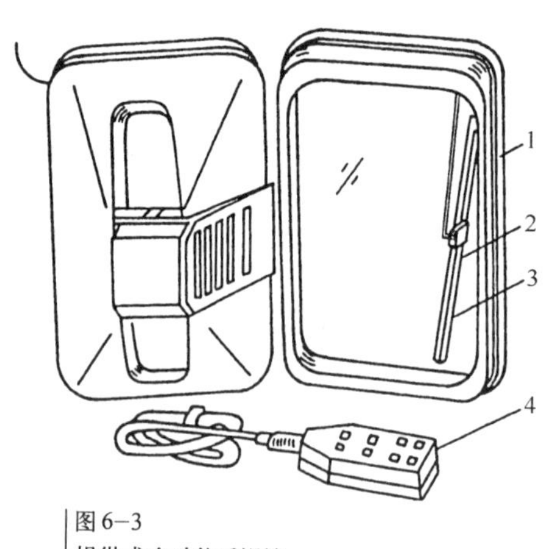

图 6–3
操纵式多功能后视镜
1—镜框；2—镜片；3—刮水器；4—开关盒

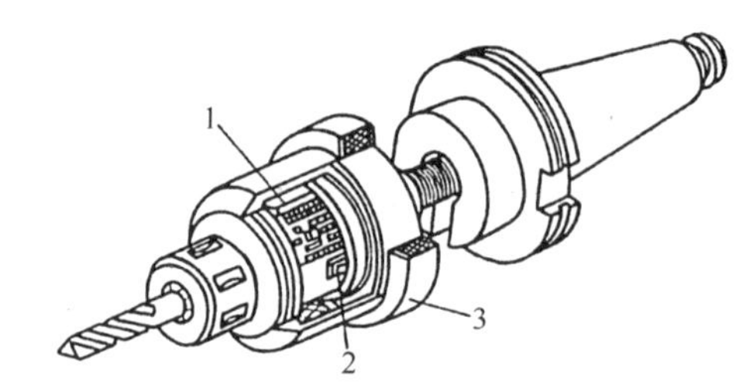

图 6–4
一种新型刀具
1—内置电子装置；2—应变计；3—感应式数据变送器

6.3　采用转换原理的安全结构装置

采用转换原理的安全结构、装置需要利用一个反映危险状态的产品工作状态输入参量驱动安全结构、装置，在危险将出现时，输出一个参量，安全装置发出反应动作，避免产品或系统出现危险。采用转换原理工作的安全结构、装置在产品中应用很普遍，如电饭煲的跳闸、液压系统的安全阀、机械设备中的各种过载保护安全装置等。

图6–5为机械传动系统中常用的楔块式过载保护装置。当载荷扭矩超过摩擦片与飞轮辐板

间摩擦力矩时，飞轮与摩擦片产生滑动，系统不能继续运转，避免发生危险。此装置结构简单，但最大摩擦力矩取决于楔块压紧程度，楔块靠手工楔紧，很难控制、调整。

图6-6为弹簧式过载保护器，通过弹簧片（摩擦片）限制轴与飞轮间传递扭矩的大小，依靠弹簧压紧作用力控制摩擦力矩。

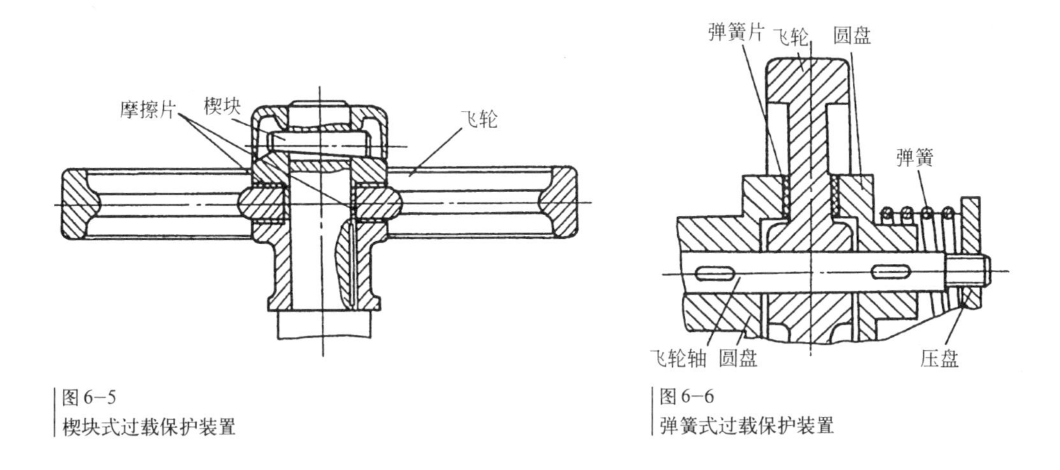

图6-5
楔块式过载保护装置

图6-6
弹簧式过载保护装置

图6-7为几种扭矩限制装置。图6-7（*a*）利用磁销数量限制所能传递的扭矩，使用时可通过拆卸磁销调整；图6-7（*b*）通过锥形离合器锥面摩擦力限制所传递的扭矩，弹簧、螺母用于调

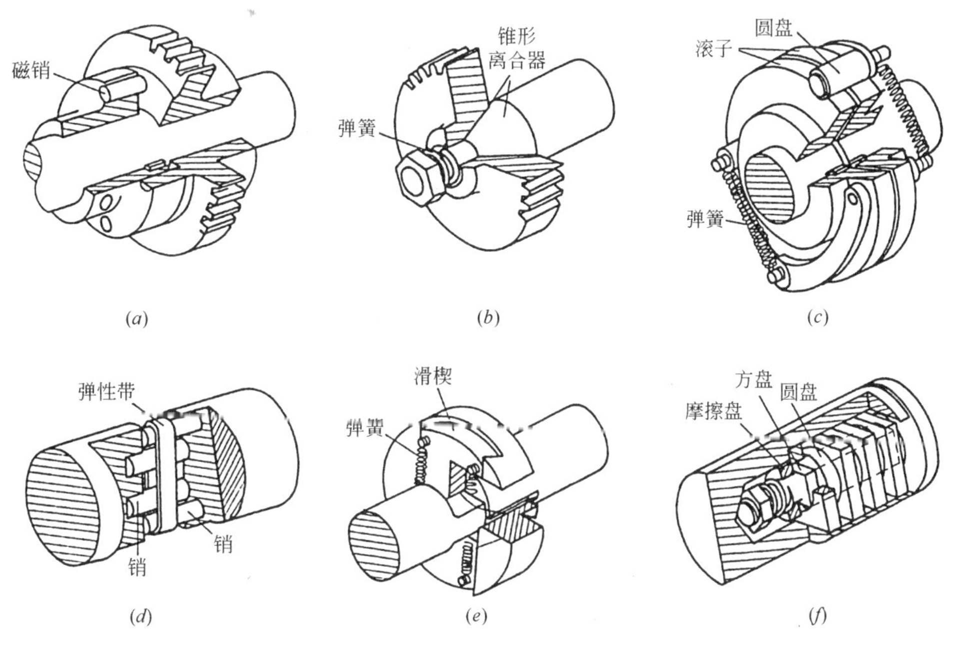

图6-7
几种扭矩限制装置

节；图6−7(*c*)中，弹簧使滚子保持在两轴端圆盘上的同心横槽内，超载时克服弹簧力滚子被挤出槽中；图6−7(*d*)是在分别固定于两轴端的轴销上缠绕有弹性带，两端销比中间销小，以确保接触，传递最轻负荷，超载时皮带打滑；图6−7(*e*)的弹簧将两滑楔拉合卡住轴的切平端，扭矩过高时分开；图6−7(*f*)中，摩擦盘由可调节的弹簧压紧，方盘锁入左轴方孔内，圆盘锁住右轴的方杆，扭矩过大时打滑。

图6−8为一种防止丝锥损坏的夹具，当攻丝的扭矩达到预定值时，可自动脱开传动的丝锥夹具，有效防止丝锥损坏。

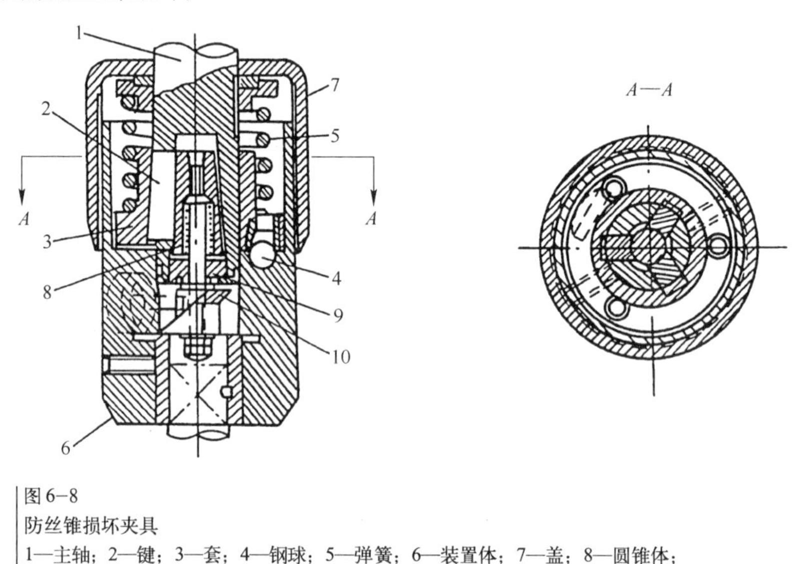

图6−8
防丝锥损坏夹具
1—主轴；2—键；3—套；4—钢球；5—弹簧；6—装置体；7—盖；8—圆锥体；9—螺塞；10—楔块

6.4 采用有限损坏原理设计的安全装置

有限损坏原理是在出现危险故障时，通过以损坏特定零部件为代价，保证其他重要结构。在这类安全装置中，需刻意设计一薄弱环节，引导破坏发生的方向。采用有限损坏原理的典型安全结构、装置包括电器中的熔断保险丝、高压锅的热熔片及机械传动系统的安全销等。

图6−9为一传动系统中采用安全销的过载保护装置，过载时，销子被剪断从而起到保护作用。

图6−10为保护压力系统的碎裂型爆破膜安全装置，爆破膜采用石墨、玻璃、硬橡胶等材料制造，系统压力超载时，通过爆破膜的碎裂卸压，从而保护整个系统的安全。软质膜片3用于提高密闭性。

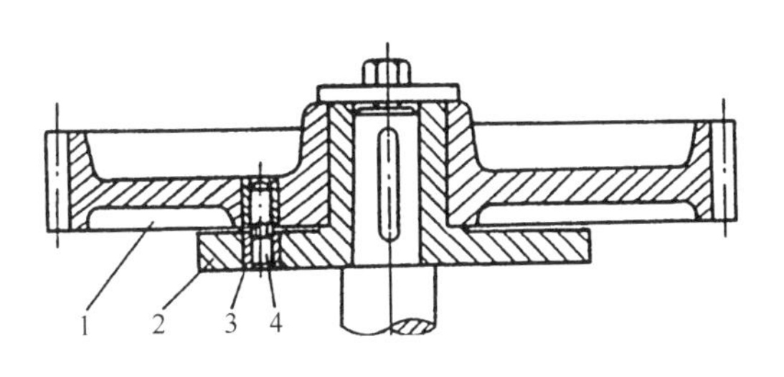

图6-9
安全销过载保护结构
1—飞轮；2—圆盘；3—钢套；4—保险销

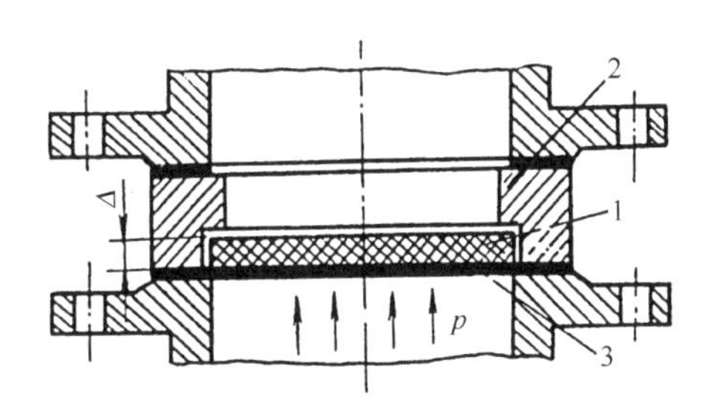

图6-10
碎裂型爆破膜
1—膜片；2—环；3—软质膜片

6.5 采用冗余原理设计的安全装置

对于重要的系统，常采用冗余原理设计安全装置，以获得最大的安全可靠性。冗余原理又可分为积极、消极和原理冗余三种。

为确保飞机飞行的安全，飞机上常配置多部发动机，如图6-11所示，当其中一个或几个发动机出现故障时，只要有一个发动机可正常工作，即可满足飞机的飞行要求，不影响飞行性能。此类冗余设计称为积极冗余。

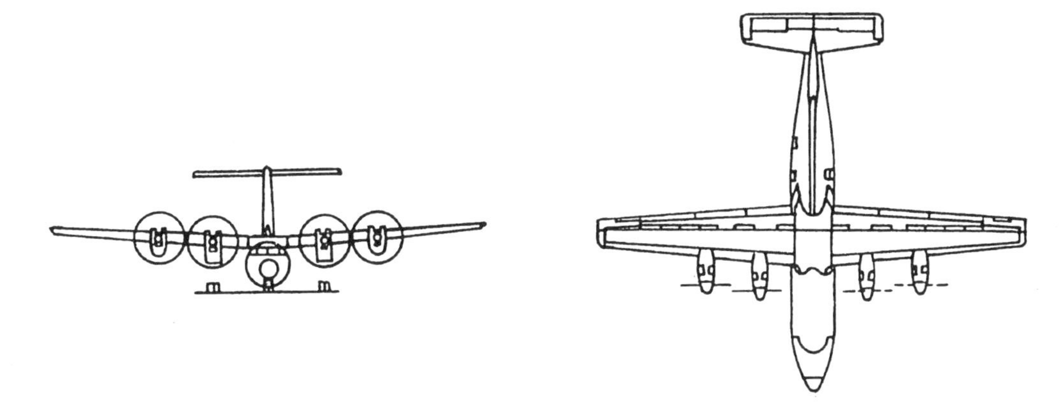

图6-11
装有四部发动机的飞机

图6-12所示，汽车轮的紧固螺栓数设计也属于积极冗余，只是其中不工作的螺栓数也不能太少，一般不能超过一半。

消极冗余指安全系统配置的重复装置部分不工作时，系统的工作性能受到一定程度的影响，但仍可以工作。

图6-13为采用多台水泵配置的泵站，工作制度分为正常排水和大涌量排水两种，正常排水时，两台泵轮流工作，其中一台为备用；大涌量排水时，两台水泵同时工作，满足排量要求。

图6-12
采用积极冗余原理布置的紧固螺栓

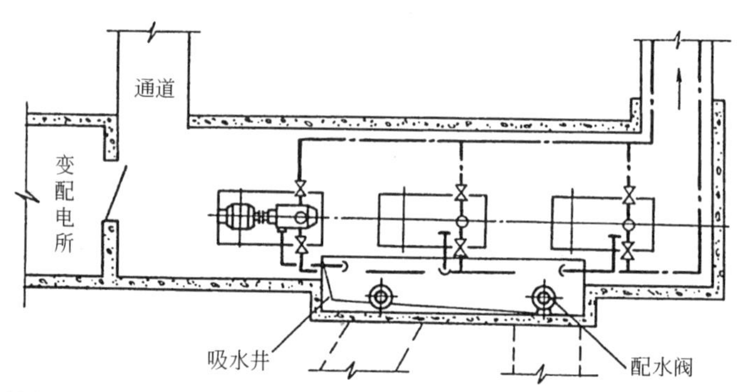

图6-13
采用消极冗余原理配置多台水泵系统

原理冗余是指采用不同工作原理但可达到同样功能的备用装置，保证安全。典型的例子如备用发电机供电系统和备用楼梯等。

第7章　绿色结构设计

绿色结构设计指构成、支持符合绿色设计思想与要求的产品结构设计技术与方案。绿色设计是当今方兴未艾的重要设计思想观念和潮流，反映在产品设计方面，符合绿色设计要求的产品称为绿色产品，绿色结构设计是绿色产品设计的关键技术。从结构设计技术层面上看，目前的绿色结构设计并没有多少突破传统的新结构形式，主要是设计思想观念和要求的转变，进而带来结构上设计方案选择与构造的变化，并同时形成新的设计评价体系和指标。

7.1　绿色设计与绿色产品结构设计

7.1.1　绿色设计与绿色产品的概念

绿色设计也称为环境设计、生态设计、可持续发展设计等，不同称谓的内涵却是一致的。绿色设计是指在产品及其寿命周期全过程的设计中，要充分考虑对资源和环境的影响，在充分考虑产品的功能、质量、开发周期和成本的同时，更要优化各种相关因素，使产品及其制造过程中对环境的总体负影响减到最小，使产品的各项指标符合绿色环保的要求。其基本思想是：在设计阶段就将环境因素和预防污染的措施纳入产品设计之中，将环境性能作为产品的设计目标和出发点，力求使产品对环境的影响为最小。对工业设计而言，绿色设计的核心是“3R”，即Reduce（减量），Recycle（循环），Reuse（再利用），即减少物质和能源的消耗，减少有害物质的排放，使产品及零部件能够方便地分类回收并再生循环或重新利用。

绿色设计的概念与思想应用于产品设计即为绿色产品设计。绿色产品设计主要包括：绿色材料选择设计、绿色制造过程设计、产品可回收性设计、产品的可拆卸性设计、绿色包装设计、绿色回收利用设计等。绿色产品设计要从材料的选择、生产和加工的流程产品直到运输、包装等方面都要考虑资源的消耗和对环境的影响，寻找和采用尽可能合理和优化的结构和方案，使资源消耗及对生态环境影响降到最低。

对应工业设计领域，以下三方面是绿色产品设计的核心内容：

（1）材料选择与管理：不能把含有有害成分与无害成分的材料混在一起；产品到寿命周期后，有用部分要充分回收利用，其他部分要用一定的工艺方法进行处理，使其对环境的影响降到最低。

（2）可回收性设计：综合考虑材料的回收可能性、回收价值的大小、回收的处理方法等。

（3）产品的可拆卸性设计：要使所设计的结构易于拆卸、维护方便，并在产品报废后能够重新回收利用。

绿色产品是绿色设计的结果和载体，在绿色产品上体现了绿色设计的思想观念并可在相关的几个方面具体表现出来。绿色产品具有丰富的内涵，主要表现在以下几个方面：

（1）环境友好性：产品从生产到使用的整个寿命周期乃至废弃、回收、处理等的各个环节均对环境无害或危害很小。

（2）充分利用材料资源：尽量减少材料使用量，减少使用材料的种类，特别是不可再生资源、稀有贵重材料及有毒、有害材料，鼓励使用可降解材料和易于再生资源。表现在产品设计上，在满足产品基本功能的前提下，除合理选择材料外，要设计、选择适合于材料的结构，尽量简化产品结构，并考虑产品零部件材料最大限度的再利用。

（3）节约能源、节省资源：在产品寿命周期的各个环节以及产品报废回收处理时消耗能源和资源（如节能、节水的洗衣机和工业用清洗机）尽量小。

（4）方便回收处理和再利用：废弃后易于拆解、分类，回收处理简便、消耗低，或可更新、再生及再利用。这一方面也是产品绿色结构设计研究的主要内容。

一件产品通过绿色设计在以上的某一方面或几方面得到改善，相对于普通产品也可称为绿色产品，所以现在自己号称为绿色产品的不胜枚举。不难看出，绿色产品需要有一个评价其绿色程度的指标即“绿色度”来衡量，不幸的是直到现在，国际上还没有明确的指标量化“绿色度”。但很多发达国家对某些具体产品指标已制定了一些相关检验标准，如汽车的尾气排放、建筑涂料、垃圾袋、电子产品电磁辐射等，进而形成了相关的一些检验、认证标准和法规，并在逐步的完善中。显然，绿色产品是相对的，根源于绿色程度的相对性和标准的变化，绿色产品也是变化的。在时间上，新产品比老产品绿色特性优越，可称为绿色产品，但从前的绿色产品可能今天不属于绿色产品，同样，今天的绿色产品，几年后也可能不再是绿色产品。空间上，中国的绿色产品，在欧洲不一定可以得到绿色产品认证，反之亦然。

7.1.2 绿色结构设计

绿色结构设计是支撑绿色产品设计的关键和重要环节技术。凡是符合绿色设计思想观念，能够提高、改善产品“绿色度”使产品体现优良绿色特性的结构设计技术和方案，均可称为绿色结构设计范畴。绿色设计潮流方兴未艾，绿色结构设计也处于发展中，对应绿色设计概念内涵的几个基本方面，绿色结构设计主要内容如下：

1. 面向环境友好的结构设计

此方面主要是结合环境友好技术、材料的使用，配合适当的结构设计。包括使用对环境无污染或少污染技术与材料的产品、使用易于降解材料的产品、使用易再生材料的产品等。由于产品核心技术、构造材料不同于一般产品，结构设计上的考虑也相应发生变化。前者是核心和关键，后者是技术和配套。通常，此情况在结构设计上，只是选择一些前几章介绍过的合适结构来满足要求，故在此不作深入分析，仅举几个典型产品实例略作说明。

图7-1为绿色设计领域大名鼎鼎的一件产品，意大利设计师帕泽特设计的OZ23冰箱。该冰箱采用异丁烷R600a作制冷剂，环戊烷作填充绝缘体，而壳体、内衬材料均为可降解塑料。传统的冰箱、空调等制冷产品，均采用氟利昂作为制冷剂，并使用氟利昂发泡材料作为热绝缘体材料。氟利昂挥发破坏臭氧层，这已是今天广为人知的科学常识。据有关国际公约和议定书规定，1996年后，发达国家禁止使用氟利昂，非发达国家自2010年起停止使用氟利昂。我国近几年生产的制冷产品已基本上不使用氟利昂，故市场上出现了很多绿色冰箱、绿色空调。采用非氟利昂制冷剂的产品，由于制冷剂特性不同，压缩机及相关制冷剂循环的结构需要与之适应，必然与传统压缩机有所不同。

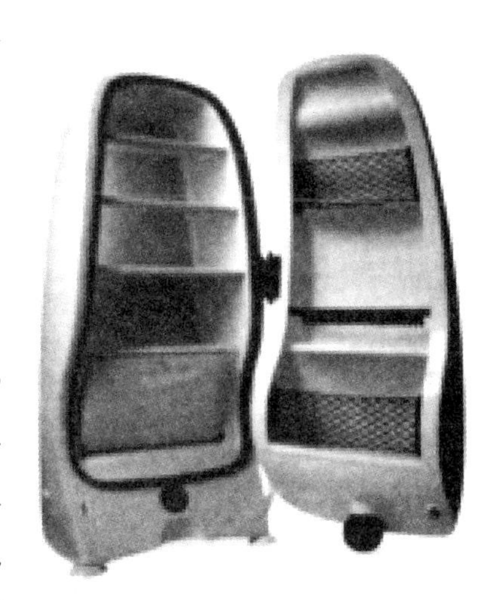

图7-1
绿色产品——OZ23冰箱

类似地，二氧化碳排放造成地球温室效应也是近几年环境关注的热点问题之一。交通工具在不少国家和地区，不仅是空气和噪声污染的主要来源，并且消耗了大量宝贵的能源。因此，交通工具的绿色设计备受设计师们的关注。新技术、新能源和新工艺的不断出现，为环保汽车设计提供了条件。减少污染排放是汽车绿色设计最主要的问题。以技术而言，减少尾气污染的方法主要有两个方面，一是提高汽车工效从而减少尾气排放量，二是采用新的循环型清洁能源。从提高汽车工效来看，则需要从外观造型上加强整体性，减少风阻。在汽车的机械零件传动中要使其动力传送达到最大效能。美国通用汽车公司的EV1是最早的电动汽车，它采用全铝合金结构，流线造型，一次充电可行驶112～144km，是汽车绿色设计的典范。显然，其车体、驱动、传动等系统的结构与传统汽车有很大的不同，因涉及结构设计方面非常专业化的内容，在此不便深入讨论。

在家具设计方面，中国传统明清硬木家具很符合绿色设计的观念，结构上全部采用榫卯连接结构(2.4.2节已介绍)，表面不饰漆，以彰显木质本身的纹理为美，如图7-2所示。特别值得指出的是，这些家具通常结构牢固，使用寿命长久，可逐代传承，即便损坏，也可以大改小，翻新再作，材料的利用堪称典范。

图7-2
明式家具

考虑木材生长缓慢，采伐森林资源对生态环境破坏大，发展、使用竹藤家具是当今绿色设计在家具方面一个开发热点。竹、藤生长速度快，在我国种植区域广，资源丰富。如图7-3所示，竹藤家具在设计、制造上一定要结合材料本身的特征、属性，采用合适的成型、连接、固定结构，如烤弯、编织、插接、组合等结构工艺。

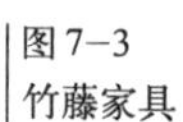

图7-3
竹藤家具

采用尽可能少种类甚至单一材料制造产品便于废弃回收、循环再用，也是现代绿色设计常用的设计策略。图7-4为意大利IDA公司设计的一次成型全铝合金椅子，图7-5为一款全玻璃材料制作的艺术灯，结构设计上，除造型需要外，主要考虑制造工艺的制约。

图 7-4
全铝合金一次成型椅子

图 7-5
艺术玻璃灯

2. 面向减量的结构设计

面向减量的绿色产品主要包括节约能源的产品、节约消耗资源的产品(如水资源)和节省构造材料的产品。对于前两种情况，核心问题是其中实现功能的关键技术，结构设计多数情况下属于配套设计，结构变化也超不出常规结构的范畴；第三种情况，结构设计是关键，但往往需比较巧妙地利用常规结构或设计出超乎寻常的特殊结构，可归纳成具有一般借鉴意义的结构设计数量尚有限，在此，不单独结篇讨论，仅举几例如下。

图 7-6
书房一体家具

图7-6～图7-8为几个考虑节省材料的结构设计。图7-6的一体家具将书架、阅读小桌和椅子结合为一体，节省家具

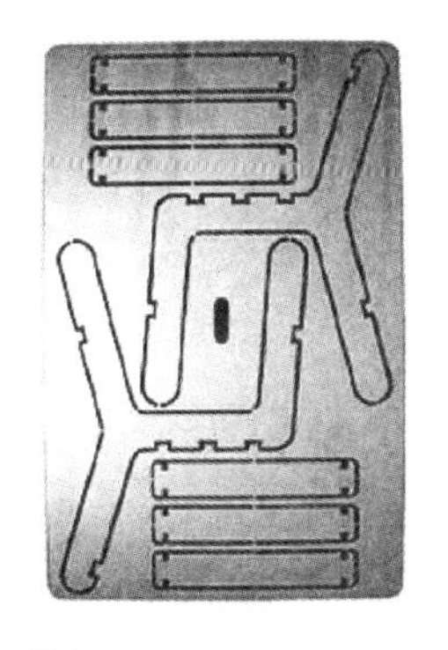

图 7-7
组装座椅

图 7-8
一体小桌子

材料、节省空间，为喜爱读书的人设计；图7-7的椅子构件全部排布在一张板材上，采用插接结构，用户自行组装，有一类组装玩具大概是这款设计的结构创意来源；图7-8的小桌子完全在一块板上成型制成。

法国著名设计师菲利普·斯塔克(Philippe Starck，1949～)非常善于用减量结构这种设计策略，其代表作"柠檬榨汁机"、"路易20桌椅"等堪称是经典设计，结构简单，造型简化到了最单纯但又十分典雅的形态，从视觉上和材料的使用上都体现了"少就是多"的原则，是简约主义的代表人物。

图7-9所示，为一种多活动自由度空间机构的两种构型，它们都是由一种叫做stwart机构演变而来，其中，几条支杆长度伸缩变化或一端沿固定轨道位置变化，与之相连的多边形台面(称为动平台)在空间可实现六自由度运动(三个方向旋转、三个方向的移动)。采用这种结构制作的装置，具有结构简单、承载力大、强度高、刚度高、运动精确等优点，近年来已成为机械等领域的研究、应用热点之一。国内外已先后开发出基于此类机构的多坐标数控机床、测量机、飞行训练装置、吊车、天文观测望远镜等高科技设备、仪器装置，如图7-10所示。

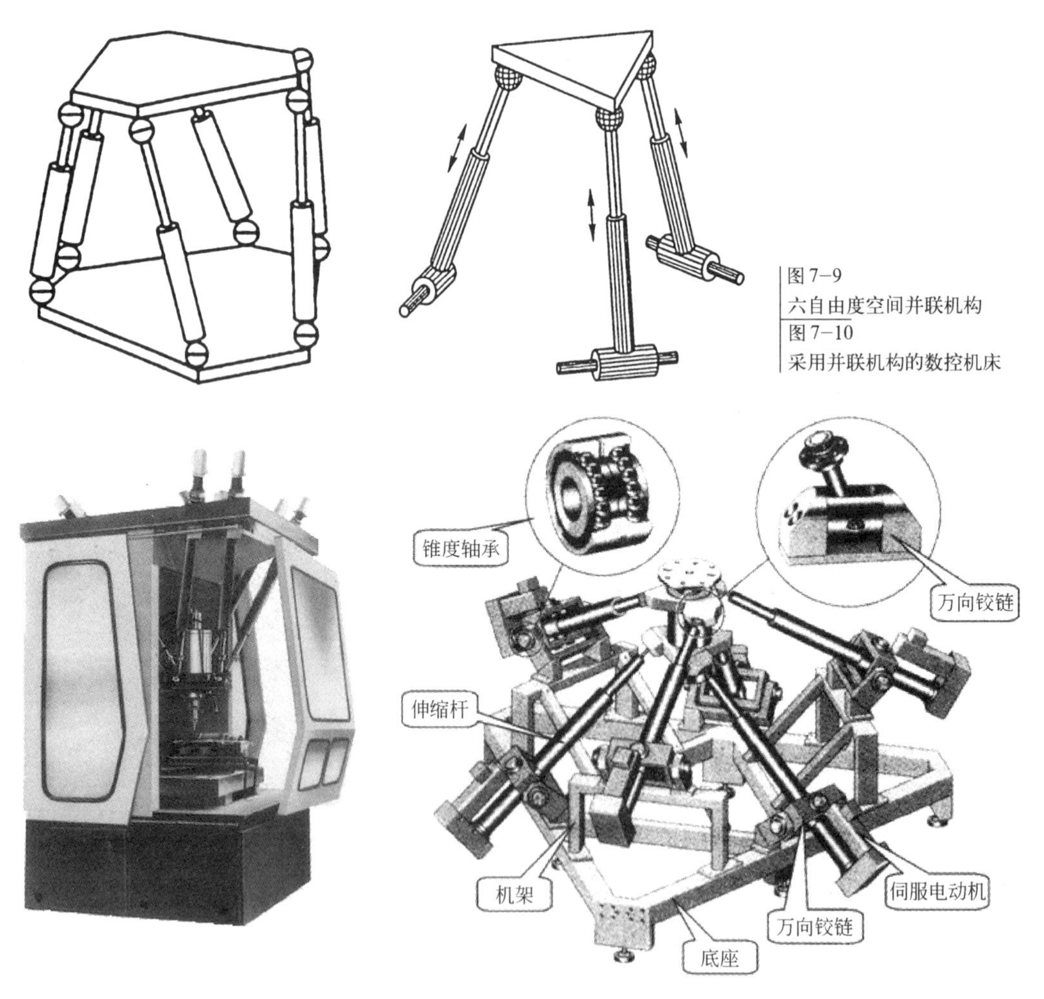

图7-9
六自由度空间并联机构

图7-10
采用并联机构的数控机床

减量结构设计的一个基本原则是尽量简化结构、减少构件数，比较图7-11的两款(图7-11a和图7-11b为一款)可折叠三角支架，前者巧妙地利用支架上的孔实现功能，后者的结构比较复杂。

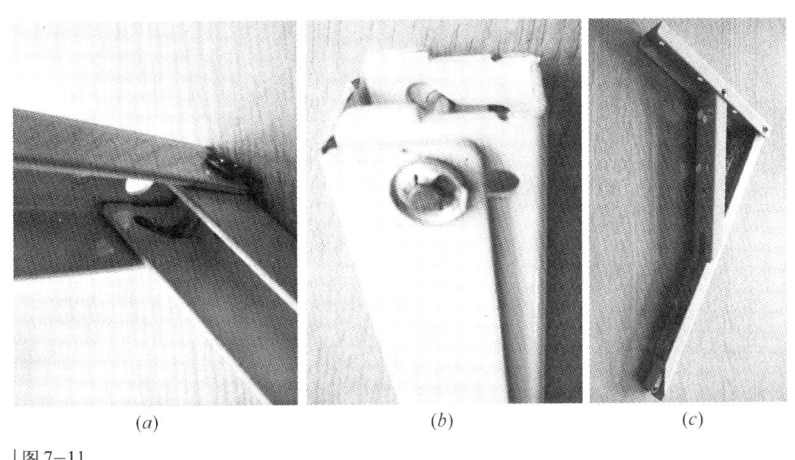

(a) (b) (c)

图7-11
两款折叠三角支架

3. 面向回收与循环再利用的结构设计

主要针对产品的废弃回收、维护再生及循环再利用，通过结构设计保证和实现。主要包括一体化设计、模块化设计等，详见7.2节。

4. 面向拆卸的结构设计

主要针对产品的生产消耗、维护维修及废弃回收，采用结构设计手段和方法保证和实现。主要包括标准化设计、组合设计等，详见7.3节。

7.2 面向回收与循环再利用的结构设计

7.2.1 易于材料回收分类的结构设计

现代产品大多使用多种材料(常见情况包括钢铁、有色金属、塑料、橡胶、玻璃、木材、织物等)构成，产品废弃后需要将材料分类回收，若在产品结构设计时就考虑到回收时易于分解不同材料构件，将为资源回收、再利用提供极大方便。事实上，当今产品设计在此方面做的工作还很有限，如汽车、电器的回收问题已成为世界范围内的难题和研究热点问题。汽车使用的材料种类多，结构复杂，分解、分类难度大，同时回收利用效益也极高。在美国，有回收汽车就是在数钞票之说，汽车回收已成为一专业学问。在各类电器包括家电、计算机的线路板上，金、铂等贵重金属的含量超过金、铂等富矿石的几百倍，但分解回收极其困难，至今尚无有效的技术措施。在此，我们举几个简单的易于材料分类回收的结构设计实例说明设计原则与方法。

图7-12为一款餐桌，四条腿采用钢结构并与桌面夹持固定，腿与桌面易于分离，桌面可用木材、石材、玻璃等成型板材制作。

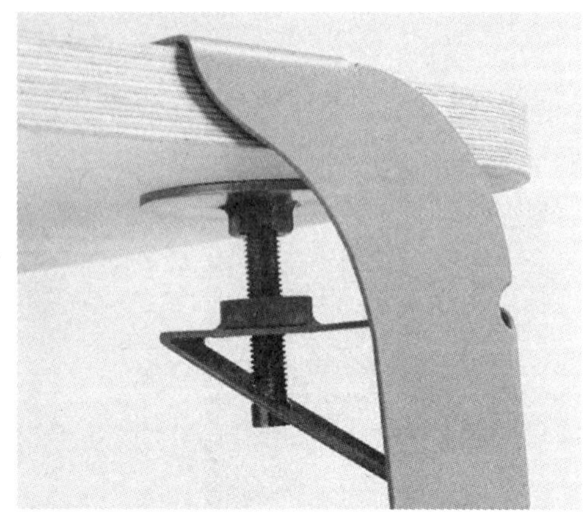

图7-12
钢木餐桌

图7-13
汽车轮胎

图7-13所示的汽车轮，轮毂为铝合金一体化结构，使用专用器械很容易将轮胎与轮毂分离，事实上，现代的汽车车轮已基本上都采用这种构造，为汽车车轮维修及废弃后分解回收提供了方便。

图7-14为一款绿色座椅，所有材料均为环保材料，材料类别只包含有三种：钢铁、可降解环保塑料和织物，结构方便拆解、组装。

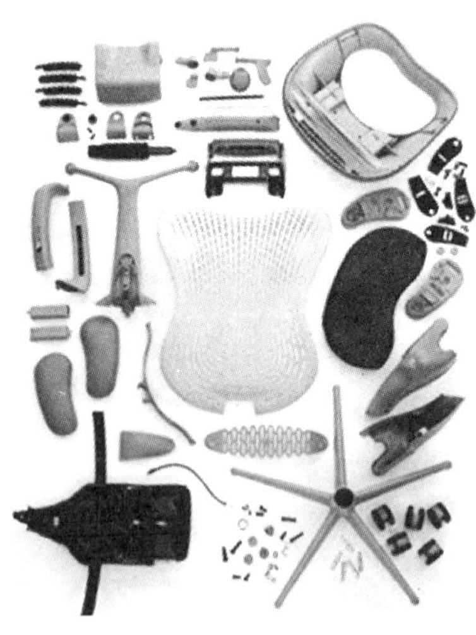

图7-14
易拆解绿色座椅

7.2.2 模块化结构设计

模块化设计是现代重要的设计方法，是对一定范围内的不同功能或相同功能不同性能，不同规格的产品进行功能分析的基础上，划分并设计出一系列功能模块，通过模块的选择和组合可以构成不同的产品，满足不同的需求，微型计算机就是典型的模块化产品。

模块化设计既可以很好的解决产品品种规格，产品设计制造周期和生产成本之间的矛盾，又可将产品快速更新换代，提高产品的质量，方便维修，有利于产品废弃后的拆卸，回收。

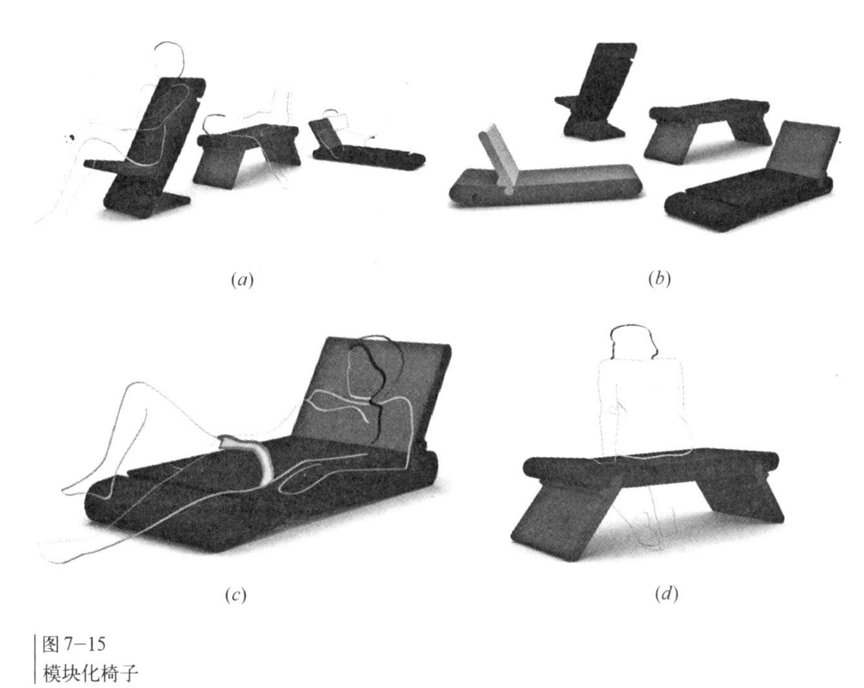

(*a*) (*b*) (*c*) (*d*)

图7–15
模块化椅子

对于家具等产品，利用模块化设计可以向搭积木一样组合出多种变化，如图7–16所示，为一种模块化家具及其组合变化。

产品模块化设计研究的主要内容是模块的划分和模块间的连接方式(接口)，并进一步形成相应的规范和标准，如计算机电源规格、接插口标准等。

7.2.3 考虑再利用的结构设计

循环再利用结构设计有些需要在产品设计时即做好废弃后的设计，有些设计是针对废弃的产品材料寻找新的用途。

图7–17为包装盒废弃后制成衣架的例子，需要预先在包装盒上设计好。此类的例子还有，某酒包装盒内的酒瓶托本身就设计为一个漂亮的烟灰缸。

图 7–16
模块化积木式家具

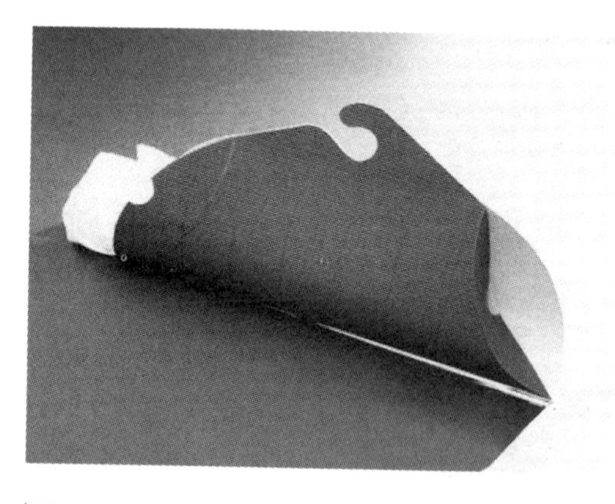

图 7–17
包装盒变衣架

针对废弃的产品材料寻找新的用途的设计很多，日常生活中常见一些聪明人巧妙利用废弃物制作的事例，如利用塑料饮料瓶储存米，用易拉罐制作烟灰缸，用旧挂历制作门帘等。图7–18为利用废弃瓦楞纸板制作的储物盒，并可兼作小坐具，图7–19为利用废弃瓦楞纸板制作的报刊架。

图7-18
废弃瓦楞纸板制作的储物盒

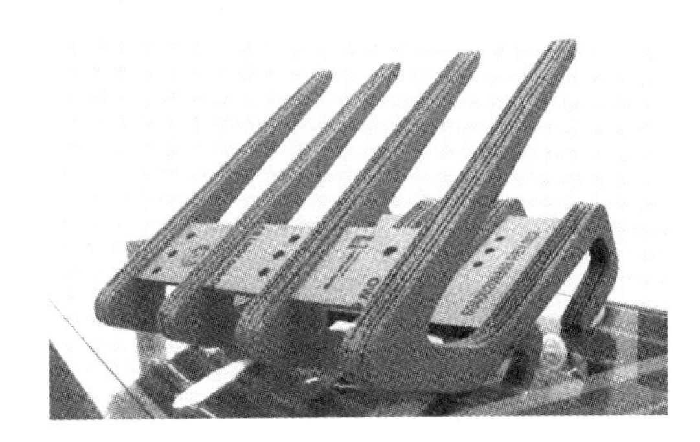

图7-19
废弃瓦楞纸板制作的报刊架

7.3 面向拆卸的结构设计

7.3.1 面向拆卸的设计准则

面向拆卸的设计要求在产品的设计阶段就将可拆性作为结构设计的一个目标，是目前绿色设计研究的重点之一。不可拆卸不仅会造成资源的浪费，废弃物不好处置，还会造成环境污染。可拆性设计根据其主要追求目标分为两类：一类是面向回收和再利用，主要考虑产品达到寿命终结时，尽可能多的零部件可以翻新或重复使用，以节省成本、节约资源，或者把一些有害环境的材料安全处理掉，避免废旧产品对环境造成污染；另一类是面向产品维修的设计，主要注重提高产品的可维护性，在产品的生命周期内，便于零部件的维护，特别适于易磨损、须定期维护或更换零部件的产品。

可拆性设计主要考虑产品拆卸、分解的程度和效率，要求拆卸操作简单、快捷、省时、省力，材料回收及残余废弃物易于分类处理，减少材料种类及有毒、有害材料的使用。除技术方面外，经济性也是可拆性设计考虑的重要内容，即以尽可能低的拆卸成本获得尽可能大的价值。因而，设计上要保证拆卸易于进行，拆卸时间要短，不易出差错，工作效率高；拆卸回收利用的价值要高，避免拆卸损伤。

可拆性设计的研究已形成了一些被广泛接受的设计准则，列举如下：

（1）明确拆卸对象。明确产品废弃后，可拆卸零部件的种类、拆卸方法、再利用方式等。对于有毒、有害的零部件必须可拆解并单独处理；对于贵重材料制成的零部件，应可拆解下来并实现重用或再生；对成本高、寿命长的零部件，应易于拆解并直接重用或再利用。

（2）减少拆卸工作量。减少零件种类和数量，简化结构，简化拆卸工艺，降低拆卸条件和技能要求，减少拆卸时间。具体设计实施上，尽量使用标准件和通用件，尽量使用自动化拆卸；采用模块化结构，以模块化方式实现拆卸和重用；利用功能集成、零部件合并、减少材料种类等技术手段减少零件种类与数量；尽量使用材料兼容性好的材料组合。

（3）简化连接结构。采用简单连接方式，减少紧固件种类和数量，预留拆卸操作空间。尽量使用易于拆卸或易于破坏的连接结构，尽量设计、使用简单拆卸路线（如直线运动），便于实现拆卸自动化。

（4）易于拆卸。提高拆卸效率、可操作性。具体而言，要设计合理的拆卸基准，尽量采用刚性零件，封装有毒、有害材料。

（5）易于分离。应设置合理、明显的材料类别识别标志（如模压标志、条码及颜色等），便于分类识别、回收；尽量避免二次加工表面（如电镀、涂覆等），附加材料会给分离造成困难；尽量减少镶嵌物（如钢套内衬青铜，塑料件预埋金属件等）。

（6）预见产品结构的变化。产品使用过程中由于磨损、腐蚀等因素造成产品状态变化，应避免将易老化或易腐蚀的材料与需拆卸、回收的零件组合。

结构设计中，需合理、灵活地把握上述准则。

在设计方法上，模块化设计、标准化设计、组合设计等是面向拆卸结构设计的有效工具。

7.3.2 标准化设计

标准化设计指零部件采用标准规范结构、零件结构尺度采用标准模数或系列数值的设计。实现标准化设计有利于降低设计、制造成本，有利于实现通用化、提高效率与效益，也有利于产品的维护、维修和拆解、回收。机械行业实施的标准化影响最大，各种紧固件、密封件、轴承等都已实现标准化、系列化、通用化，产生了巨大的效益和影响。

在家具领域，板式家具的32mm系列标准系统正值大行其道，得到业内广泛的认可和遵循，世界家具行业的先锋——宜家（IKEA）的成功在很大程度上得益于应用32mm标准系统，充分发挥了标准化设计、制造、运输成本低的优势。

32mm标准系统是以32mm为模数，制有标准接口的家具结构和制造体系，采用标准化零部件为基本单元，既可组装成圆榫胶接固定式家具，也可制成采用各类现代五金件连接的拆装式家具。图7–20为采用32mm标准的IKEA板式家具。

五金连接件在标准化现代板式家具中的作用至关重要，并且近几年已经发展出品种繁多、种类齐全的家具配套五金件，适合于各种应用场合，如面板平接、面板直角连接、门滑动轨道、各种合叶、门锁、制成角架、玻璃镜片卡子、脚轮、拉手等。图7–21所示，为现代板式家具面板直角连接广泛使用的偏心式连接件，转动五金件时偏心锁紧拉杆将两构件牢固连接，且反向转动即可松开，拆卸极为便捷，图7–22为使用偏心连接件的工作示意图。使用这些连接件连接时，需要预制合适的结构孔，图中配合使用了一种尼龙制外表面带倒刺的螺纹预埋件。

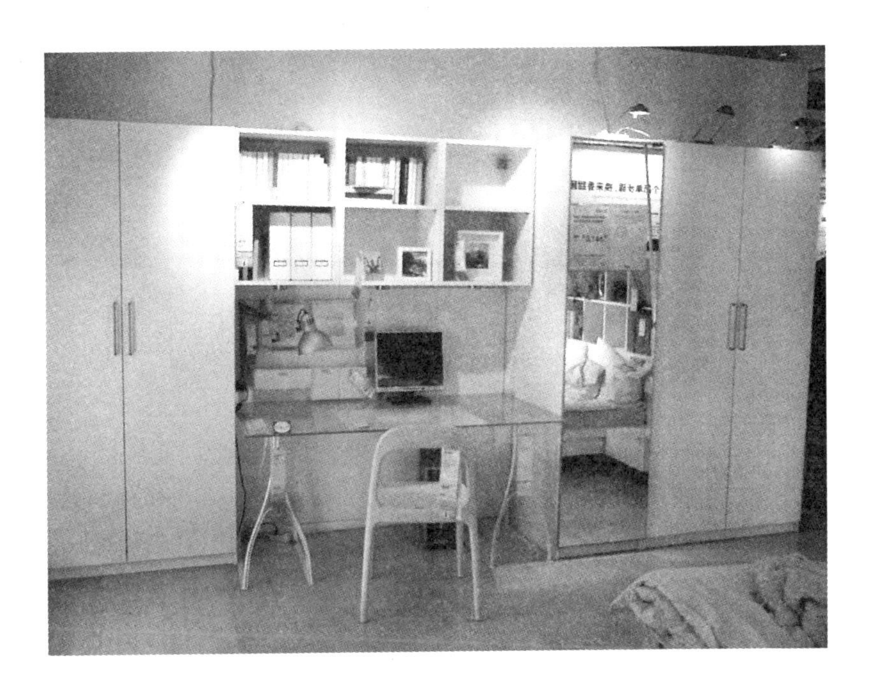

图 7-20
IKEA板式家具

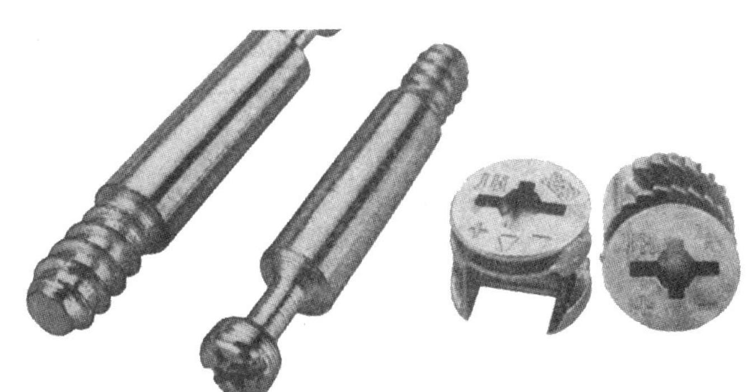

图 7-21
板式家具用偏心式连接件

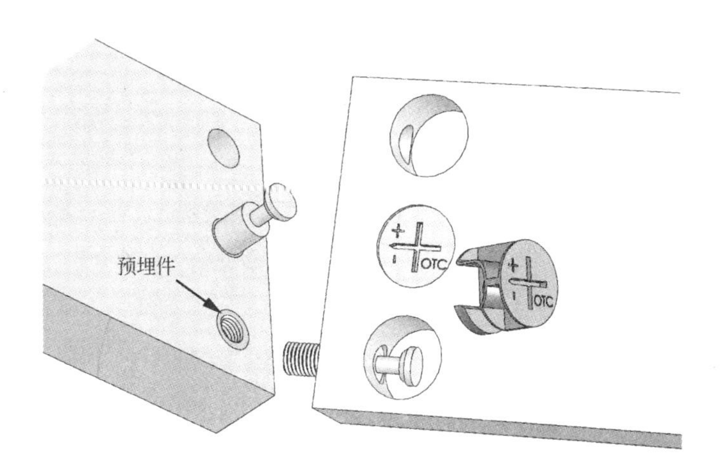

图 7-22
用于面板直角连接的偏心式连接件

图7–23为板式家具结构安装用五金件。值得指出的是，多数家具五金件目前尚无国家标准规范。

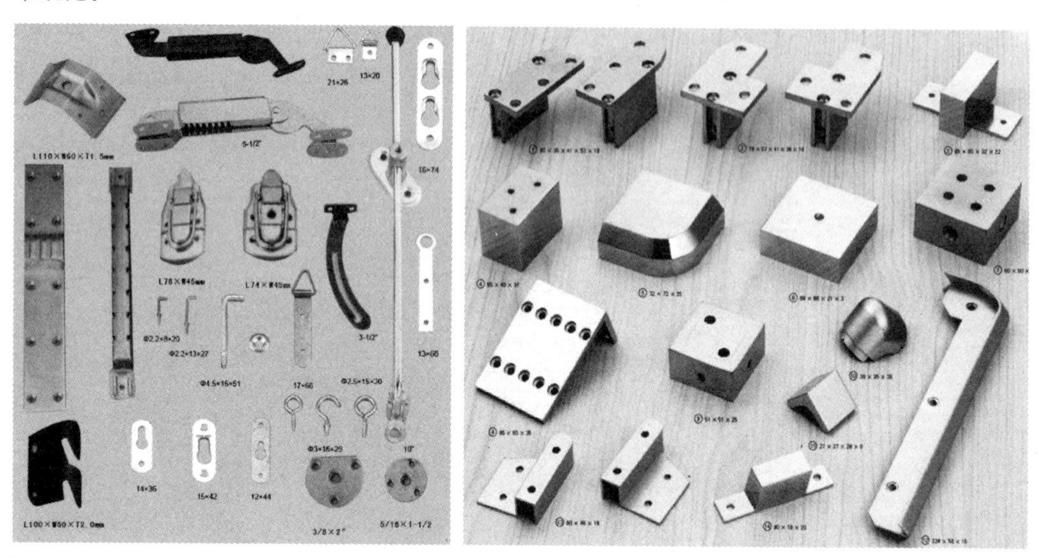

图 7–23
家具五金件

图7–24为一包装机上的传动部件，采用了大量标准结构和零件。

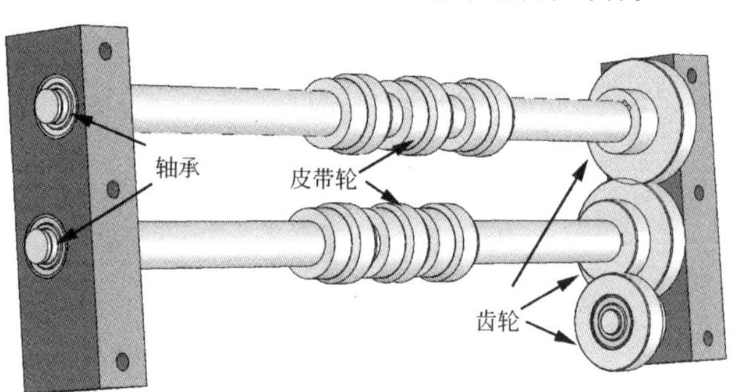

图 7–24
包装机传动部件

7.3.3 组合设计

在此，组合设计指设计时考虑实际使用状况，将产品零部件设计成在一定范围内可以进行组合变化，形成特定的功能器具，或通过变化一物多用。组合设计的产品必定要考虑易于拆卸，因此也称为拆装设计。

组合设计中含有模块化设计和通用化设计的思想，使设计、制造成本降低，便于有效利用资源，便于回收利用，同时，对于日常生活用品，也可增加用户的使用、参与热情，为生活增添情趣。中国古代已有组合设计的典范，唐宋时期的变形家具“燕几”就是经典的设计。在机械制造领域，组合机床也是组合设计的典型。

图7–25所示，一款为公共场所设计的组合椅子，通过简单拼合，可形成多种形态变化并满足不同数量的人群以不同的方式使用。

(*a*)

(*b*)

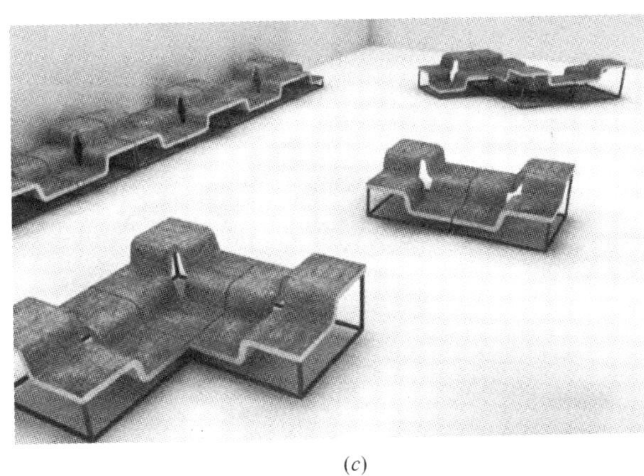

(*c*)

(*d*)

图 7–25
公共场所使用的组合椅子

图7–26所示，座椅采用钢管制支撑腿，木质椅面均布与钢管尺寸相适应的孔，靠背与扶手设置钢管插入空中固定，座垫可折叠。通过将扶手或靠背钢管插入不同位置孔中，可变化多种座椅

(*a*)

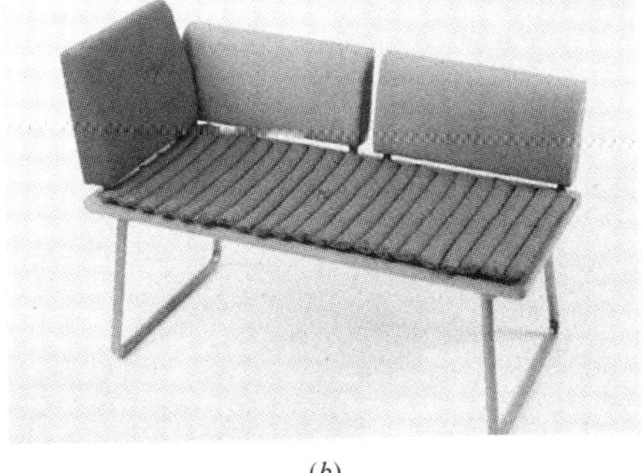

(*b*)

图 7–26
带插孔的组合椅子

形态，可坐、可躺；多只座椅连接起来还可当床用，去掉座垫透气性好，天热时可用作乘凉椅。

图7–27所示，折叠时是一茶几，前部折板展开可作为临时办公台，内部可储物。

图7–28，这款称为移动家庭办公室的产品看上去是一只可移动的箱子，展开后有工作

(*a*)

(*b*)

图 7–27
多用茶几

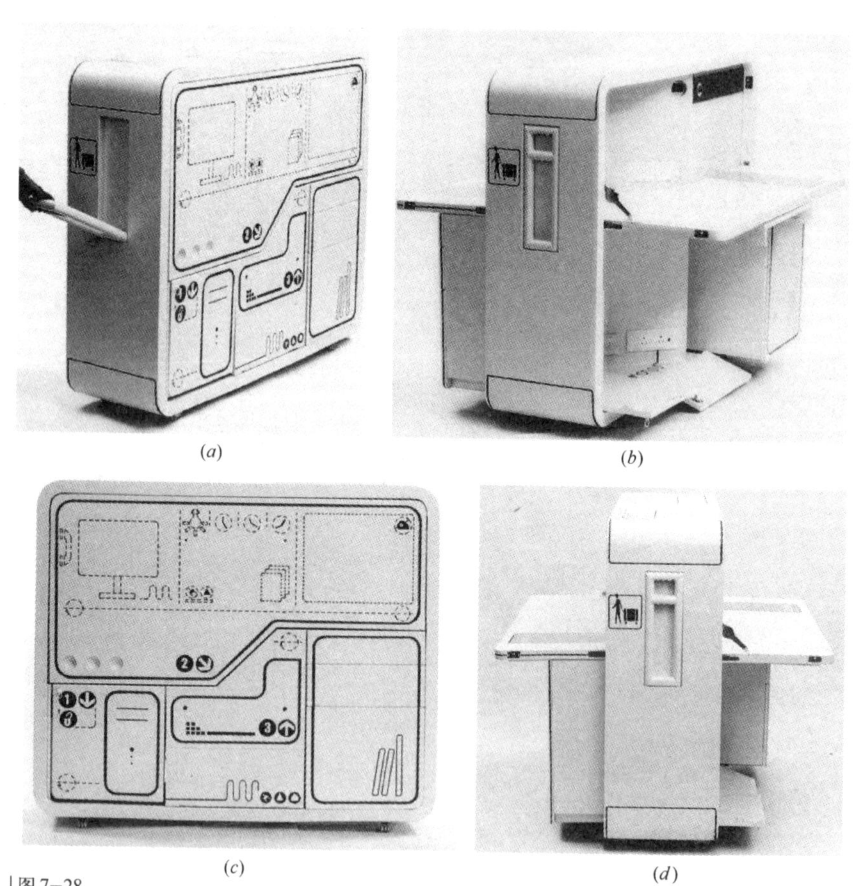

(*a*) (*b*) (*c*) (*d*)

图 7–28
可移动式家庭办公室

台、储物格、抽屉、电源插座等，完全满足工作中的各种活动需求，红色的线条图案提示各个部分的功能结构，不仅省去了说明书，而且是很好的柜面装饰。

图7－29的设计，大概是从俄罗斯套娃得到的灵感，四合一的椅子形状一样逐层递减缩小，人多的时候就可以变成四把椅子，是个节省空间的好设计。

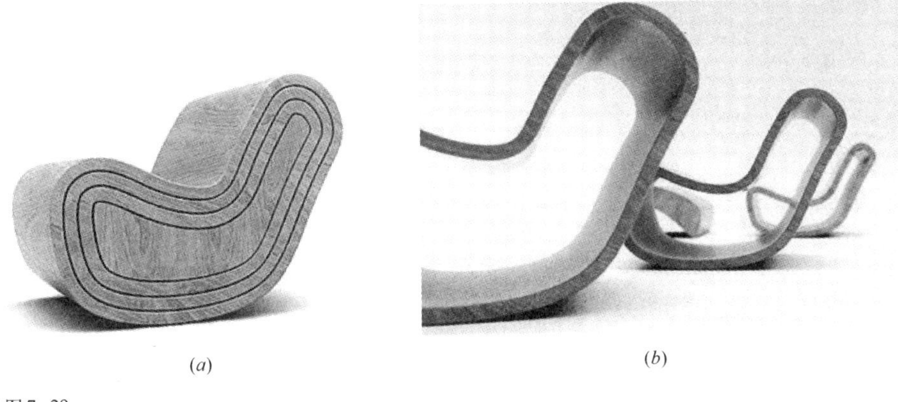

(a) (b)

图 7－29
四合一套椅

参考文献

1. 齐乐华.工程材料及成形工艺基础.西北工业大学出版社，2002.
2. 陈慧.工业设计技术基础.厦门大学出版社，2002，12.
3. 陈万林.塑料膜具设计与制作教程.北京希望电子出版社，2000，11.
4. 琬山，刑敏.机械设计手册.辽宁科学技术出报社，2002，3.
5. 成大先.机械设计图册.化学工业出版社，2000，5.
6. 高敏，张成忠.工业设计工程基础II.高等教育出版社，2004，7.
7. 金国斌.现代包装技术.上海大学出版社，2001，4.
8. 周全申.现代物流技术与装备实务.中国物资出版社，2002，1.
9. 刘昌祺.物流配送中心设计.机械工业出版社，2002，6.
10. 邓文英.金属工艺学.高等教育出版社，2002，7.
11. 王世襄.明式家具研究.生活读书新知三联书店，2007，1.
12. 张荣善.散料输送与储存.化学工业出版社，1994，8.
13. 江牧.工业产品设安全原则.中国建筑工业出版社，2008，6.
14. 邓旻涯.家具与室内装饰材料手册.化学工业出版社，2007，7.
15. 许彧青.绿色设计.北京理工大学出版社，2007，5.
16. 邹慧君，高峰.现代机构学进展.高等教育出版社，2007，4，1.

尊敬的读者：

感谢您选购我社图书！建工版图书按图书销售分类在卖场上架，共设22个一级分类及43个二级分类，根据图书销售分类选购建筑类图书会节省您的大量时间。现将建工版图书销售分类及与我社联系方式介绍给您，欢迎随时与我们联系。

★建工版图书销售分类表（详见下表）。

★欢迎登陆中国建筑工业出版社网站www.cabp.com.cn，本网站为您提供建工版图书信息查询，网上留言、购书服务，并邀请您加入网上读者俱乐部。

★中国建筑工业出版社总编室　电　话：010—58934845

传　真：010—68321361

★中国建筑工业出版社发行部　电　话：010—58933865

传　真：010—68325420

E-mail：hbw@cabp.com.cn

建工版图书销售分类表

一级分类名称（代码）	二级分类名称（代码）	一级分类名称（代码）	二级分类名称（代码）
建筑学（A）	建筑历史与理论（A10）	园林景观（G）	园林史与园林景观理论（G10）
	建筑设计（A20）		园林景观规划与设计（G20）
	建筑技术（A30）		环境艺术设计（G30）
	建筑表现・建筑制图（A40）		园林景观施工（G40）
	建筑艺术（A50）		园林植物与应用（G50）
建筑设备・建筑材料（F）	暖通空调（F10）	城乡建设・市政工程・环境工程（B）	城镇与乡（村）建设（B10）
	建筑给水排水（F20）		道路桥梁工程（B20）
	建筑电气与建筑智能化技术（F30）		市政给水排水工程（B30）
	建筑节能・建筑防火（F40）		市政供热、供燃气工程（B40）
	建筑材料（F50）		环境工程（B50）
城市规划・城市设计（P）	城市史与城市规划理论（P10）	建筑结构与岩土工程（S）	建筑结构（S10）
	城市规划与城市设计（P20）		岩土工程（S20）
室内设计・装饰装修（D）	室内设计与表现（D10）	建筑施工・设备安装技术（C）	施工技术（C10）
	家具与装饰（D20）		设备安装技术（C20）
	装修材料与施工（D30）		工程质量与安全（C30）
建筑工程经济与管理（M）	施工管理（M10）	房地产开发管理（E）	房地产开发与经营（E10）
	工程管理（M20）		物业管理（E20）
	工程监理（M30）	辞典・连续出版物（Z）	辞典（Z10）
	工程经济与造价（M40）		连续出版物（Z20）
艺术・设计（K）	艺术（K10）	旅游・其他（Q）	旅游（Q10）
	工业设计（K20）		其他（Q20）
	平面设计（K30）	土木建筑计算机应用系列（J）	
执业资格考试用书（R）		法律法规与标准规范单行本（T）	
高校教材（V）		法律法规与标准规范汇编/大全（U）	
高职高专教材（X）		培训教材（Y）	
中职中专教材（W）		电子出版物（H）	

注：建工版图书销售分类已标注于图书封底。